高等学校规划教材

安 全 评 价

刘双跃　主编

北 京

冶金工业出版社

2023

内 容 提 要

　　本书详细阐述了安全评价的基础理论及其应用。主要内容包括:安全评价概述,安全评价的依据,危险辨识与单元划分,常用定性安全评价方法,危险指数评价法,概率风险评价法,安全评价报告编制,安全评价过程控制,各类安全评价实战技术。本书列举了大量实例,章末附有习题和思考题,便于读者掌握所学内容。

　　本书为高等学校安全工程专业的教材,也可供从事安全评价工作的专业人员参考。

图书在版编目(CIP)数据

安全评价/刘双跃主编. —北京:冶金工业出版社,2010.8(2023.3 重印)
高等学校规划教材
ISBN 978-7-5024-5133-2

Ⅰ.①安…　Ⅱ.①刘…　Ⅲ.①安全—评价—高等学校:技术学校—教材　Ⅳ.①X913.4

中国版本图书馆 CIP 数据核字(2010)第 149554 号

安全评价

出版发行	冶金工业出版社	**电　话**	(010)64027926
地　址	北京市东城区嵩祝院北巷 39 号	**邮　编**	100009
网　址	www.mip1953.com	**电子信箱**	service@ mip1953.com

责任编辑　杨　敏　美术编辑　彭子赫　版式设计　葛新霞
责任校对　王永欣　责任印制　禹　蕊
北京虎彩文化传播有限公司印刷
2010 年 8 月第 1 版,2023 年 3 月第 8 次印刷
787mm×1092mm　1/16;16.75 印张;447 千字;254 页
定价 36.00 元

投稿电话　(010)64027932　投稿信箱　tougao@cnmip.com.cn
营销中心电话　(010)64044283
冶金工业出版社天猫旗舰店　yjgycbs.tmall.com
(本书如有印装质量问题,本社营销中心负责退换)

前　言

　　安全评价，国外也称为风险评价或危险评价，它是以实现工程、系统安全为目的，应用安全系统工程原理和方法，对工程、系统中存在的危险、有害因素进行辨识与分析，判断工程、系统发生事故和职业危害的可能性及其严重程度，从而为制定防范措施和管理决策提供科学依据。

　　安全评价的目的是查找、分析和预测工程、系统存在的危险、有害因素及危险、危害程度，提出合理可行的安全对策措施，指导危险源监控和事故预防，以达到最低事故率、最少损失和最优的安全投资效益。

　　安全评价有助于提高工程或系统本质安全化程度。通过安全评价，对工程或系统的设计、建设、运行等过程中存在的危险、有害因素以及事故隐患进行系统分析，针对事故和事故隐患发生的可能原因事件和条件，提出消除危险的最佳技术措施方案，特别是从设计上采取相应措施，设置多重安全屏障，实现生产过程的本质安全化，做到即使发生了误操作或设备故障，系统存在的危险因素也不会导致重大事故发生。

　　安全评价有助于实现安全的全过程控制。在系统设计前进行安全评价，可避免选用不安全的工艺流程和危险的原材料以及不合适的设备、设施，避免安全设施不符合要求或存在缺陷，并提出降低或消除危险的有效方法。安全评价有助于建立系统安全的最优方案，为决策提供依据，决策者可以根据评价结果选择系统安全最优方案和进行科学管理的决策。安全评价有助于为实现安全技术、安全管理的标准化和科学化创造条件，通过对设备、设施或系统在生产过程中的安全性是否符合有关技术标准、规范相关规定的评价，对照技术标准、规范找出存在的问题和不足，实现安全技术和安全管理的标准化、科学化。

　　安全评价既需要相关理论和技术的支撑，又需要理论与实际经验的结合，二者缺一不可，只有这样，才能实现安全评价的目的。本书是在参考国内外有关文献的基础上，结合安全评价课堂教学和安全评价师考前培训的经验以及从事安全评价工作的实际经历，精心编写而成。本书为高校安全工程专业的教材，也可供从事安全评价工作的专业人员参考。

　　本书由刘双跃担任主编。其中，第1、2、3章为安全评价的基础部分，其特点是注重基本概念、基础知识;第 4、5、6 章为安全评价方法部分,其特点是注重评价方法的实质及可操作性;第 7、8、9 章为安全评价的实用部分,其特点是注重评价报告编制、质量控制和案例解析。读者可根据具体需要侧重学习和参考。

　　在编写过程中,参考了国内外有关文献并得到了北京科技大学安全工程系老师的支持和帮助,在此对文献作者及各位老师表示感谢;梁玉霞、李鑫、孟浩亮、贾海江和李莉洁等同学为本书的编写做了大量的工作,在此也表示感谢。

　　由于编者水平有限,书中不足之处,敬请读者批评指正。

编　者

2010 年 5 月

目 录

1 安全评价概述

1.1 安全评价的相关术语

1.1.1 安全与危险

安全在希腊文中的意思是"完整",而在梵语中的意思是"没有受伤"或"完整",在拉丁文中有"卫生"(salws)之意。"安"字指不受威胁、没有危险、太平、安全、安适、稳定等,可谓无危则安;"全"字指完满、完整或指没有伤害、无残缺等,可谓无损则全。

更进一步从安全的科学层面考虑,得到安全的定义如下:

(1) 安全指没有危险,不受威胁,不出事故,即消除能导致人员伤害,发生疾病或死亡,造成设备或财产破坏、损失以及危害环境的条件。

(2) 安全是指在外界条件下使人处于健康状况或人的身心处于健康、舒适和高效率活动状态的客观保障条件。

(3) 安全是一种心理状态,即指某一子系统或系统保持完整的一种状态。

(4) 安全是一种理念,即人与物将不会受到伤害或损失的理想状态,或者是一种满足一定安全技术指标的物态。

(5) 安全指免遭不可接受危险的伤害。

总之,安全是指不会发生损失或伤害的一种状态。安全的实质就是防止事故,消除导致死亡、伤害、急性职业危害及各种财产损失发生的条件。例如,在生产过程中,导致灾害性事故的原因有人的误判断、误操作、违章作业,设备缺陷,安全装置失效,防护器具故障,作业方法及作业环境不良等,所有这些又涉及设计、施工、操作、维修、储存、运输以及经营管理等许多方面。因此,必须从系统的角度观察、分析,并采取综合方法消除危险,才能达到安全的目的。

危险和安全是一对互为存在前提的术语。

危险是指易于受到损害或伤害的一种状态。系统危险性由系统中的危险因素决定,危险因素与危险之间具有因果关系。

1.1.2 事故与其特征

事故的含义可用意外事件对行动过程的影响或对人员和财产的影响后果来定义,即:事故是人们在实现其目的的行动过程中,突然发生的、迫使其有目的的行动暂时或永远终止的一种意外事件。事故是指造成人员死亡、伤害、职业病、财产损失或其他损失的意外事件。

事件的发生可能造成事故,也可能未造成任何损失。没有造成职业病、死亡、伤害、财产损失或其他损失的事件被称为"未遂事件"或"未遂过失"或"近事故"(near misses)。因此,事件包括事故事件和未遂事件。

事故是由危险因素导致的,导致人员死亡、伤害、职业危害及各种财产损失的事件都属于事故。事故的发生是由于管理失误、人的不安全行为和物的不安全状态及环境因素等造成的。

事故特征表现为:

事故的因果性——某一现象作为另一现象发生根据的两种现象的关联性。事故是相互联系的诸原因的结果。

事故的偶然性——灾害和伤亡事故在一定条件下可能发生,也可能不发生。它的发生包含着偶然因素,是一种随机事件。

事故的潜在性——在时间的推移中,事故发生于突然之间,是违反人的意愿的。时间,实质上存在于一切过程的始终,是一去不复返的。人的全部活动和产业劳动,在其所经过的时间内,安全隐患是潜在的,条件成熟就会显现为事故,事故决不会脱离时间而存在。

事故的预防性——生产中的灾害事故是可以预防的,预防的前提是预测。

1.1.3 风险与风险率

风险是危险、危害事故发生的可能性与危险、危害事故所造成损失的严重程度的综合度量。

风险大小可以用风险率(R)来衡量。风险率等于事故发生的概率(P)与事故损失严重程度(S)的乘积:

$$R = PS$$

由于概率值难于取得,常用事故频率代替事故概率,这时上式可表示为

$$风险率 = \frac{事故次数}{单位时间} \times \frac{事故损失}{事故次数} = \frac{事故损失}{单位时间}$$

单位时间可以是系统的运行周期,也可以是一年或几年;事故损失可以表示为死亡人数、损失工作日数或经济损失等;风险率是两者之商,可以定量表示为百万工时事故死亡率、百万工时总事故率等,对于财产损失可以表示为千人经济损失率等。

1.1.4 危险源与重大危险源

危险源是指可能造成人员死亡、伤害、职业病、财产损失或其他损失的根源或状态。危险源是事故发生的根本原因。危险源可分为两类:第一类危险源是指系统中存在的可能发生意外释放的能量或危险物品;第二类危险源是指导致约束、限制能量或危险物品意外释放措施失效或破坏的各种不安全因素。主要包括人的失误、物的故障和环境因素。

重大危险源是指长期或临时生产、加工、搬运、使用或储存危险物质,且危险物质的数量超过临界量的单元(包括场所和设施)。

危险物质是指具有易导致火灾、爆炸或中毒危险的一种物质或若干种物质的混合物。例如易燃易爆物质、有毒化学物质、放射性物质等能够危及人身安全和财产安全的物质。

单元是指一个(套)装置、设施或场所,或属于同一个工厂且边缘距离小于 500m 的几个(套)装置、设施或场所。

临界量是指对于某种或某类危险物质规定的数量。若单元中的物质数量等于或超过该数量,则该单元为重大危险源。

单物质的临界量可直接查表(GB18218—2000);多种物质用加权值计算,即

$$\sum_{i=1}^{M} \frac{q_i}{Q_i} \geq 1$$

式中 q_i——第 i 种物质储有量;

Q_i——第 i 种物质临界量。

重大危险源分为生产场所重大危险源和储存区重大危险源两种。生产场所是指危险物质的生产、加工及使用等的场所,包括生产、加工及使用过程中的中间储罐储存区及半成品、成品的周转库房。储存区是指由专用于储存危险物质的储罐或仓库组成的相对独立的区域。

1.1.5 系统与系统安全

系统是指由若干相互联系的、为了达到一定目标而具有独立功能的要素所构成的有机整体，而且这个系统本身又是它所从属的一个更大系统的组成部分。对生产系统而言，系统的构成包括人员、物资、设备、资金、任务指标和信息等要素。

一般来讲，系统应具有如下四个属性：

(1) 整体性。系统是由至少两个或两个以上的要素(元件或子系统)所组成，它们构成了一个具有统一性的整体——系统。各要素之间并不是简单的叠加组合，而是组合之后构成了一个具有特定功能的整体，换句话说，即使每个要素并不都很完善，但它们可以综合、统一成具有良好功能的系统。反之，即使每个要素都是良好的，但构成整体后并不具备某种良好的功能，也不能称之为完善的系统。

(2) 相关性。系统内各要素之间是相互联系、相互作用的，要素之间具有相互依赖的特定关系。例如，对于电子计算机系统来说，各种运算、存储、控制、输入输出装置等各个硬件和操作系统、程序等软件都是要素或子系统，他们之间通过特定的关系，有机地结合在一起，就形成了一个具有特定功能的计算机系统。

(3) 目的性。所有系统都是为了实现一定的目标，没有目标就不能称之为系统。不仅如此，设计、制造和使用系统，最后都是希望完成特定的功能，而且要达到最佳效果。

(4) 环境适应性。任何一个系统都处在一定的外界环境中，系统必须适应外部环境条件的变化，而且在研究系统的时候，必须重视环境对系统的作用。

系统安全是指在系统寿命期间内，应用安全系统工程的原理和方法，识别系统中的危险源，定性或定量表征其危险性，并采取控制措施使其危险性最小化，从而使系统在规定的性能、时间和成本范围内达到最佳的可接受安全程度。因此，在生产中为了确保系统安全，需要按安全系统工程的方法，对系统进行深入分析和评价，及时发现系统中存在的或潜在的各类危险和危害，提出应采取的解决方案和途径。

1.1.6 安全控制系统

安全控制系统是由各种相互制约和影响的安全因素所组成的、具有一定安全特征和功能的全体。主要包括安全物质(如工具设备、能源、危险物质、人员、组织机构、环境等)以及安全信息(如政策、法规、指令、情报、资料、数据和各种信息等)。

从控制论的角度分析系统安全问题可以认识到：系统的不安全状态是系统内在结构、系统输入、环境干扰等因素综合作用的结果；系统的可控性是系统的固有特性，不可能通过改变外部输入来改变系统的可控性，因此在系统设计时必须保证系统的安全可控性；在系统安全可控的前提下，通过采取适当的控制措施，可将系统控制在安全状态；安全控制系统中人是最重要的因素，因为人既是控制的施加者，又是安全保护的主要对象。

通过对比分析，可以发现安全控制系统具有以下特点：

(1) 安全控制系统具有一般技术系统的全部特征。

(2) 安全控制系统是其他生产、社会、经济系统的保障系统。

(3) 安全控制系统中包含人这一最活跃的因素，因此人的目的性和人的控制作用时刻都会影响安全控制系统的运行。

(4) 安全控制系统受到的随机干扰非常显著，因而研究更加复杂。

1.1.7　安全系统工程

安全系统工程是以预测和预防事故为中心,以识别、分析、评价和控制系统风险为重点,开发研究出来的安全理论和方法体系。它将工程和系统的安全问题作为一个整体,应用科学的方法对构成系统的各个要素进行全面的分析,判明各种状况下危险因素的特点及其可能导致的灾害性事故,通过定性和定量分析对系统的安全性做出预测和评价,将系统事故降至最低的可接受限度。危险识别、风险评价、风险控制是安全系统工程的基本内容,其中危险识别是风险评价和风险控制的基础。

安全系统工程领域研究、解决的主要问题是:如何控制和消除人员伤亡、职业病、设备或财产损失,最终实现在功能、时间、成本等规定的条件下,系统中人员和设备所受的伤害和损失最小。

1.1.8　安全决策

长期以来,在安全管理工作中没有建立一套科学的决策程序,缺乏决策的咨询、评价和有效的检查及反馈系统,致使决策者做出错误的决策行为,造成惨痛的事故。这些教训迫使领导者必须审时度势、统观全局抓住时机做出决断,要做到这点单凭个人经验是不行的,必须要以充足的信息和科学的管理知识为基础,掌握和运用科学决策的理论和方法,制订出最佳方案,从而实现安全生产的目标。

决策,简而言之就是决定对策。也就是根据既定的目标和要求,从多个可能的方案中,分别进行科学的推理、论证和判断,并从中选择出最佳的方案。那么,安全决策就是根据生产经营活动中需要解决的特定安全问题,遵照安全标准和安全操作要求,对系统过去、现在发生的事故进行分析,运用预测技术手段,对系统未来事故变化规律做出合理判断,并对提出的多种合理的安全措施方案,进行论证、评价、判断,从中选定最优方案予以实施的过程。

在事故发生过程中,按照人的认知顺序,决策可以分为三个阶段,即人对危险的感觉阶段、认识阶段及反应阶段。在这三个阶段中,若处理正确,便可以避免事故和损失;否则,将会造成事故和损失。

在安全管理决策中,由于决策目标的性质、决策的层次、要求和决策的目的不同,所以决策的类型也不同。例如:全局性安全决策,主要解决包括安全方针、政策、体制、监督监察安全管理体系、法规和推进安全事业发展等方面重大问题的决策;企业安全管理决策,主要是为健全、改善和加强企业的安全管理所进行的计划、组织、协调和控制方面的决策;工程项目安全决策,是具体工程项目在新建、扩建、改建的同时,对安全设施和措施所进行的安全论证、审核与分析评价方面的决策。事故预防决策,是为防止不稳定因素转化为事故而采取的保障安全的决策;事故处理决策,是事故发生后,在进行调查、分析、处理的基础上,提出改善及防止事故重复发生的决策。

1.1.9　安全管理

安全是一门管理艺术。安全管理问题,既有人对物的管理,又有人对人的管理,还包括人、机、环境三者的多元复杂的矛盾问题。这就表明现代安全管理必须围绕预防事故这个中心课题,变纵向为横向综合;进行定性、定量分析,使安全状况指标化;推行事前预测;推行反馈原则进行安全评价等。

现代安全管理的另一个重要特征就是强调以人为中心的安全管理,把工作重点放在激励人的士气和发挥其能动作用方面。因而人的意识、价值观、认知、信念等都是管理的基础。安全管理本身包括教育方法、法律建设、经济手段、行政手段、宣传手段等。现代安全管理应是系统的安全管理,把管理重点放在整体效应上,实行全员、全过程、全方位的管理,使其达到最佳的安全状态。同时,随着计算机的普及应用,加速了安全管理信息的处理和流通,使安全管理由定性逐渐走向定量,先进的管理经验、方法得到迅速推广。

1.1.10　安全管理决策层次

因为安全问题及其决策的特点两者在企业建设生存期间内变化很大,因此安全决策的方法是很复杂的。如从计划建厂到关闭,一个企业的生存周期一般可分为设计、建造、试产、生产、维护和改造、解体和拆毁六个阶段。在生存周期每一阶段的安全决策,不仅影响本阶段,也对其他阶段产生影响。在设计、建造和试产阶段,安全管理的主要任务在于选择、研制和实现安全标准以及所决定的安全指标。在生产、维护和拆毁阶段,安全管理的目的在于维持和尽可能改善安全的水准。

安全决策在组织层次上也有着根本的差别,可将单位内有关安全管理的决策区分为三个主要层次。

(1) 执行层。在此层,工人的行动直接影响工作场所危害物的存在及其控制。这一层次牵涉到对危害物的识别以及对危害物的消除、减少和控制方法的选择和执行。该层的自由度是很有限的,因此,反馈和纠正回路主要在于纠正偏差以及把实践和标准加以比较。

一旦原有标准不再适合,要在下一高层的决策中做出反应。

(2) 计划、组织和处理层。此层次要酝酿和形成那些在执行层次中实行的、针对所有安全危害物的行动。计划和组织层次制订的责任、处理方法和报告途径等都应在安全手册中描述。这一层次的工作包括把抽象的原则变成具体的任务分工和实施,它相当于许多质量系统的改进回路。

(3) 构建和管理层。这一层次主要涉及安全管理的基本原则。当组织认为目前的计划和在组织水平上的基本方法能达到可接受的业绩时,则启动这一层次的工作。这一层次批评性地监督安全管理系统,并以此针对外部环境的变化而持续进行改善或维持。

这三个层次是三种不同反馈的抽象物,它不是按车间、基层管理和上层管理这种等级制来进行的,在每一层次的活动都可用不同的方式来实行。分配任务的方式途径反映了不同企业各自的文化和工作方法。

1.1.11　安全科学与技术

安全是一门科学,安全科学是研究系统安全的本质及其规律的科学。具体地说,研究事故与灾害的发生机理,应用现代科学知识和工程技术方法,研究、分析、评价、控制以及消除人类生活各个领域里的危险,防止灾害事故,避免损失,保障人类改造自然的成果和自身安全与健康的知识和技术体系。

安全是一门技术,生产、生活和生存过程中存在着不安全或危险的因素,危害着人们的身体健康和生命安全,同时也会造成生产、生活和生存被动或发生各种事故。为了预防或消除危害劳动者健康的有害因素和各类事故的发生,改善劳动条件,而采取各种技术措施和组织措施,这些措施的综合称为安全技术。安全可称为技术,在于要消除各个不安全因素,保护劳动者的安全和健康,预防伤亡事故和灾害性事故的发生,必须从技术的层面去实施或考虑,或者说是以技术为主,提出具体的方法和手段,从而达到劳动保护的目的。

安全科学与技术可以从自然辩证法得到更加深刻的理解和说明,安全科学着重于安全的规律,发现、探索、认识其本质,从而掌握好安全,使之为人类服务;而安全技术更侧重于安全的应用,研究事故致因因素,从而转危为安。因此,安全技术丰富了安全科学,安全科学又指导和推动了安全技术的发展。

1.2　安全评价的沿革

1.2.1　安全评价的起源

安全评价在欧美各国被称为"风险评估"或"风险评价"(risk assessment)。在日本,为了顺应人们的心理,改称为"安全评价"。或许是受日本的影响,在我国多称之为"安全评价"。安全评价是以保障安全为目的,按照科学的程序和方法,从系统的角度出发对工程项目或工业生产中的潜在危险进行预先的识别、分析和评价,为制定基本防灾措施和管理决策提供依据。

安全评价最先是由保险业发展起来的,时间可追溯到 20 世纪 30 年代。保险公司为客户承担各种风险,要按照所承担风险的大小收取一定的费用。因此,就带来一个衡量风险程度的问题,这个衡量风险程度的过程就是当时美国保险协会所从事的风险评价。现在,世界各国各行业所从事的安全评价几乎都沿用风险评价这一术语,唯中国、日本改用安全评价。

1.2.2　评价技术的发展

20 世纪 60 年代,安全评价技术在美国军事工业得到了率先发展。1962 年 4 月美国公布了第一个有关系统安全的说明书《空军弹道导弹系统安全工程》,以此对与民兵式导弹计划有关的承包商提出了系统安全的要求,这是系统安全理论的首次实际应用。1969 年美国国防部批准颁布了最具有代表性的系统安全军事标准《系统安全大纲要点》(HMIL-STO-822),对完成系统在安全方面的目标、计划和手段,包括设计、措施和评价,提出了具体要求和程序,此项标准于 1977 年被修订为 MIL-STO-822A,1984 年又被修订为 MIL-STO-822B,该标准对系统整个寿命周期中的安全要求、安全工作项目都作了具体规定。MIL-STO-822 系统安全标准从一开始实施,就对世界安全和防火领域产生了巨大影响,迅速为日本、英国和欧洲其他国家引进使用。

国外在安全评价方面作了大量的工作,提出了许多实用的安全评价方法。1964 年美国道(DOW)化学公司根据化工生产的特点,首先开发出"火灾、爆炸危险指数评价法",用于对化工装置进行安全评价,该法已修订 6 次,1993 年已发展到第七版,它是以单元重要危险物质在标准状态下发生火灾、爆炸而释放出危险性潜在能量的可能性大小为基础,同时考虑工艺过程的危险性,计算单元火灾、爆炸指数,确定危险等级并提出安全对策措施,使危险降低到人们可以接受的程度。由于该评价方法科学、合理、切合实际,因此在世界工业界得到了一定程度的应用,引起各国的广泛研究、探讨,推动了评价方法的发展。1974 年英国帝国化学公司(ICI)蒙德(Mond)部在道化学公司评价方法的基础上引进了毒性概念,并发展了某些补偿系数,提出了"蒙德火灾、爆炸、毒性指标评价法"。1974 年,美国原子能委员会在没有核电站事故先例的情况下,应用系统安全工程分析方法,提出了著名的《核电站风险报告》(WASH-1400),并被以后发生的核电站事故所证实。1976 年日本劳动省颁布了"化工厂安全评价六阶段法",该方法采用了一整套系统安全工程的综合分析和评价方法,使化工厂的安全性在规划、设计阶段就能得到充分的保证。此后,系统安全工程方法陆续推广到航空、航天、核工业、石油、化工等领域,并不断发展、完善,成为现代系统安全工程的一种新的理论、方法体系,在当今安全科学中占有非常重要的地位。

1.2.3　安全评价的立法

由于安全评价技术的发展,安全评价已在现代生产经营单位管理中占有重要的地位。工业发达国家已将安全评价作为工业过程、系统设计、工厂设计和选址以及应急计划和事故预防措施的重要依据。一些国家还通过立法规定,工程项目必须进行安全性评价。美国对重要工程项目的竣工、投产都要求进行安全评价;日本《劳动安全卫生法》规定由劳动基准监督署对建设项目实行事先审查和发放许可证制度,日本劳动省规定化工厂必须作综合的安全性评价;英国政府规定新建企业凡没有进行安全评价的都不许开工。国际劳工组织(ILO)分别于1988年公布了《重大事故控制指南》,1990年公布了《重大工业事故预防实用规程》,1992年公布了《工作中安全使用危险化学品实用规程》。欧洲共同体1982年颁布了《关于工业活动中重大危险源的指令》,欧共体成员国陆续制定了相关法律。2002年欧共体未来化学品白皮书中,明确将危险化学品的等级注册及风险评价作为强制性指令。

由于安全评价在减少事故,特别是重大恶性事故方面取得巨大效益,许多国家政府和生产经营单位都愿意投入巨资进行安全评价。美国、加拿大等国就有多家专门从事安全评价的“咨询公司”,雇佣了3000多名专业风险评价人员和管理人员,按照法律的要求从事着相关风险评价工作。

1.2.4 我国安全评价的回顾

20世纪80年代初期,安全系统工程及安全评价引入我国,受到许多大中型企业和行业管理部门的高度重视。通过翻译、消化、吸收国外安全检查表和安全分析方法,我国机械、冶金、化工、航空、航天等行业的有关企业开始应用简单的安全分析、评价方法,如安全检查表(SCL)、事故树分析(FTA)、故障类型及影响分析(FMEA)、事件树分析(ETA)、预先危险性分析(PHA)、危险可操作性研究(HAZOP)、作业环境危险评价方法(LEC)等。这一期间的主要特点是安全系统分析方法的应用,解决的问题基本上是系统局部的安全问题。

1984年以后,我国开始研究安全评价理论和方法,在小范围内进行安全系统评价尝试。为推动和促进安全评价方法在我国企业安全管理中的实践和应用,1986年原国家劳动部分别向有关科研单位下达了“机械工厂危险程度分级”、“化工厂危险程度分级”、“冶金工厂危险程度分级”等科研项目。1987年首先提出对整个企业系统进行安全评价,以利用安全系统工程原理开展安全管理工作,并着手制定相关标准。

随后,许多企业和一些产业部门开始着手安全评价理论、方法的研究与应用。现在,以安全检查表为依据进行企业安全评价已经比较成熟。1988年1月1日原国家机械电子工业部颁布了第一个部颁安全评价标准《机械工厂安全性评价标准》,1997年进行了修订,颁布了修订版,标志着我国的安全管理工作已经跨入一个新的历史时期。由原化工部劳动保护研究所提出的化工厂危险程度分级方法,是在吸收道化学公司火灾、爆炸危险指数评价方法的基础上,通过计算物质指数、物量指数和工艺参数、设备系数、厂房系数、安全系数、环境系数等,得出工厂的固有危险指数,进行固有危险性分级,用工厂安全管理的等级修正工厂固有危险等级后,得出工厂的危险等级。

我国有关部门还颁布了《石化生产经营单位安全性综合评价办法》、《电子生产经营单位安全性评价标准》、《航空航天工业工厂安全评价规程》、《兵器工业机械工厂安全性评价方法和标准》、《医药工业生产经营单位安全性评价通则》等。

在借鉴国外安全性分析、评价方法的基础上,我国开始了建设项目安全预评价实践。1996年10月原劳动部颁发了第3号令,规定六类建设项目必须进行劳动安全卫生预评价。原劳动部第10号令、第11号令和部颁标准《建设项目(工程)劳动安全卫生预评价导则》(LD/T106—1998)等法规和标准,对进行预评价承担单位的资质、预评价程序、预评价大纲和报告的主要内容等方面作了详细的规定,规范和促进了建设项目安全预评价工作的开展。

2002 年 6 月 29 日颁布了《中华人民共和国安全生产法》,规定生产经营单位的建设项目必须实施"三同时",同时还规定矿山建设项目和用于生产、储存危险物品的建设项目应进行安全条件论证和安全评价。2002 年 1 月 9 日国务院第 344 号令发布了《危险化学品管理条例》,在规定了对危险化学品各环节管理和监督办法等的同时,提出了"生产、储存、使用剧毒化学品的单位,应当对本单位的生产、储存装置每年进行一次安全评价;生产、储存、使用其他危险化学品的单位,应当对本单位的生产、储存装置每两年进行一次安全评价"的要求。《中华人民共和国安全生产法》和《危险化学品管理条例》的颁布,进一步推动了安全评价工作向更广、更深的方向发展。

自 2003 年《行政许可法》颁布后,国务院将安全评价列为当时国家安全生产监督管理局负责的 15 项行政许可审批项目之一,为促进安全评价工作顺利开展创造了条件。国家安全生产监督管理总局在前几年安全评价机构发展工作的基础上,依照有关法律、法规及标准,研究制定了系列配套措施,进一步规范了安全评价机构的发展,为推进安全生产事业发挥了重要作用,满足了社会和市场的迫切需求。

2003 年 3 月国家安全生产监督管理局陆续发布了《安全评价通则》及《安全预评价导则》、《安全验收评价导则》、《安全现状评价导则》、《煤矿安全评价导则》、《非煤矿山安全评价导则》、《陆上石油和天然气开采业安全评价导则》、《民用爆破器材安全评价导则》、《烟花爆竹生产企业安全评价导则(试行)》和《危险化学品包装物、容器定点企业生产条件评价导则(试行)》等各类安全评价导则。并且对安全评价单位资质重新进行了审核登记,对全国安全评价从业人员进行培训和资格认定,提高了安全评价人员素质,为安全评价工作提供了技术和质量保证。

2004 年 10 月,国家安全生产监督管理局颁布了《安全评价机构管理规定》(13 号令),并陆续出台了一系列相应的配套措施,发布了《关于贯彻实施(安全评价机构管理规定)的通知》、《安全评价机构考核管理规则》、《安全评价人员相关基础专业对照表》、《安全评价人员考试管理办法》、《安全评价人员资格登记管理规则》、《安全评价人员资格登记管理规则》、《安全评价过程控制文件编写指南》、《关于开展安全评价人员继续教育的通知》、《关于加强对安全生产中介活动监督管理的若干规定》和《关于加强安全评价机构监督管理工作的通知》等一系列规章制度和安全评价的技术规范,保证了安全评价工作的健康有序发展。

2007 年 1 月,国家安全生产监督管理总局又对《安全评价通则》及相关的各类评价导则进行了修订,以中华人民共和国安全生产行业标准颁布。

总的来说,我国安全评价工作开展较晚,无论是安全评价方法,还是安全评价基础数据,与一些工业化国家都还有很大的差距。例如,因为我国还没有建立系统的风险标准和基础数据库,所以在欧美等地区普遍采用量化的定量风险评价法的时候,我国还很少采用。我国目前的安全评价还停留在对生产过程的危险、有害因素的识别与分析,查找生产过程中的事故隐患,按照安全生产法律、法规和标准提出安全对策措施的阶段。

我国安全评价的发展,经历了从无到有、从小到大的曲折过程,安全评价工作已在全国范围展开,安全评价在企业安全管理中起着非常重要的作用,对加强劳动保护、提高安全生产管理水平具有深远的意义。国家安全生产监督管理总局已将安全评价体系作为安全生产六大技术支撑体系之一,安全评价体系为保障我国的安全生产工作起着巨大的作用。

1.2.5　安全评价的成果

安全评价的系统、预测和定量的特点从一开始就引起人们的极大兴趣。它的产生和发展造成了对传统安全管理体制的冲击,促进了现代安全管理体制的建立;它对现有安全技术的成效做出评判并提出新的安全对策,促进了安全技术的发展。与传统的安全分析和安全管理相比,其特点如下:

(1) 确立了系统安全的观点。随着生产规模的扩大、生产技术的日趋复杂和连续化生产的实现,系统往往由许多子系统构成。为了保证系统的安全,就必须研究每一个子系统。另外,各个子系统之间的"接点"往往会被忽略而引发事故,因而"接点"的危险性不容忽视。安全评价是以整个系统安全为目标的,因此不能孤立地对子系统进行研究和分析,而要从全局的观点出发,才能寻求到最佳的、有效的防灾途径。

(2) 开发了事故预测技术。传统的安全管理颇有些"亡羊补牢"的意味,即从已经发生的事故中吸取教训,这当然是必要的,但是有些事故的代价太大,必须预先采取相应的防范措施。安全评价的目的是预先发现、识别可能导致事故发生的危险因素,以便于在事故发生之前采取措施消除、控制这些因素,防止事故的发生。

(3) 对安全作定量描述。安全评价对安全作定量化分析,把安全从抽象的概念转化为数量指标,从而为安全管理、事故预测和选择最优化方案等提供了科学依据。

虽然从某种意义上说,安全评价是一种创新,但它毕竟是从传统的安全分析和安全管理的基础上发展起来的,因此,传统安全管理的宝贵经验和从过去事故中吸取的教训对于安全评价依然是十分重要的。

安全评价的上述特点,使它在杜绝、减少事故的发生,降低灾害带来的损失及事故原因分析诸方面均发挥了重要的作用,受到世界各国的重视。安全评价已越来越多地列入各国法规、标准以及国际化组织有关规范的条款中。这表明安全评价已正式确立了它在生产中的地位。

1.2.6　安全评价的作用

为了保障安全生产,必须从预防事故这一根本目的出发,预先或超前对系统在计划、设计、施工、验收、投产和运行等各阶段的安全性进行科学的预测和评估,防止和减少在安全上的欠债和加强安全的投入。安全评价从预防事故的观点出发,对系统可能产生的损失和伤害进行预测和评价,采取有效的手段以实现系统安全的总目标。因此,安全评价是一门控制系统总损失的技术,评价过程提高了安全管理水平,体现了从被动到主动、从事后处理到事前预防、从经验到科学的安全管理方法。

(1) 变事后处理为事前预测预防,使企业安全工作更加科学化。长期以来,我国大多数企业的安全管理,基本上采用传统管理方法,主要是凭经验管理,即以事故发生后再处理的"事后过程"为主,因而难以实现"安全第一,预防为主"的方针。通过安全评价,可以预先系统地辨识危险性及其变化情况,科学地分析企业的安全状况,及时掌握安全工作的信息,全面地评价企业的危险程度和安全管理现状,衡量企业是否达到规定的安全指标,使企业领导能够做出正确的安全决策。此外,以系统科学为基础的安全系统评价可以促使企业建立动态的安全信息反馈系统,增强企业安全保障系统的自我调节机能。

(2) 变纵向单一管理为全面系统管理,使企业安全工作更加系统化。以往的安全管理基本上是以企业安全部门和各车间、班组专(兼)职安全人员组成的纵向单一管理体制(如安技科)。这样的体制难以实现全面安全,被管理者往往不能和安全人员密切配合,大多处于被动状态,造成安全部门管理安全的孤立局面。安全评价的实施,不仅评价安技部门,而且要全面评价企业各个单位及每一个人应负安全职责的履行情况。这样,就使企业所有部门都按照要求认真评价本系统的安全状况,变被管理者为主动执行者和管理者,而安全部门仅对各职能部门和生产单位是否尽职尽责进行监督检查,使企业安全管理体制与横向到边、纵向到底的安全管理落实机制配套实施和运行。管理范围也可以从单纯生产安全扩大到企业各系统的人、机、料、法、环等各因素、各环节的安全。这样,就可以使安全管理实现全员、全面、全过程的系统化管理。

(3) 变盲目管理为目标管理,使企业安全工作逐步标准化。以往的安全管理缺乏统一的标准,安全人员仅凭自己的经验、主观意志和思想觉悟办事。这样往往是不出事故就认为安全工作出色,出了事故就惊慌失措、对安全工作全盘否定,缺乏衡量企业安全的客观指标和标准。通过按评价标准进行安全评价,使安技干部和全体职工明确各项工作的规范要求,达到什么地步就可以称为安全,以及采取什么手段可以达到指标。有了标准,就可以使安全工作有明确的追求目标,从而使日常安全管理工作纳入标准轨道。

(4) 为安全决策提供必要的科学依据。要改变企业的安全状况,提高企业的安全生产水平,就必须采取相应的安全措施,这就涉及安全投资的问题。对所有安全工程项目,不仅要考虑改善工作条件,保护职工健康与安全,也要考虑它的经济效益,因为安全工作也是企业经济活动的一部分。因此,要认真对待安全投资的经济性和合理性问题。安全评价不仅系统地确认危险性,还要进一步考虑危险性发展为事故的可能性大小和事故损失的严重程度,进而计算单位时间事故造成的损失,即风险。以此说明系统危险可能造成的负效益的大小,以便合理地选择控制事故的措施及措施投资的多少,使投资和可能减少的负效益达到平衡;正确选择技术路线和工艺路线,为领导决策提供科学依据,使系统达到社会认可的安全指标。

1.2.7　安全评价限制因素

安全评价的结果与评价人员对被评价对象的了解程度、对可能导致事故的认识程度、采用的安全评价方法,以及评价人员的能力等方面有着密切的关系。因此,安全评价存在的限制因素主要来自以下几个方面。

(1) 法律意识淡薄。安全评价是法律规定必须要进行的一项工作,对企业在安全生产中存在的危险和有害因素辨识、寻求最佳对策措施起着不可替代的作用,但是,作为被评价的单位还没有真正认识到安全评价的必要性和法律责任;作为实施评价工作的中介机构,只想抓住机遇,扩大经济收入,对技术开发和研究不予关注,对评价过程和结果采取简单化处理,甚至有时严重失实。另外,在安全评价过程中不能缺少必要的监管,这也是法律赋予的职责,如此才能保证安全评价工作沿着健康的道路向前发展。

因此,要从法律的高度认识安全评价,认真进行安全评价,利用现代安全系统工程的方法,对企业进行危险、有害因素的辨识,找到企业生产系统中存在的危险,通过相关的定性、定量的分析,辨识出其危险的严重程度,并以此提出相应的对策措施,从而保证安全生产长治久安。

(2) 评价技术匮乏。安全评价从技术角度来讲,既缺少技术规范方面的保障支持,更缺少实用技术方面的支撑。在技术方面主要表现在:伤亡事故的分类汇总和相关条件的综合统计;安全基础信息的收集、建库和共享;危险辨识和评价技术方法。

安全评价方法多种多样,每一种评价方法各有其优缺点、适用对象,存在一定的局限性。许多方法是利用过去发生过的事件的概率和危害程度来对评价对象做出推断,而过去发生过的事件往往是高风险事件,高风险事件通常发生概率很小,概率值误差很大,如果利用高风险事件发生的概率和危险程度来预测低风险事件发生的概率和危险程度,很可能会得出不符合实际的判断。在利用定量评价方法计算风险程度时,如果选取的事件的发生频率和事故的严重程度的基准不准时,得出的结果可能会有高达数倍的不准确性。另外,安全评价方法的误用也会导致错误的评价结果,安全评价技术的研发是保障安全评价工作有效进行的关键。

（3）评价人员的素质和经验。安全评价结论具有高度主观的性质，评价结果与假设条件密切相关。不同的评价人员使用相同的资料来评价同一个对象，可能会由于评价人员的业务素质不同，而得出不同的结果。只有训练有素且经验丰富的安全评价人员，才能得心应手地使用各种安全评价方法，辅以丰富的经验，得出正确的评价结论。

由于许多事故在评价前并未发生过，安全评价采用定性方法来确定潜在事故的危险性，依靠评价人员个人或集体的智慧来判断可能导致事故的原因及其产生的后果，评价结果的可靠性往往与评价人员的技术素质和经验相关。

深入进行安全评价体系建立、单元划分、指标确定、辨识和评价的有效方法以及实用性软件开发等，逐步消除安全评价中人为因素的影响，提高安全评价的质量，以保证安全评价的客观性和科学性。

1.3 安全评价的定义与分类

1.3.1 安全评价的定义

安全评价是以实现安全为目的，应用安全系统工程的原理和方法，辨识与分析工程、系统、生产管理活动中的危险、有害因素，预测发生事故或造成职业危害的可能性及其严重程度，提出科学、合理、可行的安全对策措施建议，做出评价结论的活动。

只有深入理解安全评价的内涵，才能准确掌握安全评价的本质。

安全评价既需要安全评价理论的支撑，又需要理论与实际经验的结合，二者缺一不可。目前国内安全评价和国外的略有不同，国内尚未建立风险的判别标准，也缺乏事故发生概率等数据库的支持，量化的 QRA（quality and reliability assurance）计算目前尚无法进行。因此，安全评价更多的是以政府和管理者提供安全防范措施为主。

安全评价是安全系统工程的重要组成部分，安全评价应贯穿于工程、系统的设计、建设、运行和退役整个生命周期的各个阶段。任何生产系统，在其寿命周期内都有发生事故的可能，区别只是事故发生的频率和可能的严重程度不同而已。因为在制造、试验、安装、生产和维修的过程中普遍存在着危险性。在一定条件下，如果对危险失去控制或防范不周，就会发生事故，造成人员伤亡、财产损失和环境污染。为了抑制危险性，使其不发展为事故，或减少事故造成的损失，就必须对它有充分的认识，掌握危险性发展为事故的规律，也就是要充分揭示系统存在的所有危险性，及其形成事故的可能性和发生事故的损失大小，从而衡量系统客观存在的风险大小。据此确定是否需要改进技术路线和防范措施，变更后危险性将得到怎样的抑制和消除，技术上是否可行，经济上是否合理，以及系统是否最终达到了社会所公认的安全指标。

1.3.2 安全评价的分类

安全评价的分类方法很多，根据不同分类标准和目的，有着不同的分类。

（1）按评价对象演变的过程、阶段分类。包括：

1）预先评价。预先评价是系统计划或设计系统的一个重点。因为通过评价和预测所获得的信息，可在事前评价阶段加以修正，系统安全性（特别是系统的固有安全性能）和投资效益等在很大程度上取决于这个阶段。

2）中间评价。中间评价是在系统研制途中，用来判断是否有必要变更目标和为及时采取对策而进行管理的有效手段。

3）运行评价。当系统开发完成投入使用时，便可对整个项目进行评价。评价的要点应抓住安全性的评价、安全技术的评价、安全经济的评价和社会的评价。该评价是在定量地掌握已经达到目的安全水平的同时,确认目标以外的安全效果的方法。

4) 跟踪评价。某个项目完成以后,在投入使用的过程中经过多年安全性调查和评价它对以后的安全工作有什么贡献以及所涉及的效果,这种评价也可以称为"追加评价"。

(2) 按工业安全管理内容分类。包括:

1) 工厂设计的安全性评审。对新建工厂和应用新技术的不安全因素,通过评审,消灭在计划、设计阶段。一些国家已将它用法律的形式固定下来。原劳动部令(1996)第 3 号《建设项目(工程)劳动安全卫生监察规定》中,正式提出评审问题,并在全国范围内贯彻执行。

2) 安全管理的有效性评价。反映企业安全管理结构的效能,事故伤亡率、损失率、投资效益等。

3) 生产设备的安全可靠性评价。对机器设备、装置和部件的故障和人机系统设计、应用系统工程分析方法进行安全、可靠性评价的方法。

4) 行为的安全性评价。对人的不安全心理状态的发现和人体操作的可靠度,可以通过行为测定来评价其安全性。

5) 作业环境和环境质量评价。是指作业环境对人体健康危害的影响和工厂排放物对作业和生活环境的影响。

6) 化学物质的物理化学危险性评价。评价化学物质在生产、运输、储存中存在的物理化学危险性,或已发生的火灾、爆炸、中毒等安全问题。

(3) 按照研究目的、特定的安全领域分类。包括:

1) 安全技术评价。是指新科学技术成就的应用所产生的正负效果。例如对新装置、新产品的社会、经济效益的评价,涉及事故损失率、安全投资效益影响企业经济结构变化等方面的有关问题。

2) 社会评价。对生产安全、生活安全、产品安全等引起的社会问题的评价。例如对社会发展、社会生活、社会生态环境等方面的影响和危害。

(4) 按评价方法的特征分类:

1) 定性评价。定性评价是依靠人的观察分析能力,借助于经验和判断能力进行评价的方法。

2) 定量评价。定量评价是主要依靠历史统计数据,运用数学方法构造模型进行评价的方法。

3) 综合评价。综合评价是指两种及以上方法的组合运用。这种综合常表现为定性方法和定量方法的综合,有时是两种以上定量评价方法的综合。由于各评价方法都有它的适用范围和特点,综合评价兼有多种方法的长处,因而可以得到较为可靠和精确的评价结果。

(5) 按照收集数据、信息来源及其推理方法分类。包括:

1) 专家评分法。以安全评价专家(或安全专家)为索取数据、信息的对象,运用专家的丰富知识和积累的经验,考虑评价对象及客观条件,采用直观或推断方法对系统进行综合分析研究,可以用定性或半定量的直观信息来判断系统的安全程度。专家评分法,可以是个体的,也可以是专家小组的,后者可集思广益,相互启发,评分更为公正。实际上国外的专业评价机构,例如"安全评价咨询公司"和"安全评价研究"都是安全专家云集之处,国内各产业部(总公司)任命的安全评价诊断师也都称得上安全专家。由他们进行咨询和评价的信息及结果都属安全专家判断评分形式。有的地方确定加权系数采用了专家经验评分法。

2) 参照类别法。利用系统安全评价成功(有效)的经验或安全情况类似(相似)的评价方法,通过分析、对比、分类,可以判定有大量的评价项目及其数据是可参照、可类比、可移用的。在评价中利用某些可信、有效的数据和方法,为安全评价服务。

3）模糊数学(fuzzy set)定量分析。利用模糊数学(隶属函数)的理论,以精确性对模糊性的一种逼近;应用模糊聚类和相似优先比、模糊综合评价、模糊语言和模糊控制、模式识别的模糊技术、模糊决策等方法,对系统安全、危害程度进行定量分析,特别是借助于计算机技术对系统、行业、企业的安全状态进行定量评价。我国已经研制出作为危险等级评定的模糊系统方法软件系统,为安全评价开拓了新的领域。

4）灰色安全评价法。灰色系统理论认为大量已知信息(白色系统)、不少未知信息和非确知信息(黑色系统)混合组成灰色的系统,在安全管理中,通常都在信息不很清楚的情况下开展工作,安全评价与决策也都是在信息部分已知、部分未知的情况下做出的,可以把系统安全(或系统事故)看为灰色系统,利用建模和关联分析,使灰色系统"白化",进行评价、预测和决策。用灰色关联分析法判断安全评价各指标(要素)的权重系数就是很好的应用。

(6) 按评价性质分类。包括:

1）系统固有危险性评价。这种评价主要是评价系统固有危险性的大小。所谓固有危险性,是指由系统的规划、设计、制造(建设)、安装等原始因素决定的危险性,即系统投入运行前所存在的危险性(也可谓人为先天性的危害性)。这种危险一般与系统投入运行前的科技水平,主管部门的经济状况和领导决策有关。对固有危险性评价主要考虑系统发生事故的可能性大小和事故损失的严重程度。根据固有危险性评价结果,可以对系统危险性划分等级,针对不同等级考虑应采取的不同对策,以达到社会认可的安全指标。

2）系统安全管理状况评价。这种评价主要是从管理角度来评价系统的安全状况。所谓安全管理,是指技术安全管理、设备安全管理、环境安全管理、行政安全管理、安全教育管理等。通过这种广义管理,使系统安全性达到规定的要求,使固有危险性得到控制。这种评价方法一般采用以安全检查表为依据的加权平均计值法或直接赋值法,它是目前我国企业安全性评价所采用的方法。通过系统安全管理状况评价,可以确定系统固有危险性的受控程度是否达到规定的要求,从而确定系统安全程度高低。

3）系统现实危险性评价。这种评价主要是评价通过系统安全管理尚未得到有效控制的系统固有危险性的大小,也就是对系统目前实际存在的暂不能被控制的危险性进行评价。通过这种评价可以确定各有关部门应该掌握的各类危险源的分布情况和动态安全信息,以便重点加强控制,同时也为监察、监督、管理、保险等部门开展工作提供重要依据。

(7) 按评价的规模或范围分类。包括:

1）地区性风险评价。如英国坎威岛风险评价,企业风险评价,装置、设备风险评价。

2）行业(产业)评价。如航空航天、核工业、机械、化工、冶金、铁路、石油化工等安全评价。

3）静、动态安全评价。如铁路或交通运输行业中的动态系统和静态系统的风险评价。

(8) 根据工程、系统生命周期分类。包括:

1）安全预评价。安全预评价是根据建设项目可行性研究报告的内容,分析和预测该建设项目可能存在的危险、有害因素的种类和程度,提出合理可行的安全对策措施及建议。

安全预评价实际上就是在项目建设前应用安全评价的原理和方法对系统(工程、项目)的危险性、危害性进行预测性评价。经过安全预评价形成的安全预评价报告,将作为项目报批的文件之一,同时也是项目最终设计的重要依据文件之一。

2）安全验收评价。安全验收评价是在建设项目竣工验收之前、试生产运行正常之后,通过对建设项目的设施、设备、装置实际运行状况及管理状况的安全评价,查找该建设项目投产后存在的危险、有害因素,确定其程度,提出合理可行的安全对策措施及建议。

安全验收评价是运用系统安全工程原理和方法,在项目建成试生产正常运行后,在正式投产前进行的一种检查性安全评价。它通过对系统存在的危险和有害因素进行定性和定量的评价，判断系统在安全上的符合性和配套安全设施的有效性，从而做出评价结论并提出补救或补偿措施，以促进项目实现系统安全。安全验收评价是为安全验收进行的技术准备，最终形成的安全验收评价报告将作为建设单位向政府安全生产监督管理机构申请建设项目安全验收审批的依据。

3）安全现状评价。安全现状评价是针对系统、工程的（某一个生产经营单位总体或局部的生产经营活动的）安全现状进行的安全评价，通过评价查找其存在的危险、有害因素，确定其程度，提出合理可行的安全对策措施及建议。

这种对在用生产装置、设备、设施、储存、运输及安全管理状况进行的全面综合安全评价，是根据政府有关法规的规定或是根据生产经营单位职业安全、健康、环境保护的管理要求进行的。

1.4 安全评价的内容与过程

1.4.1 安全评价的基本内容

理想的安全评价包括危险辨识、风险评价和风险控制三部分。

危险辨识是指利用安全系统工程的理论和方法，分析系统及其各要素所固有的安全隐患，揭示系统内存在的各种危险、有害因素。危险辨识主要包括危险、有害因素分析，事故发生可能性分析和事故后果严重性分析。通过一定的手段测定、分析和判明危险，包括固有的和潜在的危险，可能出现的新危险以及在一定条件下转化生成的危险，并且对系统中已查明的危险进行定量化处理，从而为评价提供数量依据。

风险评价是指利用现代的安全评价方法，根据危险辨识的结果，建立安全评价体系（指标），选择正确的安全评价方法，对系统进行风险状态的评价。随着现代科学技术的发展，在安全技术领域，由以往主要研究处理那些已经发生和必然发生的事件（被动模式），发展为主要研究处理那些还没有发生，但有可能发生的事件（主动模式），并把这种可能性具体化为一个数量指标，计算事故发生的概率，划分危险等级。

风险控制是指对评价结果得到的危险提出各种措施以减少或消除危险，并同既定的安全指标或目标相比较，判明所具有的安全水平，直到达到社会所允许的危险水平或规定的安全水平为止。通常来讲，制定技术、管理方面针对性的对策措施，并进行对策措施的效果预测和必要的检验，综合比较和评价，从中选择最佳的方案，预防事故的发生。同时对系统的安全程度进行重新评价，判断其是否达到相应的社会所接受的安全水平。

所以，安全评价通过危险辨识、风险评价和风险控制，客观地描述系统的危险程度，指导人们预先采取相应措施，来降低系统的危险性。

安全评价是一个运用安全系统工程的原理和方法，识别系统、工程中存在的危险、有害因素，评价其危险程度以及提出控制措施的过程。这一过程中包括危险、有害因素的识别、危险和危害程度评价、危险控制措施制定和检验。危险、有害因素辨识的目的在于识别危险来源；危险和危害程度评价的目的在于确定和衡量来自危险源的危险性、危险程度；危险控制的目的是采取针对性控制措施，以及评价采取控制措施后仍然存在的危险性是否可以被接受。在实际的安全评价过程中，这些方面是不能截然分开、孤立进行的，而是相互交叉、相互重叠于整个评价工作中。

1.4.2 安全评价的主要过程

安全评价的主要过程一般包括：前期准备；危险、有害因素识别与分析；划分评价单元；现场安全调查；定性、定量评价；提出安全对策措施及建议；做出安全评价结论；编制安全评价报告；安全评价报告评审等,如图1-1所示。

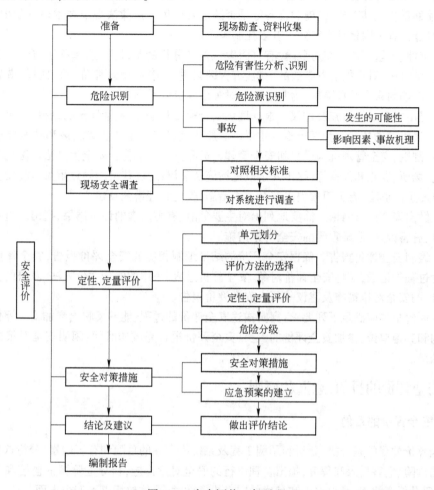

图1-1 安全评价一般过程

(1) 前期准备。明确评价对象和范围,必要时可进行系统或工程实际情况的现场调查,初步了解和熟悉系统或工程所处的实际状况,收集国内外相关法律法规、技术标准及与评价对象相关的行业数据资料。

(2) 危险、有害因素识别与分析。根据系统或工程的生产工艺、生产方式、生产系统和辅助系统、周边环境及气候条件等特点,识别和分析系统生产运行过程中的危险、有害因素,确定危险、有害因素存在的部位、存在的方式,事故发生的途径及其变化的规律。

(3) 评价单元划分。在系统或工程相当复杂的情况下,为了安全评价的需要,可以按安全系统工艺特点、生产场所、危险与有害因素类别等划分评价单元。评价单元应该是整个系统或工程的有限分割,并应相对独立,便于进行危险、有害因素识别和危险度评价,且具有明显的特征界限。

(4) 现场安全调查。针对系统或工程的特点,对照安全生产法律法规和技术标准的要求,采用安全检查表或其他系统安全评价方法,对系统或工程(选择的类比工程)的各生产系统及其工艺、场所和设施、设备等进行安全调查。

通过现场安全调查应明确:安全管理机制、安全管理制度、安全管理模式等是否适合安全生产,安全管理制度、安全投入、安全管理机构及其人员配置是否满足安全生产法律法规的要求;生产系统、辅助系统及其工艺、设施和设备等是否满足安全生产法律法规及技术标准的要求;系统中存在的危险、有害因素是否得到了有效控制等等。

（5）定性、定量评价。在对危险、有害因素识别和分析的基础上,选择科学、合理、适用的定性、定量评价方法,对可能引发事故的危险、有害因素进行定性、定量评价,给出引起事故发生的致因因素、影响因素及其危险度,为制定安全对策措施提供科学依据。

（6）提出安全对策措施及建议。根据现场安全检查和定性、定量评价的结果,提出消除或减弱危险、有害因素的技术和管理措施及建议。对那些违反安全生产法律法规和技术标准或不合适的行为、制度、安全管理机构设置和安全管理人员配置以及不符合安全生产法律法规和技术标准的工艺、场所、设施和设备等,提出安全改进措施及建议;对那些可能导致重大事故发生或容易导致事故发生的危险、有害因素提出安全技术措施、安全管理措施及建议。

（7）做出安全评价结论。简要地列出对主要危险、有害因素的评价结果,指出应重点防范的重大危险、有害因素,明确重要的安全对策措施。

（8）编制安全评价报告。依据安全评价的结果编制相应的安全评价报告,安全评价报告是安全评价过程的记录,应将安全评价对象、安全评价过程、采用的安全评价方法、获得的安全评价结果、提出的安全对策措施及建议等写入安全评价报告。

安全评价报告应满足下列要求:真实描述安全评价的过程;能够反映出参加安全评价的安全评价机构和其他单位、参加安全评价的人员、安全评价报告完成的时间;阐明安全对策措施及安全评价结果。

1.5　安全评价的目的、意义和原则

1.5.1　安全评价的目的

安全评价的目的是查找、分析和预测工程及系统中存在的危险和有害因素,分析这些因素可能导致的危险、危害后果和程度,提出合理可行的安全对策措施,指导危险源的监控和事故的预防,以达到最低事故率、最少损失和最优的安全投资效益,具体包括以下四个方面:

（1）促进实现本质安全化生产。通过安全评价,系统地从工程、设计、建设、运行等过程对事故和事故隐患进行科学分析,针对事故和事故隐患发生的各种可能原因事件和条件,提出消除危险的最佳技术措施方案,特别是从设计上采取相应措施,实现生产过程的本质安全化,做到即使发生误操作或设备故障,系统存在的危险因素也不会因此导致重大事故发生。

（2）实现全过程安全控制。在设计之前进行安全评价,可避免选用不安全的工艺流程和危险的原材料以及不合适的设备、设施,或当必须采用时,提出降低或消除危险的有效方法。设计之后进行的评价,可查出设计中的缺陷和不足,及早采取改进和预防措施。系统建成以后运行阶段进行的系统安全评价,可了解系统的现实危险性,为进一步采取降低危险性的措施提供依据。

（3）建立系统安全的最优方案,为决策者提供依据。通过安全评价,分析系统存在的危险源及其分布部位、数目,预测事故发生的概率、事故严重度,提出应采取的安全对策措施等,决策者可以根据评价结果选择系统安全最优方案和管理决策。

（4）为实现安全技术、安全管理的标准化和科学化创造条件。通过对设备、设施或系统在生产过程中的安全性是否符合有关技术标准、规范以及相关规定进行评价,对照技术标准和规范找出其中存在的问题和不足,以实现安全技术、安全管理的标准化和科学化。

1.5.2　安全评价的意义

安全评价的意义在于可有效地预防和减少事故的发生,减少财产损失和人员伤亡。安全评价与日常安全管理和安全监督监察工作不同,它是从技术方面分析、论证和评估产生损失和伤害的可能性、影响范围及严重程度,提出应采取的对策措施。安全评价的意义具体包括以下五个方面:

(1) 安全评价是安全生产管理的一个必要组成部分。"安全第一,预防为主"是我国安全生产的基本方针,作为预测、预防事故重要手段的安全评价,在贯彻安全生产方针中有着十分重要的作用,通过安全评价可确认生产经营单位是否具备了安全生产条件。

(2) 有助于政府安全监督管理部门对生产经营单位的安全生产进行宏观控制。安全预评价将有效地提高工程安全设计的质量和投产后的安全可靠程度;安全验收评价根据国家有关技术标准、规范对设备、设施和系统进行综合性评价,提高安全达标水平;安全现状评价可客观地对生产经营单位的安全水平做出评价,使生产经营单位不仅可以了解可能存在的危险性,而且可以明确如何改善安全状况,同时也为安全监督管理部门了解生产经营单位安全生产现状,实施宏观控制提供基础资料。

(3) 有助于安全投资的合理选择。安全评价不仅能确认系统的危险性,而且还能进一步分析危险性发展为事故的可能性及事故造成的损失的严重程度,进而计算事故造成的危害,并以此说明系统危险可能造成的负效益的大小,以便合理地选择控制、消除事故发生的措施,确定安全措施投资的多少,从而使安全投入和可能减少的负效益达到平衡。

(4) 有助于提高生产经营单位的安全管理水平。安全评价可以使生产经营单位的安全管理变事后处理为事先预测和预防。通过安全评价,可以预先识别系统的危险性,分析生产经营单位的安全状况,全面地评价系统及各部分的危险程度和安全管理状况,促使生产经营单位达到规定的安全要求。

安全评价可以使生产经营单位的安全管理变纵向单一管理为全面系统管理,将安全管理范围扩大到生产经营单位各个部门、各个环节,使生产经营单位的安全管理实现全员、全面、全过程、全时空的系统化管理。

系统安全评价可以使生产经营单位的安全管理变经验管理为目标管理,使各个部门、全体职工明确各自的指标要求,在明确的目标下,统一步调,分头进行,从而使安全管理工作实现科学化、统一化及标准化。

(5) 有助于生产经营单位提高经济效益。安全预评价可减少项目建成后由于达不到安全的要求而引起的调整和返工建设;安全验收评价可将一些潜在事故隐患在设施开工运行阶段消除;安全现状评价可使生产经营单位较好地了解可能存在的危险并为安全管理提供依据。生产经营单位的安全生产水平的提高可带来经济效益的提高。

1.5.3　安全评价的原则

安全评价是落实"安全第一,预防为主"安全生产方针的重要技术保障,是安全生产监督管理的重要手段。安全评价工作以国家有关安全生产的方针、政策和法律、法规、标准为依据,运用定量和定性的方法对建设项目或生产经营单位存在的危险、有害因素进行识别、分析和评价,提出预防、控制、治理对策措施,为建设单位或生产经营单位预防事故的发生,为政府主管部门进行安全生产监督管理提供科学依据。

安全评价是关系到被评价项目能否符合国家规定的安全标准,能否保障劳动者安全与健康的关键性工作。由于这项工作不但技术性强,而且还有很强的政策性,因此,要做好这项工作,必须以被评价项目的具体情况为基础,以国家安全法规及有关技术标准为依据,用严肃科学的态度,认真负责的精神,全面、仔细、深入地开展和完成评价任务。在工作中必须自始至终遵循科学性、公正性、合法性和针对性原则。

(1) 科学性。安全评价涉及学科范围广,影响因素复杂多变。为保证安全评价能准确地反映被评价系统的客观实际,确保结论的正确性,在开展安全评价的全过程中,必须依据科学的方法、程序,以严谨的科学态度全面、准确、客观地进行工作,提出科学的对策措施,做出科学的结论。

危险、有害因素产生危险、危害后果,需要一定条件和触发因素,要根据内在的客观规律,分析危险、有害因素的种类、程度、产生的原因及出现危险、危害的条件及其后果,才能为安全评价提供可靠的依据。

现有的安全评价方法均有其局限性。评价人员应全面、仔细、科学地分析各种评价方法的原理、特点、适用范围和使用条件,必要时,还应采用几种评价方法进行评价,进行分析综合,互为补充,互相验证,提高评价的准确性;评价时,切忌生搬硬套、主观臆断、以偏概全。

从收集资料、调查分析、筛选评价因子、测试取样、数据处理、模式计算和权重值的给定,直至提出对策措施、做出评价结论与建议等,每个环节都必须用科学的方法和可靠的数据,按科学的工作程序一丝不苟地完成各项工作,努力在最大限度上保证评价结论的正确性和对策措施的合理性、可行性和可靠性。

受一系列不确定因素的影响,安全评价在一定程度上存在误差。评价结果的准确性直接影响到决策的正确性,安全设计的完善性,运行的安全性和可靠性。因此,对评价结果进行验证十分重要。为了不断提高安全评价的准确性,评价机构应有计划、有步骤地对同类装置、国内外的安全生产经验、相关事故案例和预防措施以及评价后的实际运行情况进行考察、分析、验证,利用建设项目建成后的事后评价进行验证,并运用统计方法对评价误差进行统计和分析,以便改进原有的评价方法和修正评价参数,不断提高评价的准确性、科学性。

(2) 公正性。安全评价结论是评价项目的决策、设计、能否安全运行的依据,也是国家安全生产监督管理部门进行安全监督管理的执法依据。因此,对于安全评价的每一项工作都要做到客观和公正,既要防止受评价人员主观因素的影响,又要排除外界因素的干扰,避免出现不合理、不公正的评价结论。

安全评价有时会涉及一些部门、集团、个人的某些利益。因此,在评价时,必须以国家和劳动者的总体利益为重,要充分考虑劳动者在劳动过程中的安全与健康,要依据有关法规、标准、规范,提出明确的要求和建议。评价结论和建议不能模棱两可、含糊其辞。

(3) 合法性。安全评价机构和评价人员必须由国家安全生产监督管理部门予以资质核准和资格注册,只有取得资质的机构才能依法进行安全评价工作。政策、法规、标准是安全评价的依据,政策性是安全评价工作的灵魂。所以,承担安全评价工作的机构必须在国家安全生产监督管理部门的指导、监督下,严格执行国家及地方颁布的有关安全生产的方针、政策、法规和标准等。在具体评价过程中,应全面、仔细、深入地剖析评价项目或生产经营单位在执行产业政策、安全生产和劳动保护政策等方面存在的问题,并且主动接受国家安全生产监督管理部门的指导、监督和检查。

(4) 针对性。进行安全评价时,首先应针对被评价项目的实际情况和特征,收集有关资料,对系统进行全面分析;其次要对众多的危险、有害因素及单元进行筛选,针对主要的危险、有害因素及重要单元应进行有针对性的重点评价,并辅以重大事故后果和典型案例分析、评价,由于各类评价方法都有特定的适用范围和使用条件,要有针对性地选用评价方法;最后要从实际的经济、技术条件出发,提出有针对性的、操作性强的对策措施,对被评价项目给出客观、公正的评价结论。

1.6　安全评价原理

虽然安全评价的应用领域宽广,评价的方法和手段众多,而且评价对象的属性、特征及事件的随机性千变万化,各不相同,究其思维方式却是一致的。将安全评价的思维方式依据的理论统称为安全评价原理。常用的安全评价原理有相关性原理、类推原理、惯性原理和量变到质变原理等。

1.6.1　相关性原理

相关性是指一个系统,其属性、特征与事故和职业危害存在着因果的相关性。这是系统因果评价方法的理论基础。

1.6.1.1　系统的基本特征

安全评价把研究的所有对象都视为系统。系统是指由若干相互联系的,为了达到一定目标而具有独立功能的要素所构成的有机整体。系统有大有小、千差万别,但所有的系统都具有以下普遍的基本特征。

(1)目的性。任何系统都具有目的性,要实现一定的目标(功能)。

(2)集合性。集合性指一个系统是由若干个元素组成的一个有机联系的整体,或是由各层次的要素(子系统、单元、元素集)集合组成的一个有机联系的整体。

(3)相关性。一个系统内部各要素(或元素)之间存在着相互影响、相互作用、相互依赖的有机联系,通过综合协调,实现系统的整体功能。在相关关系中,二元关系是基本关系,其他复杂的相关关系是在二元关系基础上发展起来的。

(4)阶层性。在大多数系统中,存在着多阶层性,通过彼此作用,互相影响、制约,形成一个系统整体。

(5)整体性。系统的要素集、相关关系集、各阶层构成了系统的整体。

(6)适应性。系统对外部环境的变化有着一定的适应性。

每个系统都有着自身的总目标,而构成系统的所有子系统、单元都为实现这一总目标而实现各自的分目标。如何使这些目标达到最佳,这就是系统工程要研究解决的问题。

1.6.1.2　相关关系

系统的整体目标(功能)是由组成系统的各子系统、单元综合发挥作用的结果。因此,不仅系统与子系统,子系统与单元有着密切的关系,而且各子系统之间、各单元之间、各元素之间也都存在着密切的相关关系。所以,在评价过程中只有找出这种相关关系并建立相关模型,才能正确地对系统的安全性做出评价。

系统的结构可用下列公式表达:

$$E = \max f(X, R, C)$$

式中　　E——最优结合效果;

　　　　X——系统组成的要素集,即组成系统的所有元素;

　　　　R——系统组成要素的相关关系,即系统各元素之间的所有相关关系;

　　　　C——系统组成的要素及其相关关系在各阶层上可能的分布形式;

$f(X,R,C)$——X、R、C的结合效果函数。

对系统的要素集(X)、关系集(R)和层次分布形式(C)的分析,可阐明系统整体的性质。要使系统目标达到最佳程度,只有使上述三者达到最优结合,才能产生最优的结合效果 E。

对系统进行安全评价,就是要寻求 X、R 和 C 的最合理的结合形式,即寻求具有最优结合效果 E 的系统结构形式在对应系统目标集和环境因素约束集的条件,给出最安全的系统结合方式。例如,一个生产系统一般是由若干生产装置、物料、人员(X 集)集合组成的;其工艺过程是在人、机、物料、作业环境结合过程(人控制的物理、化学过程)中进行的(R 集);生产设备的可靠性、人的行为的安全性、安全管理的有效性等因素层次上存在各种分布关系(C 集)。安全评价的目的,就是寻求系统在最佳生产(运行)状态下的最安全的有机结合。

因此,在进行安全评价之前要研究与系统安全有关的系统组成要素、要素之间的相关关系以及它们在系统各层次的分布情况。例如,需要调查、研究构成工厂的所有要素(人、机、物料、环境等),明确它们之间存在的相互影响、相互作用、相互制约的关系和这些关系在系统的不同层次中的不同表现形式等。

要对系统做出准确的安全评价,必须对要素之间及要素与系统之间的相关形式和相关程度给出量的概念。这就需要明确哪个要素对系统有影响,是直接影响还是间接影响;哪个要素对系统影响大,大到什么程度,彼此是线性相关,还是指数相关等等。要做到这一点,就要求在分析大量生产运行数据、事故统计资料的基础上,得出相关的数学模型,以便建立合理的安全评价数学模型。例如,用加权平均法进行生产经营单位安全评价,确定子系统安全评价的权重系数,实际上就是确定生产经营单位整体与各个系统之间的相关系数。这种权重系数代表了各子系统的安全状况对生产经营单位整体安全状况的影响大小,也代表了各子系统的危险性在生产经营单位整体危险性中的比重。一般来说,权重系数都是通过大量事故统计资料的分析,权衡事故发生的可能性大小和事故损失的严重程度后确定下来的。

1.6.1.3　因果关系

有因才有果,这是事物发展变化的规律。事物的原因和结果之间存在着类似函数一样的密切关系。若研究、分析各个系统之间的依存关系和影响程度,就可以探求其变化的特征和规律,并可以预测其未来状态的发展变化趋势。

事故和导致事故发生的各种原因(危险因素)之间存在着相关关系,表现为依存关系和因果关系。危险因素是原因,事故是结果,事故的发生是由许多因素综合作用的结果。分析各因素的特征、变化规律、影响事故发生和事故后果的程度,以及从原因到结果的途径,揭示其内在联系和相关程度,才能在评价中得出正确的分析结论,采取恰当的对策措施。例如,可燃气体泄漏爆炸事故是由可燃气体泄漏、与空气混合达到爆炸极限和存在点火源 3 个因素综合作用的结果;而这3 个因素又是设计失误、设备故障、安全装置失效、操作失误、环境不良、管理不当等一系列因素造成的。爆炸后果的严重程度又与可燃气体的性质(闪点、燃点、燃烧速度、燃烧热值等)、可燃性气体的爆炸量及空间密闭程度等因素有着密切的关系。在评价中需要分析这些因素的因果关系和相互影响程度,并定量地进行评价。

事故的因果关系是:事故的发生是有原因的,而且往往不是由单一原因因素造成的,而是由若干原因因素耦合在一起导致的。当出现符合事故发生的充分与必要条件时,事故就必然会立即爆发。多一个原因因素不需要,少一个原因因素事故就不会发生。而每一个原因因素又由若干个二次原因因素构成,以此类推三次原因因素。

消除一次或二次或三次……原因因素,破坏发生事故的充分与必要条件,事故就不会发生,这就是采取技术、管理、教育等方面的安全对策措施的理论依据。

在评价过程中,借鉴历史、同类系统的数据、典型案例等资料,找出事故发展过程中的相互关系,建立起接近真实系统的数学模型,则评价会取得较好的效果。而且越接近真实系统,评价效果越好,结果越准确。

1.6.2　类推原理

1.6.2.1　类推推理

"类推"亦称"类比"。类推推理是人们经常使用的一种逻辑思维方法,它是根据两个或两类对象之间存在着某些相同或相似的属性,从一个已知对象具有某个属性来推出另一个对象具有此种属性的一种推理过程。它在人们认识世界和改造世界的活动中,有着非常重要的作用。它在安全生产、安全评价中,同样也有着特殊的意义和重要的作用。

其基本模式为:

若 A,B 表示两个不同对象,A 有属性 $P_1,P_2,\cdots,P_m,P_n$,B 有属性 $P_1,P_2,\cdots,P_m$,则对象 A 与对象 B 的推理可表示如下:

$$\left.\begin{array}{l} A \text{ 有属性 } P_1,P_2,\cdots,P_m,P_n \\ B \text{ 有属性 } P_1,P_2,\cdots,P_m \end{array}\right\} \quad \text{所以},B \text{ 也有属性 } P_n,n>m$$

类推推理的结论是显而易见的,在应用时要注意提高结论的可靠性,在其方法上要注意:要尽量多地列举两个或两类对象所共有或共缺的属性;两个类比对象所共有或共缺的属性愈本质,则推出的结论愈可靠;两个类比对象共有或共缺的对象与类推的属性之间具有本质和必然的联系,则推出结论的可靠性就高。

类推评价法是经常使用的一种安全评价方法。它不仅可以由一种现象推算另一现象,还可以依据已掌握的实际统计资料,采用科学的估计推算方法来推算得到基本符合实际的所需资料,以弥补调查统计资料的不足,供分析研究使用。

1.6.2.2　常用类推方法

类推评价法的种类及其应用领域取决于评价对象事件与先导事件之间联系的性质。若这种联系可用数字表示,则称为定量类推;如果这种联系关系只能定性处理,则称为定性类推。常用的类推方法有以下几种:

(1)平衡推算法。平衡推算法是根据相互依存的平衡关系来推算所缺的有关指标的方法。例如,利用海因里希关于重伤、死亡、轻伤及无伤害事故比例1:29:300的规律,在已知重伤死亡数据的情况下,可推算出轻伤和无伤害事故数据;利用事故的直接经济损失与间接经济损失的比例为1:4的关系,从直接经济损失推算间接经济损失和事故总经济损失;利用爆炸破坏情况推算离爆炸中心多远处的冲击波超压(Δp,单位为 MPa)或爆炸坑(漏斗)的大小,来推算爆炸物的 TNT 当量。这些都是平衡推算法的应用。

(2)代替推算法。代替推算法是利用具有密切联系(或相似)的有关资料、数据,来代替所缺资料、数据的方法。例如,对新建装置的安全预评价,可使用与其类似的已有装置资料、数据对其进行评价;在职业卫生评价中,人们常常类比同类或类似装置的工业卫生检测数据进行评价。

(3)因素推算法。因素推算法是根据指标之间的联系,从已知因素的数据推算有关未知指标数据的方法。例如,已知系统发生事故的概率 P 和事故损失严重程度 S,就可利用风险率 R 与 P、S 的关系来求得风险率 R:

$$R=PS$$

(4)抽样推算法。抽样推算法是根据抽样或典型调查资料推算系统总体特征的方法。这种方法是数理统计分析中常用的方法,是以部分样本代表整个样本空间来对总体进行统计分析的一种方法。

（5）比例推算法。比例推算法是根据社会经济现象的内在联系,用某一时期、地区、部门或单位的实际比例,推算另一类似时期、地区、部门或单位有关指标的方法。例如,控制图法的控制中心线的确定,是根据上一个统计期间的平均事故率来确定的。国外各行业安全指标的确定,通常也都是根据前几年的年度事故平均数值来确定的。

（6）概率推算法。概率是指某一事件发生的可能性的大小。事故的发生是一种随机事件,任何随机事件,在一定条件下是否发生是没有规律的,但其发生概率是一客观存在的定值。因此,根据有限的实际统计资料,采用概率论和数理统计方法可求出随机事件出现各种状态的概率。可以用概率值来预测未来系统发生事故可能性的大小,以此来衡量系统危险性的大小、安全程度的高低。

美国原子能委员会《核电站风险报告》采用的方法基本上是概率推算法。

1.6.3　惯性原理

任何事物在其发展过程中,从过去到现在以及延伸至将来,都具有一定的延续性,这种延续性称为惯性。

利用惯性可以研究事物或评价系统的未来发展趋势。例如,从一个单位过去的安全生产状况、事故统计资料,可以找出安全生产及事故发展变化趋势,推测其未来安全状态。

利用惯性原理进行评价时应注意以下两点:

（1）惯性的大小。惯性越大,影响越大;反之,则影响越小。例如,一个生产经营单位如果疏于管理,违章作业、违章指挥、违反劳动纪律严重,事故就多,若任其发展则会愈演愈烈,而且有加速的态势,惯性越来越大。对此,必须立即采取相应对策措施,破坏这种格局,亦即中止或使这种不良惯性改向,才能防止事故的发生。

（2）惯性的趋势。一个系统的惯性是这个系统内各个内部因素之间互相联系、互相影响、互相作用,按照一定的规律发展变化的一种状态趋势。因此,只有当系统是稳定的,受外部环境和内部因素影响产生的变化较小时,其内在联系和基本特征才可能延续下去,该系统所表现的惯性发展结果才基本符合实际。但是,绝对稳定的系统是没有的,因为事物发展的惯性在受外力作用时,可使其加速或减速甚至改变方向。这样就需要对一个系统的评价进行修正,即在系统主要方面不变,而其他方面有所偏离时,就应根据其偏离程度对所出现的偏离现象进行修正。

1.6.4　量变到质变原理

任何一个事物在发展变化过程中都存在着从量变到质变的规律。

同样,在一个系统中,许多有关安全的因素也都存在着从量变到质变的过程。在评价一个系统的安全时,也都离不开从量变到质变的原理。例如,许多定量评价方法中,有关危险等级的划分无不应用着量变到质变的原理。道化学公司《火灾、爆炸危险指数评价法》（第 7 版）中,关于按 $F\&EI$（火灾、爆炸指数）划分的危险等级,从 1 至 ≥159,经过了 ≤60,61～96,97～127,128～158,≥159 的量变到质变的变化过程,即分别为"最轻"级、"较轻"级、"中等"级、"很大"级、"非常大"级。而在评价结论中,"中等"级及其以下的级别是"可以接受的"（在提出对策措施时可不考虑）,而"很大"级、"非常大"级则是"不能接受的"（应考虑对策措施）。

因此,在安全评价时,考虑各种危险、有害因素对人体的危害,以及采用评价方法对危险因素进行等级划分时,均需要应用量变到质变的原理。

上述原理是人们经过长期研究和实践总结出来的。在实际评价工作中,应综合应用这些基本原理指导安全评价,并创造出各种评价方法,进一步在各个领域中加以运用。

掌握评价基本原理可以建立正确的思维方式,对于评价人员开拓思路、合理选择和灵活运用评价方法都是十分必要的。由于世界上没有一成不变的事物,评价对象的发展不是过去状态的简单延续,评价的事件也不会是类似事件的机械再现,相似不等于相同,所以,在评价过程中,还应对客观情况进行具体分析,以提高评价结果的准确程度。

习题和思考题

1-1　事故的含义是什么?

1-2　简述风险和风险度的含义。

1-3　危险源的定义是什么?

1-4　什么是安全评价?

1-5　试简述安全评价的程序。

1-6　简述安全评价的意义。

1-7　试论述安全评价原理。

2 安全评价的依据

安全评价的依据有:国家和地方的有关法律、法规、标准,企业内部的规章制度和技术规范,可接受风险标准以及前人的经验和教训等。

2.1 法律的分类与地位

法包括宪法、法律、行政法规、地方性法规和行政规章。我国法律的层次结构如图2-1所示。

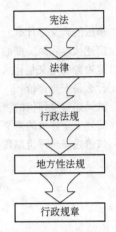

图2-1 法律层次结构

2.1.1 宪法

宪法是国家的根本法,具有最高的法律地位和法律效力。宪法的特殊地位和属性体现在四个方面:一是宪法规定国家的根本制度、国家生活的基本准则。如我国宪法就规定了中华人民共和国的根本政治制度、经济制度、国家机关和公民的基本权利和义务。宪法所规定的是国家生活中最根本、最重要的原则和制度,因此宪法成为立法机关进行立法活动的法律基础,宪法被称为"母法"、"最高法"。但是宪法只规定立法原则,并不直接规定具体的行为规范,所以它不能代替普通法律。二是宪法具有最高法律效力。宪法具有最高法律权威,是制定普通法的依据,普通法的内容必须符合宪法的规定,与宪法内容相抵触的法律无效。三是宪法的制定与修改有特别程序。我国宪法草案是由宪法修改委员会提请全国人民代表大会审议通过的。四是宪法的解释、监督均有特别规定。我国1982年宪法规定,全国人民代表大会和全国人民代表大会常务委员会监督宪法的实施,全国人民代表大会常务委员会有权解释宪法。

2.1.2 法律

广义的法律与法同义,狭义的法律特指由享有立法权的国家机关依照一定的立法程序制定和颁布的规范性文件。在我国,只有全国人民代表大会及其常务委员会才有权制定和修订法律。法律的地位和效力次于宪法,高于行政法规、地方性法规、自治法规和行政规章。法律在中华人民共和国领域内具有约束力。

法律是由国家立法机构以法律形式颁布实施的,其制定权属全国人民代表大会及其常务委员会,并由国家主席签署主席令予以公布。主席令中载明了法律的制定机关、通过日期和实施日期。

关于法律的公布方式,《立法法》明确规定法律签署公布后,应及时在人民代表大会常务委员会公报和在全国范围内发行的报纸上刊登;此外还规定,人民代表大会常务委员会公报上刊登的法律文本为标准文本。如《中华人民共和国劳动法》、《中华人民共和国安全生产法》、《中华人民共和国矿山安全法》等属法律。

2.1.3 行政法规

行政法规是国家行政机关制定的规范性文件的总称。行政法规有广狭二义,广义的行政法规泛指包括国家权力机关根据宪法制定的关于国家行政管理的各种法律、法规,也包括国家行政机关根据宪法、法律、法规,在其职权范围内制定的关于国家行政管理的各种法规。狭义的行政法规专指最高国家行政机关即国务院制定的规范性文件。行政法规的名称通常为条例、规定、办法、决定等。

行政法规的法律地位和法律效力次于宪法和法律,但高于地方性法规、行政规章。行政法规在中华人民共和国领域内具有约束力。这种约束力体现在两个方面:

一是具有拘束国家行政机关自身的效力。作为最高国家行政机关和中央人民政府的国务院制定的行政法规,是国家最高行政管理权的产物,它对一切国家行政机关都有拘束力,都必须执行。其他所有行政机关制定的行政措施均不得与行政法规的规定相抵触;地方性法规、行政规章的有关行政措施不得与行政法规的有关规定相抵触。

二是具有拘束行政管理相对人的效力。依照行政法规的规定,公民、法人或者其他组织在法定范围内享有一定的权利,或者负有一定的义务。国家行政机关不得侵害公民、法人或者其他组织的合法权益;公民、法人或者其他组织如果不履行法定义务,也要承担相应的法律责任,受到强制执行或者行政处罚。

行政法规的制定权属国务院。行政法规由总理签署,以国务院令公布。国务院令中载明了行政法规的制定机关、通过日期和实施日期。关于行政法规的公布方式,《立法法》明确规定行政法规签署公布后,应及时在国务院公报和在全国范围内发行的报纸上刊登;此外还规定,国务院公报上刊登的行政法规文本为标准文本。如国务院发布的《危险化学品安全管理条例》《安全生产许可证条例》等,属行政法规。

2.1.4 地方性法规

地方性法规是指地方国家权力机关依照法定职权和程序制定和颁布的、施行于本行政区域的规范性文件。地方性法规的法律地位和法律效力低于宪法、法律、行政法规,但高于地方政府规章。根据我国宪法和立法法等有关法律的规定,地方性法规由省、自治区、直辖市的人民代表大会及其常务委员会,在不与宪法、法律、行政法规相抵触的前提下制定,报全国人大常委会和国务院备案。省、自治区的人民政府所在地的市、经济特区所在地的市和经国务院批准的较大的市的人民代表大会及其常委会根据本市的具体情况和实际需要,在不同宪法、法律、行政法规和本省、自治区的地方性法规相抵触前提下,可以制定地方性法规,报所在的省、自治区的人民代表大会常务委员会批准后施行。

2.1.5 行政规章

行政规章是指国家行政机关依照行政职权所制定、发布的针对某一类事件、行为或者某一类人员的行政管理的规范性文件。《立法法》规定,国务院公报或者部门公报和地方人民政府公报上刊登的规章文本为标准文本。

行政规章分为部门规章和地方政府规章两种。部门规章是指国务院的部、委员会和直属机构依照法律、行政法规或者国务院的授权制定的在全国范围内实施行政管理的规范性文件。如国家安全生产监督管理局发布的《非煤矿矿山企业安全生产许可证实施办法》《安全评价机构管理规定》,(原)劳动部发布的《建设项目(工程)劳动安全卫生监察规定》《建设项目(工程)职业安全卫生设施和技术措施验收办法》等,属部门规章。

地方政府规章是指有地方性法规制定权的地方人民政府依照法律、行政法规、地方性法规或者本级人民代表大会或其常务委员会授权制定的在本行政区域实施行政管理的规范性文件。

2.2　与安全评价有关的法律、法规

2.2.1　《中华人民共和国刑法》

1997 年 3 月 14 日,第八届全国人民代表大会第五次会议通过修订的《中华人民共和国刑法》(以下简称《刑法》),自 1997 年 10 月 1 日起施行。《刑法》的任务,是用刑罚同一切犯罪作斗争,以保卫国家安全,保卫人民民主专政的政权和社会主义制度,保护国有财产和劳动群众集体所有的财产,保护公民私人所有的财产,保护公民的人身权利、民主权利和其他权利,维护社会秩序、经济秩序,保障社会主义建设事业的顺利进行。

(1) 重大责任事故罪。《刑法》第一百三十四条规定:"工厂、矿山、林场、建筑企业或者其他企业、事业单位的职工,由于不服从管理、违反规章制度,或者强令工人冒险作业,因而发生重大伤亡事故或者造成其他严重后果的,处三年以下有期徒刑或者拘役;情节特别恶劣的,处三年以上七年以下有期徒刑。"重大责任事故罪的犯罪客体是人的生命、健康和重大公私财产安全;犯罪主体是工厂、矿山、林场、建筑企业或者其他企业、事业单位的职工即从业人员,包括企业、事业单位的管理人员和作业人员;客观要件是实施了不服从管理、违反规章制度,或者强令工人冒险作业的违法行为,因而发生重大伤亡事故或者造成其他严重后果;主观要件表现为过失,即行为人本应当预见自己的行为将导致发生危害后果,但由于疏忽大意未能预见,或侥幸认为能够避免,以致发生严重后果。

(2) 重大劳动安全事故罪。《刑法》第一百三十五条规定:"工厂、矿山、林场、建筑企业或者其他企业、事业单位的劳动安全设施不符合国家规定,经有关部门或者单位职工提出后,对事故隐患仍不采取措施,因而发生重大事故或者造成其他严重后果的,对直接责任人员,处三年以下有期徒刑或者拘役;情节特别恶劣的,处三年以上七年以下有期徒刑。"

重大劳动安全事故罪的犯罪客体是人的生命、健康和重大公私财产安全;犯罪主体是工厂、矿山、林场、建筑企业或者其他企业、事业单位的有关人员,包括这些单位的负责人、管理人员和其他有关人员;客观要件是实施了劳动安全设施不符合国家规定,对事故隐患不采取措施的违法行为,因而发生重大事故或者造成其他严重后果;主观要件是虽明知劳动安全设施不符合国家规定,但并不希望事故发生,从而对事故隐患不采取措施的过失。

(3) 危险物品肇事罪。《刑法》第一百三十六条规定:"违反爆炸性、易燃性、放射性、毒害性、腐蚀性物品的管理规定,在生产、储存、运输、使用中发生重大事故,造成严重后果的,处三年以下有期徒刑或者拘役;后果特别严重的,处三年以上七年以下有期徒刑。"

危险物品肇事罪的犯罪客体是公共安全,即不特定多数人的生命、健康和重大公私财产的安全;犯罪主体是生产、储存、运输、使用等单位的直接责任人员,包括单位负责人、管理人员、从业人员或其他有关人员;客观要件是实施了违反爆炸性、易燃性、放射性、毒害性、腐蚀性物品的管理规定的违法行为,在生产、储存、运输、使用中发生重大事故,造成严重后果;主观要件是具有违反爆炸性、易燃性、放射性、毒害性、腐蚀性物品的管理规定的过失。

(4) 工程重大安全事故罪。《刑法》第一百三十七条规定:"建设单位、设计单位、施工单位、工程监理单位违反国家规定,降低工程质量标准,造成重大安全事故的,对直接责任人员,处五年以下有期徒刑或者拘役,并处罚金;后果特别严重的,处五年以上十年以下有期徒刑,并处罚金。"

工程重大安全事故罪的犯罪客体是人民的财产和生命安全以及国家的建筑管理制度;犯罪主体是建设单位、设计单位、施工单位、工程监理单位的直接责任人员,包括有关单位的负责人、

管理人员、设计人员、作业人员、监理人员和其他有关人员;客观要件是实施了违反国家规定,降低工程质量标准的违法行为,造成重大安全事故;主观要件是疏忽大意或过于自信的过失。

(5)提供虚假证明文件罪。《刑法》关于安全生产中介机构及其有关人员的犯罪主要是提供虚假证明文件罪。这是安全生产中介机构及其有关人员构成犯罪所应承担的刑事责任。《刑法》第二百二十九条规定:"承担资产评估、验资、验证、会计、审计、法律服务等职责的中介组织的人员故意提供虚假证明文件,情节严重的,处五年以下有期徒刑或者拘役,并处罚金。前款规定的人员,索取他人财物或者非法收受他人财物,犯前款罪的,处五年以上十年以下有期徒刑,并处罚金。第一款规定的人员,严重不负责任,出具的证明文件有重大失实,造成严重后果的,处三年以下有期徒刑或者拘役,并处或者单处罚金。"提供虚假证明文件罪的犯罪客体是破坏行政管理秩序、危及公私财产和人的生命和健康;犯罪主体是安全生产中介机构及其有关人员,包括安全生产中介机构的负责人、管理人员、安全生产中介人员和其他有关人员;客观要件是实施了提供虚假的安全评价、评估、检测、检验、认证、咨询等安全生产中介服务证明文件的违法行为;主观要件是具有提供虚假的安全生产中介服务证明文件的故意。

(6)伪造、变造、买卖国家机关公文、证件、印章罪。依照《安全生产法》第五十四条的规定,负有安全生产监督管理职责的部门有权依法以批准、核准、许可、注册、认证和颁发证照等形式对安全生产事项实施行政许可。上述安全生产事项行政许可的各种公文、证照是法定文书,不得伪造、变造、买卖。

违反《刑法》的有关规定,伪造、变造、买卖安全生产事项行政许可证书的,构成伪造、变造、买卖国家机关公文、证件、印章罪。根据《刑法》第二百八十条第一款的规定,伪造、变造、买卖或者盗窃、抢夺、毁灭国家机关的公文、证件、印章的,处三年以下有期徒刑、拘役、管制或者剥夺政治权利;情节严重的,处三年以上十年以下有期徒刑。

伪造、变造、买卖国家机关公文、证件、印章罪的犯罪客体是国家机关的工作秩序和行政管理秩序;犯罪主体是伪造、变造、买卖安全生产行政许可证书的直接责任人员,包括有关单位的负责人、管理人员和其他有关人员;客观要件是实施了伪造、变造、买卖安全生产事项行政许可证书的违法行为,造成严重后果;主观要件是具有伪造、变造、买卖安全生产行政许可证书的故意。

2.2.2　《中华人民共和国劳动法》

1994年7月5日第八届全国人民代表大会常务委员会第八次会议审议通过《中华人民共和国劳动法》(以下简称《劳动法》),自1995年1月1日起施行。《劳动法》的立法目的是为了保护劳动者的合法权益,调整劳动关系,建立和维护适应社会主义市场经济的劳动制度,促进经济发展和社会进步。在中华人民共和国境内的企业、个体经济组织(下列统称用人单位)与之形成劳动关系的劳动者,适用《劳动法》。国家机关、事业组织、社会团体和与之建立劳动关系的劳动者,依照《劳动法》执行。

《劳动法》设立了劳动安全专章,对以下方面提出了明确要求:劳动安全卫生设施,必须符合国家规定的标准;劳动安全卫生设施,必须与主体工程同时设计、同时施工、同时投入生产和使用;从事特种作业的劳动者,必须经过专门培训并取得特种作业资格。

2.2.3　《中华人民共和国安全生产法》

2002年6月29日由第九届全国人民代表大会常务委员会第二十八次会议通过,中华人民共和国主席第七十号令公布了《中华人民共和国安全生产法》,自2002年11月1日起施行。

其中涉及安全评价的规定有:依法设立的为安全生产提供服务的中介机构,依照法律、行政法规和执业准则,接受生产经营单位的委托为其安全生产工作提供技术服务;矿山建设项目和用于生产、储存危险物品的建设项目,应当分别按照国家有关规定进行安全条件论证和安全评价;生产经营单位对重大危险源,应当登记建档,进行定期检测、评估、监控,并制订应急预案,告知从业人员和相关人员在紧急情况下应采取的应急措施;承担安全评价、认证、检测、检验工作的机构违规的处罚原则。

《中华人民共和国安全生产法》与安全评价相关的具体条款如下:

第十二条　依法设立的为安全生产提供技术服务的中介机构,依照法律、行政法规和执业准则,接受生产经营单位的委托为其安全生产工作提供技术服务。

第二十四条　生产经营单位新建、改建、扩建工程项目(以下统称建设项目)的安全设施,必须与主体工程同时设计、同时施工、同时投入生产和使用。安全设施投资应当纳入建设项目概算。

第二十五条　矿山建设项目和用于生产、储存危险物品的建设项目,应当分别按照国家有关规定进行安全条件论证和安全评价。

矿山和危险物品的生产、储存活动,危险因素较多、危险性较大,是事故多发的领域,且一旦发生事故,不仅会给本单位从业人员的生命安全及财产造成损害,还可能殃及周围群众的生命和财产安全。要减少矿山开采和危险物品生产、储存活动的事故,将其危险因素降到最低,就必须在这些单位开办之初,对其建设项目的安全情况进行充分的研究论证、综合评价,保证安全生产经营具有可靠的物质基础。

本条规定中的"安全条件论证",是指根据矿山建设项目的特点和技术要求,对矿山建设项目是否能够具备法律、法规和安全规程规定的安全生产条件进行综合的分析、研究、判断,为有关部门审批矿山建设项目提供必要的依据;"安全评价"是指对用于生产、储存危险物品的建设项目能否保证投入使用后的安全,在分析、研究后,提出结论性意见。矿山建设项目和用于生产、储存危险物品的建设项目的安全条件论证和安全评价,涉及的内容很多,如水文、地质条件分析,厂址的选择、技术上的保证等等,是一个系统性工作。

本条未具体规定谁负责建设项目的安全条件论证和安全评价,实际中,技术力量较强且有条件的生产经营单位,可以自己承担,也可以聘请研究机构、中介机构承担。无论谁承担安全条件论证和安全评价工作,都必须严格遵守有关技术方面的规定,认真地进行论证和评价,保证结果的客观、真实和科学,为有关安全生产决策提供正确的依据。

第二十六条　建设项目安全设施的设计人、设计单位应当对安全设施设计负责。矿山建设项目和用于生产、储存危险物品的建设项目的安全设施设计应当按照国家有关规定报经有关部门审查,审查部门及其负责审查的人员对审查结果负责。

第二十七条　矿山建设项目和用于生产、储存危险物品的建设项目的施工单位必须按照批准的安全设施设计施工,并对安全设施的工程质量负责。矿山建设项目和用于生产、储存危险物品的建设项目竣工投入生产或者使用前,必须依照有关法律、行政法规的规定对安全设施进行验收;验收合格后,方可投入生产和使用。验收部门及其验收人员对验收结果负责。

第六十二条　承担安全评价、认证、检测、检验的机构应当具备国家规定的资质条件,并对其作出的安全评价、认证、检测、检验的结果负责。

第七十九条　承担安全评价、认证、检测、检验工作的机构,出具虚假证明,构成犯罪的,依照刑法有关规定追究刑事责任;尚不够刑事处罚的,没收违法所得,违法所得在五千元以上的,并处违法所得二倍以上五倍以下的罚款,没有违法所得或者违法所得不足五千元的,单处或者并处五千元以上二万元以下的罚款,对其直接负责的主管人员和其他直接责任人员处五千元以上五万元以下的罚款;给他人造成损害的,与生产经营单位承担连带赔偿责任。对有前款违法行为的机构,撤销其相应资格。

2.2.4 《中华人民共和国矿山安全法》

《中华人民共和国矿山安全法》(以下简称《矿山安全法》)于1992年11月7日由第七届全国人民代表大会常务委员会第二十八次会议通过,自1993年5月1日起施行。它对矿山建设的安全保障、矿山开采的安全保障、矿山生产经营单位的安全管理、矿山事故处理、矿山安全的行政管理及法律责任等做了明确规定。

(1) 矿山建设工程安全设施"三同时"。矿产资源开采属于危险性较大的作业,其中从事井工开采的矿山具有更大的危险性,矿山事故频繁发生。尤其是地下开采面临来自地下水、火、瓦斯、顶板和粉尘等地质灾害的威胁,需要采用多种安全设施抵御地质灾害,监控矿井内的气体、温度、地压情况,预防和监控矿山事故。作为矿山开采系统的重要组成部分,安全设施是保障矿井建设和矿山开采安全的主要设施。为此,《矿山安全法》明确规定,矿山建设工程的安全设施必须和主体工程同时设计、同时施工、同时投入生产和使用。

(2) 矿山建设工程安全设施的设计和竣工验收。矿山建设工程安全设施的设计是否可靠、科学、规范,是保证矿井生产安全系统能否保障安全的首要环节。《矿山安全法》规定,矿山建设工程的设计文件必须符合矿山安全规程和行业技术规范,并按照国家规定经管理矿山企业的主管部门批准;不符合矿山安全规程和行业技术规范的,不得批准。矿山建设工程安全设施的设计必须由劳动行政主管部门(现已归为负责安全生产监督管理的部门,下同)参加审查。矿山安全规程和行业技术规范,由国务院管理矿山企业的主管部门制定。

法律还对必须符合矿山安全规程和行业技术规范的矿山设计项目做出了规定,设计项目包括:

1) 矿井的通风系统和供风量、风质、风速;
2) 露天矿的边坡角和台阶的宽度、高度;
3) 供电系统;
4) 提升、运输系统;
5) 防水、排水系统和防火、灭火系统;
6) 防瓦斯系统和防尘系统;
7) 有关矿山安全的其他项目。

矿山建设工程必须按照管理矿山的主管部门批准的设计文件施工。矿山建设工程安全设施竣工后,由管理矿山企业的主管部门验收,并须有劳动行政主管部门参加;不符合矿山安全规程和行业技术规范的,不得验收,不得投入生产。

2.2.5 《中华人民共和国职业病防治法》

2001年10月27日第九届全国人民代表大会常务委员会第二十四次会议审议通过《中华人民共和国职业病防治法》(以下简称《职业病防治法》),自2002年5月1日起施行。《职业病防治法》的立法目的是为了预防、控制和消除职业病危害,防治职业病,保护劳动者的健康及其相关权益,促进经济发展。

(1) 工作场所的职业卫生要求。《职业病防治法》第十三条规定,产生职业病危害的用人单位的设立,除应当符合法律、行政法规规定的设立条件外,其工作场所还应当符合6项职业卫生要求:

1) 职业病危害因素的强度或者浓度符合国家职业卫生标准;

2）有与职业病危害防护相适应的设施；

3）生产布局合理，符合有害与无害作业分开的原则；

4）有配套的更衣间、洗浴间、孕妇休息间等卫生设施；

5）设备、工具、用具等设施符合保护劳动者生理、心理健康的要求；

6）法律、行政法规和国务院卫生行政部门关于保护劳动者健康的其他要求。

（2）职业病危害项目申报。《职业病防治法》第十四条规定，在卫生行政部门中建立职业病危害申报制度。用人单位设有依法公布的职业病目录所列职业病的危害项目的，应当及时、如实向卫生行政部门申报，接受监督。

（3）建设项目职业病危害预评价。《职业病防治法》第十五条规定，新建、扩建、改建建设项目和技术改造、技术引进项目（以下统称建设项目）可能产生职业病危害的，建设单位在可行性论证阶段应当向卫生行政部门提交职业病危害预评价报告。卫生行政部门应当自收到职业病危害预评价报告之日起三十日内，做出审核决定并书面通知建设单位。未提交预评价报告或者预评价报告未经卫生行政部门审核同意的，有关部门不得批准该建设项目。职业病危害预评价报告应当对建设项目可能产生的职业病危害因素及其对工作场所和劳动者健康的影响做出评价，确定危害类别和职业病防护措施。建设项目职业病危害分类目录和分类管理办法由国务院卫生行政部门制定。

（4）职业病危害防护设施。《职业病防治法》第二十四条规定，用人单位应当实施由专人负责的职业病危害因素日常监测，并确保监测系统处于正常运行状态。用人单位应当按照国务院卫生行政部门的规定，定期对工作场所进行职业病危害因素检测、评价。检测、评价结果存入用人单位职业卫生档案，定期向所在地卫生行政部门报告并向劳动者公布。

建设项目的职业病防护设施所需经费应当纳入建设工程预算，并与主体工程同时设计、同时施工、同时投入生产和使用。职业病危害严重的建设项目的防护设施设计，应当经卫生行政部门进行卫生审查，符合国家职业卫生标准和卫生要求的，方可施工。建设项目在竣工验收前，建设单位应当进行职业病危害控制效果评价。建设项目竣工验收时，其职业病防护设施经卫生行政部门验收合格后，方可投入正式生产和使用。

（5）职业卫生技术服务机构。《职业病防治法》第十七条规定，职业病危害预评价、职业病危害控制效果评价由依法设立的取得省级以上人民政府卫生行政部门资质认证的职业卫生技术服务机构进行。职业卫生技术服务机构所作的评价应当客观、真实。

2.2.6 《安全生产许可证条例》

《安全生产许可证条例》于2004年1月7日由中华人民共和国国务院第三十四次常务会议通过，自2004年1月13日公布实施。《安全生产许可证条例》的立法目的是为了依法建立安全生产市场准入制度，严格规范安全生产条件，加强安全生产监督管理，防止和减少生产安全事故。

这是我国第一部对煤矿企业、非煤矿矿山企业、建筑施工企业和危险化学品、烟花爆竹、民用爆破器材生产企业实施安全生产行政许可的行政法规。这部行政法规重在法律制度的建设和创新，依法确立了安全生产许可制度，填补了我国安全生产法律制度的一项空白。《安全生产许可证条例》的施行，对于建立安全生产许可制度，依法规范企业的安全生产条件，强化安全生产监督管理，防止和减少生产安全事故，必将发挥重要的作用。

《安全生产许可证条例》包含的条例共24条，主要包括安全生产许可制度的实施范围、颁发和管理的机构、企业取得安全生产许可证的条件以及安全生产许可证的监督管理等内容。国家安全生产监督管理局根据《安全生产许可证条例》的规定，分别制定了《非煤矿矿山企业安全生产许可证实施办法》、《煤矿企业安全生产许可证实施办法》、《危险化学品生产企业安全生产许可证实施办法》和《烟花爆竹生产企业安全生产许可证实施办法》。

《安全生产许可证条例》指出,国家对矿山企业、建筑施工企业和危险化学品、烟花爆竹、民用爆破器材生产企业实行安全生产许可制度,企业取得安全生产许可证应依法进行安全评价。第六条规定,企业取得安全生产许可证,应当具备下列安全生产条件:

(1) 建立健全安全生产责任制,制定完备的安全生产规章制度和操作规程;

(2) 安全投入符合安全生产要求;

(3) 设置安全生产管理机构,配备专职安全生产管理人员;

(4) 主要负责人和安全生产管理人员经考核合格;

(5) 特种作业人员经有关业务主管部门考核合格,取得特种作业人员操作资格证书;

(6) 从业人员经安全生产教育和培训合格;

(7) 依法参加工伤保险,为从业人员缴纳保险费;

(8) 厂房、作业场所和安全设施、设备、工艺符合有关安全生产法律、法规、标准和规程的要求;

(9) 有职业危害防治措施,并为从业人员配备符合国家标准或者行业标准的劳动保护用品;

(10) 依法进行安全评价;

(11) 有重大危险源监测、评估、监控措施和应急预案;

(12) 有生产安全事故应急救援预案、应急救援组织或者应急救援人员,配备必要的应急救援器材、设备;

(13) 法律、法规规定的其他条件。

2.2.7 《危险化学品安全管理条例》

2002 年 1 月 9 日国务院发布《危险化学品安全管理条例》,自 2002 年 3 月 15 日起施行,1987 年 2 月 17 日国务院发布的《化学危险品安全管理条例》同时废止。《危险化学品安全管理条例》的立法目的是为了加强对危险化学品的安全管理,保证人民生命、财产安全,保护环境。

(1) 危险化学品的生产、储存的规划与审批。国家对危险化学品的生产和储存实行统一规划、合理布局和严格控制,并对危险化学品生产、储存实行审批制度;未经审批,任何单位和个人都不得生产、储存危险品。设区的市级人民政府根据当地经济发展的实际需要,在编制总体规划时,应当按照确保安全的原则规划适当区域专门用于危险化学品的生产、储存。

(2) 设立危险化学品生产、储存企业的条件。危险化学品生产、储存企业,必须具备下列条件:

1) 有符合国家标准的生产工艺、设备或者储存方式、设施;

2) 工厂、仓库的周边防护距离符合国家标准或者国家有关规定;

3) 有符合生产或者储存需要的管理人员和技术人员;

4) 有健全的安全管理制度;

5) 符合法律、法规规定和国家标准要求的其他条件。

(3) 企业设立的申请。《危险化学品安全管理条例》中将安全评价报告作为剧毒化学品生产、储存企业和其他危险化学品生产、储存企业向政府管理部门提交的申请文件之一。

第九条规定,设立剧毒化学品生产、储存企业和其他危险化学品生产、储存企业,应当分别向省、自治区、直辖市人民政府经济贸易管理部门和设区的市级人民政府负责危险化学品安全监督管理综合工作的部门提出申请,并提交下列文件:

1）可行性研究报告；

2）原料、中间产品、最终产品或者储存的危险化学品的燃点、自燃点、闪点、爆炸极限、毒性等理化性能指标；

3）包装、储存、运输的技术要求；

4）安全评价报告；

5）事故应急救援措施；

6）符合本条例第八条规定条件的证明文件。

省、自治区、直辖市人民政府经济贸易管理部门或者设区的市级人民政府负责危险化学品安全监督管理综合工作的部门收到申请和提交的文件后，应当组织有关专家进行审查，提出审查意见后，报本级人民政府做出批准或者不予批准的决定。依据本级人民政府的决定，予以批准的，由省、自治区、直辖市人民政府经济贸易管理部门或者设区的市级人民政府负责危险化学品安全监督管理综合工作的部门颁发批准书；不予批准的，书面通知申请人。申请人凭批准书向工商行政管理部门办理登记注册手续。

第十一条规定："危险化学品生产、储存企业改建、扩建的，必须依照本条例第九条的规定经审查批准。"

（4）生产装置和储存设施的选址。除运输工具、加油站、加气站外，危险化学品的生产装置和储存数量构成重大危险源的储存设施，与下列场所、区域的距离必须符合国家标准或者国家有关规定：

1）居民区、商业中心、公园等人口密集区域；

2）学校、医院、影剧院、体育场（馆）等公共设施；

3）供水水源、水厂及水源保护区；

4）车站、码头（按照国家规定，经批准专门从事危险化学品装卸作业的除外）、机场以及公路、铁路、水路交通干线、地铁风亭及出入口；

5）基本农田保护区、畜牧区、渔业水域和种子、种畜、水产种苗生产基地；

6）河流、湖泊、风景名胜区和自然保护区；

7）军事禁区、军事管理区；

8）法律、行政法规规定予以保护的其他区域。

已建危险化学品的生产装置和储存数量构成重大危险源的储存设施不符合上述规定的，由所在地设区的市级人民政府负责危险化学品安全监督管理综合工作的部门监督其在规定的期限内进行整顿；需要转产、停产、搬迁、关闭的，报本级人民政府批准后实施。

（5）危险化学品生产、储存和使用的安全管理。危险化学品生产、储存和使用的安全管理涉及各个环节，必须加强安全管理。《危险化学品安全管理条例》第十一条至第十六条、第二十二条至第二十五条分别做出了相关规定。

（6）生产、储存和使用剧毒化学品的安全管理。第十七条规定："生产、储存和使用剧毒化学品的单位，应当对本单位的生产、储存装置每年进行一次安全评价；生产、储存、使用其他危险化学品的单位，应当对本单位的生产、储存装置每两年进行一次安全评价。安全评价报告应当对生产、储存装置存在的安全问题提出整改方案。安全评价中发现生产、储存装置存在现实危险的，应当立即停止使用，予以更换或者修复，并采取相应的安全措施。安全评价报告应当报所在地设区的市级人民政府负责危险化学品安全监督管理综合工作的部门备案。"

剧毒化学品的生产、储存、使用单位，应当对剧毒化学品的产量、流向、储存量和用途如实记录，并采取必要的保安措施，防止剧毒化学品被盗、丢失或者误售、误用；发现剧毒化学品被盗、丢失或者误售、误用时,必须立即向当地公安部门报告。

(7)危险化学品包装物、容器的安全管理。危险化学品的包装必须符合国家法律、法规、规章的规定和国家标准的要求。危险化学品包装的材质、形式、规格、方法和单件质量(重量),应当与所包装的危险化学品的性质和用途相适应,便于装卸、运输和储存。危险化学品的包装物、容器,必须由省、自治区、直辖市人民政府经济贸易管理部门审查合格的专业生产企业定点生产,并经国务院质检部门认可的专业检测、检验机构检测、检验合格,方可使用。重复使用的危险化学品的包装物、容器在使用前,应当进行检查,并做出记录;检查记录至少应当保存两年。质检部门应当对危险化学品包装物、容器的产品质量进行定期的或者不定期的检查。

2.2.8 《烟花爆竹安全管理条例》

2006年1月21日国务院公布《烟花爆竹安全管理条例》,自公布之日起施行。《烟花爆竹安全管理条例》的立法目的是为了加强烟花爆竹安全管理,预防爆炸事故发生,保障公共安全和人身、财产安全。

(1)烟花爆竹生产企业的安全条件。烟花爆竹安全许可是一项市场准入制度,其目的是要明确和规范生产企业的安全条件和生产安全。《烟花爆竹安全管理条例》第八条规定了生产企业应当具备的下列11项安全条件(其中包括依法安全评价):

1)符合当地产业结构规划;

2)基本建设项目经过批准;

3)选址符合城乡规划,并与周边建筑、设施保持必要的安全距离;

4)厂房和仓库的设计、结构和材料以及防火、防爆、防雷、防静电等安全设备、设施符合国家有关标准和规范;

5)生产设备、工艺符合安全标准;

6)产品品种、规格、质量符合国家标准;

7)有健全的安全生产责任制;

8)有安全管理机构和专职安全生产管理人员;

9)依法进行了安全评价;

10)有事故应急救援预案、应急救援组织和人员,并配备必要的应急救援器材、设备;

11)法律、法规规定的其他条件。

(2)烟花爆竹批发企业的条件。《烟花爆竹安全管理条例》第十七条规定,从事烟花爆竹批发的企业,应当具备下列7项安全基本条件(其中包括依法安全评价):

1)具有企业法人条件;

2)经营场所与周边建筑、设施保持必要的安全距离;

3)有符合国家标准的经营场所和储存设施;

4)有保管员、仓库守护员;

5)依法进行了安全评价;

6)有事故应急救援预案、应急救援组织和人员,并配备必要的器材、设备;

7)法律、法规规定的其他条件。

2.2.9 《煤矿建设项目安全设施监察规定》

《煤矿建设项目安全设施监察规定》于2003年7月2日由国家安全生产监督管理局(国家煤矿安全监察局)局务会议审议通过,自2003年8月15日起施行。此规定是根据安全生产法、煤矿安全监察条例以及有关法律、行政法规而制定的,目的是为了规范煤矿建设工程安全设施监察工作,保障煤矿安全生产。负责对煤矿新建、改建和扩建工程项目(以下简称煤矿建设项目)的安全设施进行监察的是煤矿安全监察机构。

《煤矿建设项目安全设施监察规定》对煤矿建设项目进行了相关规定:应当进行安全评价,其初步设计应当按规定编制安全专篇。安全专篇应当包括安全条件的论证、安全设施的设计等内容。

《煤矿建设项目安全设施监察规定》在第二章专门对安全评价进行了具体的规定,内容如下:

第九条　煤矿建设项目的安全评价包括安全预评价和安全验收评价。

煤矿建设项目在可行性研究阶段,应当进行安全预评价;在投入生产或者使用前,应当进行安全验收评价。

第十条　煤矿建设项目的安全评价应由具有国家规定资质的安全中介机构承担。承担煤矿建设项目安全评价的安全中介机构对其做出的安全评价结果负责。

第十一条　煤矿企业应与承担煤矿建设项目安全评价的安全中介机构签订书面委托合同,明确双方各自的权利和义务。

第十二条　承担煤矿建设项目安全评价的安全中介机构,应当按照规定的标准和程序进行评价,提出评价报告,并在提出评价报告30日内按《煤矿建设项目安全设施监察规定》中的第六条规定报煤矿安全监察机构备案。

第十三条　煤矿建设项目安全预评价报告应当包括以下内容:

1) 主要危险、有害因素和危害程度以及对公共安全影响的定性、定量评价;

2) 预防和控制的可能性评价;

3) 建设项目可能造成职业危害的评价;

4) 安全对策措施、安全设施设计原则;

5) 预评价结论;

6) 其他需要说明的事项。

第十四条　煤矿建设项目安全验收评价报告应当包括以下内容:

1) 安全设施符合法律、法规、标准和规程规定以及设计文件的评价;

2) 安全设施在生产或使用中的有效性评价;

3) 职业危害防治措施的有效性评价;

4) 建设项目的整体安全性评价;

5) 存在的安全问题和解决问题的建议;

6) 验收评价结论;

7) 有关试运转期间的技术资料、现场检测、检验数据和统计分析资料;

8) 其他需要说明的事项。

第十九条　申请煤矿建设项目的安全设施设计审查,应当提交下列资料:

1) 安全设施设计审查申请报告及申请表;

2) 立项和可行性研究报告批准文件;

3) 安全预评价报告书;

4) 初步设计及安全专篇;

5) 其他需要说明的材料。

第二十八条　煤矿建设项目联合试运转正常后,应当进行安全验收评价。

第三十一条　申请验收煤矿建设项目的安全设施和安全条件,应当提交下列资料:

1) 验收申请报告及申请表;

2) 初步设计、安全专篇及设计修改的有关文件、资料;

3) 安全设施工程质量认证书复印件;

4) 施工期间安全事故及其他重大工程质量事故的有关资料;

5) 安全管理机构、矿长及特种作业人员安全资格的有关资料;

6) 联合试运转报告;

7) 安全验收评价报告书;

8) 其他需说明的事项。

综上所述,在煤矿建设项目可行性研究阶段,煤矿安全评价机构应按规定编制安全预评价报告,并及时送交项目设计单位,供其在编制初步设计安全专篇时参考;在煤矿建设项目试生产运行正常后、竣工验收前,煤矿安全评价机构应按规定编制安全验收评价报告。建设单位申请安全专篇审查时,申报资料应包括安全预评价报告;申请安全设施竣工验收时,申报资料应包括安全验收评价报告。煤矿安全评价机构应科学、公正、合法、自主地开展安全评价工作,并对所做出的评价结果负责。

2.2.10　《非煤矿矿山建设项目安全设施设计审查与竣工验收办法》

《非煤矿矿山建设项目安全设施设计审查与竣工验收办法》经国家安全生产监督管理局(国家煤矿安全监察局)局务会议审议通过,于2004年12月28日予以公布,自2005年2月1日起施行。此办法根据《安全生产法》、《矿山安全法》和有关法律、行政法规的规定而制定,其目的是为了规范非煤矿矿山建设项目安全设施监督管理工作,保障非煤矿矿山安全生产,凡属于非煤矿矿山新建、改建和扩建的建设项目的安全设施设计审查和竣工验收及其监督管理工作,都适用本办法。

非煤矿矿山建设项目应当进行安全评价,其初步设计应当按照规定编制安全专篇;安全设施的设计应当符合工程建设强制性标准和行业技术规范;建设项目施工前,其安全设施设计应当经安全生产监督管理部门审查同意;竣工投入生产或者使用前,其安全设施和安全条件应当经安全生产监督管理部门验收合格。

《非煤矿矿山建设项目安全设施设计审查与竣工验收办法》的第二章对安全评价进行了具体规定:

第八条　建设项目的安全评价包括安全预评价和安全验收评价。建设项目在可行性研究阶段,应当进行安全预评价;建设项目在投入生产或者使用前,应当进行安全验收评价。

第九条　建设项目的安全评价应当由具有相应资质的安全评价机构承担。安全评价机构应当按照规定的标准和程序进行安全评价工作,提出评价报告。安全评价机构对安全评价结果负责。

第十条　非煤矿矿山建设单位(以下简称建设单位)应当与承担建设项目安全评价的安全评价机构签订书面委托合同,明确各自的权利和义务。

第十一条　建设项目安全预评价报告应当包括下列内容:

1) 主要危险、有害因素和危害程度以及对公共安全影响的定性、定量评价;

2) 预防和控制主要危险、有害因素的可能性评价;

3) 可能造成职业危害的评价;

4) 安全对策措施、安全设施设计原则;

5）预评价结论；

6）其他需要说明的事项。

第十二条　建设项目安全验收评价报告应当包括下列内容：

1）安全设施符合法律、法规、标准和规程规定以及设计文件的评价；

2）安全设施在生产或者使用中的有效性评价；

3）职业危害防治措施的有效性评价；

4）建设项目的整体安全性评价；

5）存在的安全问题和解决问题的建议；

6）安全验收评价结论；

7）其他需要说明的事项。

第十三条　建设单位应当在评价工作完成后 30 日内，按照本办法第六条的规定，将安全评价报告报相应的安全生产监督管理部门备案。

第十八条　建设单位提出建设项目安全设施设计审查申请时，应当提交下列资料：

1）安全设施设计审查申请报告及申请表；

2）立项和可行性研究报告批准文件；

3）安全预评价报告书；

4）初步设计及安全专篇；

5）其他需要提交的材料。

第二十七条　建设单位申请验收建设项目的安全设施和安全条件时，应当提交下列资料：

1）验收申请报告及申请表；

2）安全设施设计经审查合格及设计修改的有关文件、资料；

3）主要安全设施、特种设备检测检验报告；

4）施工单位资质证明材料；

5）施工期间生产安全事故及其他重大工程质量事故的有关资料；

6）矿长、安全生产管理人员及特种作业人员安全资格的有关资料；

7）安全验收评价报告书；

8）其他需要提交的材料。

第三十条　安全评价机构在安全评价工作中出具虚假证明、构成犯罪的，依法追究刑事责任；尚不够刑事处罚的，没收违法所得，违法所得在 5000 元以上的，并处违法所得 2 倍以上 5 倍以下的罚款，没有违法所得或者违法所得不足 5000 元的，单处或者并处 5000 元以上 20000 元以下的罚款，对其直接负责的主管人员和其他直接责任人员处 5000 元以上 50000 元以下的罚款；给他人造成损害的，与建设单位承担连带赔偿责任。对有前款违法行为的机构，撤销其相应资格。

2.2.11 《安全评价机构管理规定》

安全评价作为现代安全管理模式，近几年在国内得到迅速推广和发展，逐渐成为安全生产重要的技术保障措施之一。安全评价机构是安全评价工作的主体机构，同时也是政府和企业之间安全管理工作的关系纽带，因此，安全评价机构的组织管理和服务状况对安全评价工作的发展与完善有非常重要的影响。

为了规范安全评价行为，加强对安全评价机构和安全评价人员的监督管理，保证安全评价的科学性、公正性和严肃性，国家对安全评价机构和安全评价人员实行准入制，任何机构和人员都要符合准入条件和程序。为了加强对安全评价机构的管理,贯彻执行《行政许可法》,完善安全评价市场准入机制,合理控制安全评价机构的数量和分布,提高评价工作质量,国家安全生产监督管理总局于 2004 年 10 月 20 日颁布了《安全评价机构管理规定》。自 2005 年 1 月 1 日起,对从事安全评价的中介机构实行了严格的资质准入许可制度。

2009 年 6 月 15 日国家安全生产监督管理总局局长办公会议审议通过新修订的《安全评价机构管理规定》,并于 2009 年 10 月 1 日起施行。原国家安全生产监督管理局(国家煤矿安全监察局)2004 年 10 月 20 日公布的《安全评价机构管理规定》同时废止。

《安全评价机构管理规定》第三条规定:"国家对安全评价机构实行资质许可制度。安全评价机构应当取得相应的安全评价资质证书,并在资质证书确定的业务范围内从事安全评价活动。"未取得资质证书的安全评价机构,不得从事法定安全评价活动。

第四条中将安全评价机构的资质分为甲级、乙级两种。甲级资质由省、自治区、直辖市安全生产监督管理部门、省级煤矿安全监察机构审核,国家安全生产监督管理总局审批、颁发证书;乙级资质由设区的市级安全生产监督管理部门、煤矿安全监察分局审核,省级安全生产监督管理部门、省级煤矿安全监察机构审批、颁发证书。

省级安全生产监督管理部门、设区的市级安全生产监督管理部门负责除煤矿以外的安全评价机构资质的审批、审核工作,省级煤矿安全监察机构、煤矿安全监察分局负责煤矿的安全评价机构资质的审批、审核工作。未设立煤矿安全监察机构的省、自治区、直辖市,由省级安全生产监督管理部门、设区的市级安全生产监督管理部门负责煤矿的安全评价机构资质的审批、审核工作。

第六条 取得甲级资质的安全评价机构,可以根据确定的业务范围在全国范围内从事安全评价活动;取得乙级资质的安全评价机构,可以根据确定的业务范围在其所在的省、自治区、直辖市内从事安全评价活动。

下列建设项目或者企业的安全评价,必须由取得甲级资质的安全评价机构承担:

1)国务院及其投资主管部门审批(核准、备案)的建设项目;

2)跨省、自治区、直辖市的建设项目;

3)生产剧毒化学品的建设项目;

4)生产剧毒化学品的企业和其他大型生产企业。

《安全评价机构管理规定》第二章对安全评价机构取得资质的条件和程序做出了明确说明:

第八条 安全评价机构申请甲级资质,应当具备下列条件:

1)具有法人资格,注册资金 500 万元以上,固定资产 400 万元以上;

2)有与其开展工作相适应的固定工作场所和设施、设备,具有必要的技术支撑条件;

3)取得安全评价机构乙级资质 3 年以上,且没有违法行为记录;

4)有健全的内部管理制度和安全评价过程控制体系;

5)有 25 名以上专职安全评价师,其中一级安全评价师 20%以上、二级安全评价师 30%以上;按照不少于专职安全评价师 30%的比例配备注册安全工程师;安全评价师、注册安全工程师有与其申报业务相适应的专业能力;

6)法定代表人通过一级资质培训机构组织的相关安全生产和安全评价知识培训,并考试合格;

7)设有专职技术负责人和过程控制负责人,专职技术负责人有二级以上安全评价师和注册安全工程师资格,并具有与所申报业务相适应的高级专业技术职称;

8)法律、行政法规、规章规定的其他条件。

第九条　安全评价机构申请乙级资质,应当具备下列条件:

1) 具有法人资格,注册资金 300 万元以上,固定资产 200 万元以上;

2) 有与其开展工作相适应的固定工作场所和设施设备,具有必要的技术支撑条件;

3) 有健全的内部管理制度和安全评价过程控制体系;

4) 有 16 名以上专职安全评价师,其中一级安全评价师 20% 以上、二级安全评价师 30% 以上;按照不少于专职安全评价师 30% 的比例配备注册安全工程师;安全评价师、注册安全工程师有与其申报业务相适应的专业能力;

5) 法定代表人通过二级资质以上培训机构组织的相关安全生产和安全评价知识培训,并考试合格;

6) 设有专职技术负责人和过程控制负责人。专职技术负责人有二级以上安全评价师和注册安全工程师资格,并具有与所申报业务相适应的高级专业技术职称;

7) 法律、行政法规、规章规定的其他条件。

第十六条　甲级、乙级资质证书的有效期均为 3 年。资质证书有效期满需要延期的,安全评价机构应当于期满前 3 个月向原资质审批机关提出申请,经复审合格后予以办理延期手续;不合格的,不予办理延期手续。

关于安全评价活动,第二十条规定:安全评价机构应当依照法律、法规、规章、国家标准或者行业标准的规定,遵循客观公正、诚实守信、公平竞争的原则,遵守执业准则,恪守职业道德,依法独立开展安全评价活动,客观、如实地反映所评价的安全事项,并对做出的安全评价结果承担法律责任。

被评价对象的安全生产条件发生重大变化的,被评价对象应当及时委托有资质的安全评价机构重新进行安全评价;未委托重新进行安全评价的,由被评价对象对其产生的后果负责。

第二十三条　安全评价机构及其从业人员在从事安全评价活动中,不得有下列行为:

1) 泄漏被评价对象的技术秘密和商业秘密;

2) 伪造、转让或者租借资质、资格证书;

3) 超出资质证书业务范围从事安全评价活动;

4) 出具虚假或者严重失实的安全评价报告;

5) 转包安全评价项目;

6) 擅自更改、简化评价程序和相关内容;

7) 同时在两个以上安全评价机构从业;

8) 故意贬低、诋毁其他安全评价机构;

9) 从业人员不到现场开展安全评价活动;

10) 法律、法规和规章规定的其他违法、违规行为。

对安全评价机构的监督管理,第二十九条规定:对已经取得资质证书的安全评价机构,安全生产监督管理部门、煤矿安全监察机构应当加强监督检查;发现安全评价机构不具备资质条件的,依照规定予以处理。监督检查记录应当经检查人员和安全评价机构负责人签字后归档。

安全评价机构及其从业人员应当接受安全生产监督管理部门、煤矿安全监察机构及其工作人员的监督检查。

对违法违规的安全评价机构和从业人员,安全生产监督管理部门、煤矿安全监察机构应当建立“黑名单”制度,及时向社会公告。

第三十一条　国家对安全评价机构实行定期考核。

安全评价机构应当每年填写安全评价工作业绩表,经被评价对象确认后,分别报国家安全生产监督管理总局、省级安全生产监督管理部门、省级煤矿安全监察机构备案。安全评价工作业绩表列入安全评价机构考核的重要内容。

对安全评价机构在资质证书有效期内没有开展相应活动的,核减相应的业务范围;定期考核不合格的,依照本规定予以处理。

2.2.12 《安全评价机构考核管理规则》

为加强安全评价机构监督管理,规范安全评价行为,根据有关法律法规及《安全评价机构管理规定》,国家安全生产监督管理总局于 2005 年 6 月 30 日制定了《安全评价机构考核管理规则》。该规则适用于对国家安全生产监督管理总局(以下简称总局)和省级安全生产监督管理局、煤矿安全监察机构批准的安全评价机构的考核管理。

第三条 安全评价机构考核分定期考核和不定期考核,考核结果分为合格和不合格。

定期考核是发证机关对安全评价机构进行的固定周期性考核。不定期考核是发证机关对安全评价机构进行的随机性考核。

发证机关对于承担并完成安全评价报告后该企业发生了事故的安全评价机构进行重点考核。

第四条 总局对安全评价机构考核实行统一管理,并负责甲级安全评价机构考核;省级安全生产监督管理局、煤矿安全监察机构参与甲级安全评价机构考核,负责本行政区域内乙级安全评价机构考核,并于每年 1 月 31 日前,将上一年度考核结果报送总局备案。

第五条 发证机关应建立申诉、投诉、举报制度,完善考核机制,接受社会监督。

第六条 安全评价机构考核的主要内容:

1)国家有关法律、法规、规章及技术规范执行情况。

2)安全评价机构资质条件保持情况。

3)安全评价业绩。甲级资质安全评价机构每年度应完成不少于 5 项大中型企业的安全评价(其中应完成 2 项以上大中型建设项目的安全预评价或安全验收评价),其安全评价人员每年度应参与完成不少于 3 个大中型企业的安全评价(其中应完成 1 项以上大中型建设项目的安全预评价或安全验收评价)。新批准资质的安全评价机构或新登记资格的安全评价人员业绩考核从第二年开始计算。

乙级资质安全评价机构及其安全评价人员的业绩考核由省级安全生产监督管理局、煤矿安全监察机构根据本地区的实际情况确定。

4)安全评价过程控制运行情况。

5)安全评价报告质量。

6)企业对安全评价服务满意度。

7)遵纪守法情况。

8)档案资料管理。

9)发证机关根据工作需要确定的其他考核内容。

第七条 安全评价机构应积极配合发证机关的考核,不得以任何理由拒绝或阻挠考核,应按要求及时提供考核材料,不得弄虚作假。

第八条 考核应建立考核组,考核组由 3 名以上人员组成,考核人员中应有相关专业(行业)的技术专家。考核人员与被考核机构有利害关系的应回避。考核人员应当对每次考核的内容、问题及处理情况做记录。

第九条 参与考核的公务人员应坚持公开、公平、公正的原则,严格遵守党纪国法,严禁向被考核机构索要钱物或为亲友谋取私利,不准参加可能影响考核的宴请及考核对象支付的娱乐、健身、旅游等活动,不准参与被考核机构安排的任何形式的赌博。

第十条　安全评价机构及安全评价人员违法违规行为行政处罚种类:

1)警告;

2)罚款,没收违法所得;

3)暂停资质、资格,限期改正;

4)撤销资质、资格;

5)法律法规规定的其他行政处罚。

第十一条　安全评价机构有下列行为之一的,给予警告。

1)未按时、如实上报安全评价机构和安全评价人员业绩的;

2)对举报人打击报复的;

3)安全评价人员发生变化,不按规定办理变更登记的;

4)安全评价机构变更法人名称、地址、法定代表人、技术负责人等,不按规定办理变更手续的;

5)不讲职业道德,故意贬低、诋毁其他安全评价机构的。

第十二条　安全评价机构有下列行为之一的,暂停其资质,并限期改正,整改时间不超过60日。

1)考核中发现的问题,属未造成严重后果的;

2)未按照过程控制程序编制安全评价报告的;

3)档案资料管理达不到要求的;

4)采取不正当的手段,故意降低服务成本,扰乱市场并造成恶劣影响的;

5)安全评价报告未达到技术规范要求的;

6)泄漏被评价单位的技术和商业秘密的。

第十三条　安全评价机构有下列情形之一的,除按有关规定进行处罚外,撤销其资质。

1)定期考核不合格的;

2)出具虚假安全评价报告的;

3)资质条件发生变化,不能满足安全评价资质条件的;

4)暂停资质整改期间继续从事安全评价或整改后仍达不到要求的;

5)转让或者出借资质证书、转包安全评价项目或者违法分包安全评价项目的;

6)冒用资质、资格或签名,超出资质证书确定的业务范围从事安全评价活动的;

7)弄虚作假骗取资质证书、伪造涂改资质证书的;

8)不接受考核或提供虚假材料的;

9)一年内连续两次被暂停资质的;

10)因安全评价失误而造成被评价企业(项目)发生事故的;

11)其他违反国家法律、法规行为的。

第十四条　安全评价人员有下列行为之一的,撤销其资格。

1)在两个以上(含两个)机构注册登记从事安全评价活动的;

2)弄虚作假骗取资格证书的;

3)服务机构发生变动,未办理变更登记的;

4)泄漏被评价单位的技术和商业秘密的;

5)严重违背职业准则,有失公正的;

　　6）弄虚作假,故意降低安全评价标准的;

　　7）安全评价不到生产经营单位现场,编造虚假评价报告的;

　　8）年度考核未达到要求的;

　　9）未通过资格登记审查考核的;

　　10）有违法行为的。

　　第十五条　发证机关对安全评价机构和安全评价人员做出罚款的行政处罚决定,依据有关规章执行。

　　第十六条　发证机关应定期对安全评价机构考核结果进行公告。

　　发证机关三年内不得受理被撤销资质的机构、被撤销资格的人员的资质、资格申请。

　　第十七条　省级安全生产监督管理局、煤矿安全监察机构对乙级安全评价机构做出的行政处罚决定,应当自决定之日起七日内报总局备案。

　　第十八条　甲级安全评价机构考核标准由总局另行制定。

　　第十九条　省级安全生产监督管理局、煤矿安全监察机构可依据本规则制定乙级资质考核实施细则和考核标准。

2.3　标准

　　标准虽然没有纳入我国法的范畴,但在安全生产工作中起着十分重要的作用。法定的安全标准是我国安全生产法律体系的重要组成部分。根据《标准化法》的规定,标准有国家标准、行业标准、地方标准和企业标准。国家标准、行业标准又分为强制性标准和推荐性标准。安全标准主要指国家标准和行业标准,大部分是强制性标准。

　　国家标准是指对全国经济、技术发展有重大意义,需要在全国范围内统一技术要求所制定的标准。国家标准在全国范围内适用,其他各级标准不得与之相抵触。国家标准是四级标准体系中的主体。

　　行业标准是指对没有国家标准而又需要在全国某个行业范围内统一技术要求所制定的标准。行业标准是对国家标准的补充,是专业性、技术性较强的标准。行业标准的制定不得与国家标准相抵触,国家标准公布实施后,相应的行业标准即行废止。

　　地方标准是指对没有国家标准和行业标准而又需要在省、自治区、直辖市范围内统一工业产品的安全、卫生要求所制定的标准,地方标准在本行政区域内适用,不得与国家标准和行业标准相抵触。国家标准、行业标准公布实施后,相应的地方标准即行废止。

　　企业标准是指企业所制定的产品标准和在企业内需要协调、统一技术要求和管理、工作要求所制定的标准。企业标准是企业组织生产,经营活动的依据。

2.3.1　安全标准定义

　　根据《标准化法》条文解释,"标准"的含义是:对重复事物和概念所作的统一规定,它以科学、技术和实践经验的综合成果为基础,经有关方面协商一致,由主管机构批准,以特定形式发布,作为共同遵守的准则和依据。简单地说,标准是对一定范围内的重复性事物和概念所做的统一规定(目前,这种规定最终表现为一种文件)。重复投入、重复生产、重复加工、重复出现的产品和事物才需要标准。事物具有重复出现的特征,才有制定标准的必要。标准对象就是重复性概念和重复性事物,标准的本质反映的是需求的扩大和统一。单一的产品或者单一的需求不需要标准,对同一需求的重复和无限延伸才需要标准。

　　依据上述解释,安全标准的含义是:在生产工作场所或者领域,为改善劳动条件和设施,规范生产作业行为,保护劳动者免受各种伤害,保障劳动者人身安全健康,实现安全生产和作业的准则和依据。

安全标准是安全生产法律体系的重要组成部分。标准在法律体系中处于十分重要的位置,具有技术性法律规定的作用。标准是法律的延伸,与安全生产相关的技术性规定,通常体现为国家标准和行业标准。我国的强制性标准与国外的技术法规具有同样的法律效力。现行法律法规也就此做出了明确规定。标准所具有的法律地位及其法律效力,决定了安全标准一旦制定和发布,就必须得到尊重,必须认真贯彻实施。任何忽视安全标准、违背安全生产标准的现象,都是对安全生产法律的破坏和违反,都必须立即纠正,情节严重的要依法予以追究。

安全标准是保障企业安全生产的重要技术规范。不执行法定标准的企业,不仅市场竞争力无从谈起,而且违法生产经营,丧失诚信准则,有的企业标准意识淡漠,执行标准不严;有的企业有标不循,不按标准办事;有的企业根本没有安全标准,不知道有标准,甚至导致重、特大事故发生。迫切需要通过加强安全生产标准化工作,规范企业及其经营管理者、从业人员的安全生产行为,实现安全生产。

安全标准是安全监管监察和依法行政的重要依据。相对于法律法规,标准更细致、更周密。安全监管监察部门在行政执法中,对违法违规行为的认定评判,除了要依据法律、法规,还需要依据国家标准和行业标准。

安全标准是规范市场准入的必要条件。安全是市场准入的必要条件,标准是严格市场准入的尺度和手段。国家标准、行业标准所规定的安全生产条件,就是市场准入必须具备的资格,是必须严格把住的关口,是不可降低的门槛。安全标准也是规范安全中介服务的依据。

2.3.2 安全标准范围

根据安全标准的定义,安全标准是指为实现安全生产和作业,保障劳动者安全和健康而制定颁布的一切有关安全方面的技术、管理等要求,包括设备、装备、器材等。我国安全标准涉及面广,从大的方面看,包括矿山安全(含煤矿和非煤矿山)、粉尘防爆、电气及防爆、带电作业、危险化学品、民爆物品、烟花爆竹、涂装作业安全、交通运输安全、机械安全、消防安全、建筑安全、职业安全、个体防护装备(原劳动防护用品)、特种设备安全等各个方面。多年来,在国务院各有关部门以及各标准化技术委员会的共同努力下,制定了一大批涉及安全生产方面的国家标准和行业标准。

据初步统计,我国现有的有关安全生产的国家标准涉及设计、管理、方法、技术、检测、检验、职业健康和个体防护用品等多个方面,有近1500项。除国家标准外,国家安全生产监督管理、公安、交通、建设等有关部门还制定了大量有关安全生产的行业标准,有近3000项。

标准的类型包括国家标准(GB)和行业标准(如 AQ、MT、LD、JB 等)。由国家安全生产监督管理总局负责的主要标准具体包括:劳动防护用品和矿山安全仪器仪表的品种、规格、质量、等级及劳动防护用品的设计、生产、检验、包装、储存、运输、使用的安全要求;为实施矿山、危险化学品、烟花爆竹安全管理而规定的有关技术术语、符号、代号、代码、文件格式、制图方法等通用技术语言和安全技术要求;生产、经营、储存、运输、使用、检测、检验、废弃等方面的安全技术要求;工矿商贸安全生产规程;生产经营单位的安全生产条件;应急救援的规则、规程、标准等技术规范;安全评价、评估、培训考核的标准、通则、导则、规则等技术规范;安全中介机构的服务规范与规则、标准;规范安全生产监管监察和行政执法的技术管理要求;规范安全生产行政许可和市场准入的技术管理要求。

2.3.3 安全生产标准种类

按标准的性质可将安全生产标准分为:基础标准、管理标准、技术标准、方法标准和产品标准五类。

(1)基础标准。基础标准主要指在安全生产领域的不同范围内,对普遍的、广泛通用的共性认识所作的统一规定,是在一定范围内作为制定其他安全标准的依据和共同遵守的准则。其内容包括制定安全标准所必须遵循的基本原则、要求、术语、符号;各项应用标准、综合标准赖以制定的技术规定;物质的危险性和有害性的基本规定;材料的安全基本性质以及基本检测方法等。

(2)管理标准。管理标准是指通过计划、组织、控制、监督、检查、评价与考核等管理活动的内容、程序、方式,使生产过程中人、物、环境各个因素处于安全受控状态,直接服务于生产经营科学管理的准则和规定。安全生产方面的管理标准主要包括安全教育、培训和考核等标准,重大事故隐患评价方法及分级等标准,事故统计、分析等标准,安全系统工程标准,人机工程标准以及有关激励与惩处标准等。

(3)技术标准。技术标准是指对于生产过程中的设计、施工、操作、安装等具体技术要求及实施程序中设立的必须符合一定安全要求以及能达到此要求的实施技术和规范的总称。例如:金属非金属矿山安全规程、石油化工企业设计防火规范、烟花爆竹工厂设计安全规范、烟花爆竹劳动安全技术规程、民用爆破器材工厂设计安全规范、建筑设计防火规范等。

(4)方法标准。方法标准是对各项生产过程中技术活动的方法所做出的规定。安全生产方面的方法标准主要包括两类:一类以试验、检查、分析、抽样、统计、计算、测定、作业等方法为对象制定的标准,例如试验方法、检查方法、分析方法、测定方法、抽样方法、设计规范、计算方法、工艺规程、作业指导书、生产方法、操作方法等;另一类是为合理生产优质产品,并在生产、作业、试验、业务处理等方面为提高效率而制定的标准。

(5)产品标准。产品标准是对某一具体安全设备、装置和防护用品及其试验方法、检测检验规则、标志、包装、运输、储存等方面所作的技术规定。它是在一定时期和一定范围内具有约束力的技术准则,是产品生产、检验、验收、使用、维护和洽谈贸易的重要技术依据,对于保障安全、提高生产和使用效益具有重要意义。

产品标准的主要内容包括:
1)产品的适用范围;
2)产品的品种、规格和结构形式;
3)产品的主要性能;
4)产品的试验、检验方法和验收规则;
5)产品的包装、储存和运输等方面的要求。

2.3.4 与评价有关的安全标准

安全评价依据的标准众多,不同行业会涉及不同的标准,与安全评价相关的一些主要标准内容介绍如下:

(1)煤矿安全生产标准体系:煤矿安全综合管理标准即煤矿企业必须遵守国家和煤矿主管部门有关安全生产的法律、规定、条例、规程和标准等,它是规范煤矿安全技术与管理行为的法规文献。井工开采煤矿安全生产标准系统包括建井安全、开采安全、瓦斯防治、粉尘防治、矿井通风、火灾防治、水害防治、机械安全、电气安全、爆破安全、矿山救援11个领域安全标准。其中每一个专业领域的标准仍分为管理标准、技术标准和产品标准。露天开采安全标准系统包括露天开采安全标准、边坡稳定安全标准、露天机电安全标准3个领域安全标准。其中每一个专业领域的标准仍分为管理标准、技术标准和产品标准等。

（2）非煤矿山安全生产标准体系包括固体矿山、石油天然气、冶金、建材、有色等多个领域，是一个多层次、多组合的标准体系。从标准内容上讲，标准体系包括非煤矿山安全生产方面的基础标准、管理标准、技术标准、方法标准和产品标准等。

煤矿与非煤矿山安全生产标准从综合标准、技术标准、管理标准和工作标准四类来分析，统计结果如图2-2所示。

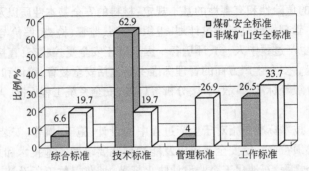

图2-2　煤矿与非煤矿山安全生产标准分类统计结果

从统计图可以看出，煤矿比非煤矿山技术安全标准体系完善；由于非煤矿山安全标准涉及有色金属、建筑材料、石油天然气等行业领域，各个行业生产安全的特点和规律不尽相同，而煤矿安全标准仅针对煤炭行业，所以非煤矿山中综合标准、管理标准均高于同类煤矿安全标准；煤矿与非煤矿山安全标准中的工作标准差异小于10%，说明煤矿与非煤矿山安全标准各相关管理机构、审批发布部门都将安全生产工作标准制（修）订作为工作的重点。

（3）危险化学品安全生产标准体系包括通用基础安全生产标准、安全技术标准和安全管理标准。通用基础安全生产标准主要包括危险化学品分类、标识等。安全技术标准主要包括安全设计和建设标准、生产企业安全距离标准、生产安全标准、运输安全标准、储存、安装安全标准、作业和检修标准、使用安全标准等。安全管理标准主要包括生产企业安全管理、应急救援预案管理、重大危险源安全监控、职业危害防护配备管理等。

（4）烟花爆竹安全生产标准体系包括基础标准、管理标准、原辅材料使用标准、生产作业场所标准、生产技术工艺标准和生产设备设施标准等。基础标准主要包括烟花爆竹工程设计安全规范（如 GB50161《烟花爆竹工厂设计安全规范》）、烟花爆竹安全生产术语（如 GB10631《烟花爆竹安全与质量》）等。管理标准主要包括烟花爆竹企业安全评价导则、烟花爆竹储存条件、烟花爆竹装卸作业规范等。原辅材料使用标准主要包括烟花爆竹烟火药安全性能检测要求（如 GB10632《烟花爆竹抽样检验标准》）、烟花爆竹烟火药相容性要求等。生产作业场所标准主要包括烟花爆竹工程设计安全审查规范、烟花爆竹工程竣工验收规范等。生产技术工艺标准主要包括烟花爆竹烟火药使用安全规范（如 GB11652《烟花爆竹劳动安全技术规程》）等。生产设备设施标准主要包括烟花爆竹机械设备通用技术要求等。

（5）职业危害安全标准系统。在职业危害和卫生方面有关的国家标准有：工业企业卫生设计标准，体力劳动强度分级，作业场所呼吸性粉尘卫生标准，职业性接触病毒危害程度分级等。煤炭行业制定的有关职业危害安全和卫生方面的标准有：煤工尘肺病 X 射线诊断标准，煤矿井下工人滑囊炎诊断标准，煤中铀的测定和个体防护标准等。

（6）个体防护装备安全生产标准体系主要包括头部防护装备、听力防护装备、眼面防护装备、呼吸防护装备、服装防护装备、手部防护装备、足部防护装备、皮肤防护装备和坠落防护装备9个部分。

2.4 安全评价规范

为了规范安全评价行为,确保安全评价的科学性、公正性和严肃性,国家安全生产监督管理部门制定发布了安全评价通则、各类安全评价的导则及主要行业部门的安全评价导则。通则和导则为安全评价活动规定了基本原则、目的、要求、程序和方法,是安全评价工作所必须遵循的指南。

我国安全评价规范体系可分为3个层次,一是安全评价通则,二是各类安全评价导则及行业评价导则,三是各类安全评价实施细则,如图2-3所示。

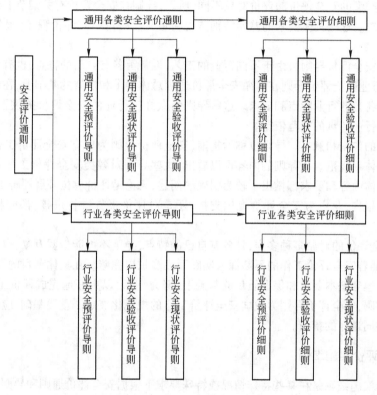

图2-3 规范体系层次结构图

2.4.1 安全评价通则

安全评价通则是规范安全评价工作的总纲,是安全评价活动的总体指南。如国家安全生产监督管理总局《安全评价通则》(AQ8001—2007),它规定了所有安全评价工作的基本原则、目的、要求、程序和方法,对安全评价进行了分类和定义,对安全评价的内容、程序以及安全评价报告评审与管理程序作了原则性说明,对安全评价导则和细则的规范对象作了原则性规定,但这些原则性规定在具体实施时需要更详细的规范支持。

2.4.2 安全评价导则

各类安全评价导则是根据安全评价通则的总体要求制定的,是安全评价通则总体指南的具体化和细化。导则使细化后的规范更具有可依据性和可实施性,为安全评价提供了易于遵循的规定。目前已发布的安全评价导则,按安全评价种类划分,有安全预评价导则、安全验收评价导则、安全现状评价导则以及专项安全评价导则;按行业划分,有煤矿安全评价导则、非煤矿山安全评价导则、陆上石油和天然气开采业安全评价导则、水库大坝安全评价导则等。

(1) 各类安全评价导则。由于各类安全评价导则都是依据安全评价通则制定的,所以它们采用的格式和提出的基本要求是一致的,如《安全预评价导则》(AQ8002—2007)和《安全验收评价导则》(AQ8003—2007)。其内容主要包括:主题内容与适用范围、评价目的和基本原则、定义、评价内容、评价程序、评价报告主要内容、评价报告要求和格式、附件(评价所需主要资料清单、常用评价方法、评价报告封面格式、著录项格式等)。

由于不同类型的安全评价的评价对象不同,所以,导则在安全评价有关细节上各有针对自己情况的具体要求。这些具体要求的差异特别体现在定义、评价内容、评价程序、报告主要内容等方面。

(2) 行业安全评价导则。由于不同行业的工艺、设备等各有自己的特点,也有各自不同的安全风险,所以行业安全评价导则在遵循安全评价通则总体要求和框架的基础上,在各类安全评价细节上突出了各自的行业特点和要求。这些导则为做好该行业的安全评价提供了适用指南,提供了更符合本行业特点的规范依据。

(3) 导则的作用和意义。导则也称为指南,安全评价导则为所有安全评价工作提供了一个须共同遵循的体系规范。从导则的内容可以看出,这些导则对各类安全评价工作和各行业安全评价工作的具体内容和要求都做出了较为明确的阐述,无论是评价单位开展评价工作、评价人员编写安全评价报告、业主为安全评价提供支持,还是对评价报告进行审核,都应将此作为重要依据。

当然,安全评价的对象多种多样,且各有自己的特点,导则不可能包罗万象,也不可能面面俱到,导则也需随着安全评价工作的不断深入实践而逐步加以完善。在具体项目的评价过程中,需要评价单位在遵守基本要求和保证质量的基础上,努力创新,以更好地完成评价工作。但是,没有规矩不成方圆,安全评价导则为我国安全评价工作的规范化奠定了重要基础,应成为我国安全评价工作者共同遵守的指南。

2.4.3　安全评价实施细则

安全评价实施细则是在某些特殊情况或特殊要求下根据安全评价通则和导则制定的内容更为详细的安全评价规范,更利于在安全评价工作中参照。

(1)《危险化学品建设项目安全评价细则(试行)》有关内容介绍。为贯彻执行《安全生产法》、《危险化学品安全管理条例》、《安全生产许可证条例》以及《危险化学品建设项目安全许可实施办法》(国家安全生产监督管理总局令第8号)等法律、行政法规和部门规章,规范和指导全国危险化学品建设项目安全评价工作,国家安全生产监督管理总局编制了《危险化学品建设项目安全评价细则(试行)》,自2008年1月1日起试行。

第四条　安全评价工作程序,包括:

1) 前期准备。

2) 安全评价。包括:

① 辨识危险、有害因素;

② 划分评价单元;

③ 确定安全评价方法;

④ 定性、定量分析危险、有害程度;

⑤ 分析安全条件和安全生产条件;

⑥ 提出安全对策与建议;

⑦ 整理、归纳安全评价结论。

3) 与建设单位交换意见。

4) 编制安全评价报告。

第五条　前期准备,包括:

1) 确定安全评价对象和范围,即根据建设项目的实际情况,与建设单位共同协商确定安全评价对象和范围。

2) 收集、整理安全评价所需资料,即在充分调查研究安全评价对象和范围相关情况后,收集、整理安全评价所需要的各种文件、资料和数据。

第六条　建设项目设立的安全评价内容,包括:

1) 建设项目概况。包括:

① 简述建设项目设计上采用的主要技术、工艺(方式)和国内、外同类建设项目水平对比情况;

② 简述建设项目所在的地理位置、用地面积和生产或者储存规模;

③ 阐述建设项目涉及的主要原、辅材料和品种(包括产品、中间产品,下同)名称、数量、储存;

④ 描述建设项目选择的工艺流程和选用的主要装置(设备)和设施的布局及其上下游生产装置的关系;

⑤ 描述建设项目配套和辅助工程名称、能力(或者负荷)、介质(或者物料)来源;

⑥ 建设项目选用的主要装置(设备)和设施名称、型号(或者规格)、材质、数量和主要特种设备。

2) 原料、中间产品、最终产品或者储存的危险化学品的理化性能指标。搜集、整理建设项目涉及的原料、中间产品、最终产品或者储存的危险化学品的物理性质、化学性质、危险性和危险类别及数据来源。

3) 危险化学品包装、储存、运输的技术要求。搜集、整理建设项目涉及的原料、中间产品、最终产品或者储存的危险化学品包装、储存、运输的技术要求及信息来源。

4) 建设项目的危险、有害因素和危险、有害程度。

① 危险、有害因素:

a. 运用危险、有害因素辨识的科学方法,辨识建设项目可能造成爆炸、火灾、中毒、灼烫事故的危险、有害因素及其分布。

b. 分析建设项目可能造成作业人员伤亡的其他危险、有害因素及其分布。

② 危险、有害程度:

a. 评价单元的划分。根据建设项目的实际情况和安全评价的需要,可以将建设项目外部安全条件、总平面布置、主要装置(设施)、公用工程划分为评价单元。

b. 安全评价方法的确定。包括:

ⓐ 可选择国际、国内通行的安全评价方法。

ⓑ 对国内首次采用新技术、工艺的建设项目的工艺安全性分析,除选择其他安全评价方法外,尽可能选择危险与可操作性研究法进行。

③ 固有危险程度的分析。包括:

a. 定量分析建设项目中具有爆炸性、可燃性、毒性、腐蚀性的化学品数量、浓度(含量)、状态和所在的作业场所(部位)及其状况(温度、压力)。

b. 定性分析建设项目总的和各个作业场所的固有危险程度。

c. 通过下列计算,定量分析建设项目安全评价范围内和各个评价单元的固有危险程度:

ⓐ 具有爆炸性的化学品的质量及相当于梯恩梯(TNT)的物质的量;

ⓑ 具有可燃性的化学品的质量及燃烧后放出的热量;

ⓒ 具有毒性的化学品的浓度及质量;

ⓓ 具有腐蚀性的化学品的浓度及质量。

④ 风险程度的分析。根据已辨识的危险、有害因素,运用合适的安全评价方法,定性、定量分析和预测各个安全评价单元以下几方面内容:

a. 建设项目出现具有爆炸性、可燃性、毒性、腐蚀性的化学品泄漏的可能性;

b. 出现具有爆炸性、可燃性的化学品泄漏后具备造成爆炸、火灾事故的条件和需要的时间;

c. 出现具有毒性的化学品泄漏后扩散速率及达到人的接触最高限值的时间;

d. 出现爆炸、火灾、中毒事故造成人员伤亡的范围。

⑤ 列举与建设项目同样或者同类生产技术、工艺、装置(设施)在生产或者储存危险化学品过程中发生的事故案例的后果和原因。

5) 建设项目的安全条件。包括:

① 搜集、调查和整理建设项目的外部情况。

a. 根据"风险程度分析"得出的爆炸、火灾、中毒事故造成人员伤亡的范围,搜集、调查和整理在此范围的建设项目周边 24 小时内生产经营活动和居民生活的情况。

b. 搜集、调查和整理建设项目所在地的自然条件。

c. 搜集、调查和整理建设项目中危险化学品生产装置和储存数量构成重大危险源的储存设施与下列场所、区域的距离:

ⓐ 居民区、商业中心、公园等人口密集区域;

ⓑ 学校、医院、影剧院、体育场(馆)等公共设施;

ⓒ 供水水源、水厂及水源保护区;

ⓓ 车站、码头(按照国家规定,经批准,专门从事危险化学品装卸作业的除外)、机场以及公路、铁路、水路交通干线、地铁风亭及出入口;

ⓔ 基本农田保护区、畜牧区、渔业水域和种子、种畜、水产种苗生产基地;

ⓕ 河流、湖泊、风景名胜区和自然保护区;

ⓖ 军事禁区、军事管理区;

ⓗ 法律、行政法规规定予以保护的其他区域。

② 分析建设项目的安全条件。包括:

a. 建设项目内在的危险、有害因素和建设项目可能发生的各类事故,对建设项目周边单位生产、经营活动或者居民生活的影响。

b. 建设项目周边单位生产、经营活动或者居民生活对建设项目投入生产或者使用后的影响。

c. 建设项目所在地的自然条件对建设项目投入生产或者使用后的影响。

6) 主要技术、工艺或者方式和装置、设备、设施及其安全可靠性。

① 分析拟选择的主要技术、工艺或者方式和装置、设备、设施的安全可靠性。

② 分析拟选择的主要装置、设备或者设施与危险化学品生产或者储存过程的匹配情况。

③ 分析拟为危险化学品生产或者储存过程的配套和辅助工程能否满足安全生产的需要。

7）安全对策与建议。根据上述安全评价的结果，从以下几方面提出采用（取）安全设施的安全对策与建议：

① 建设项目的选址。

② 拟选择的主要技术、工艺或者方式和装置、设备、设施。

③ 拟为危险化学品生产或者储存过程配套和辅助工程。

④ 建设项目中主要装置、设备、设施的布局。

⑤ 事故应急救援措施和器材、设备。

第七条　建设项目安全设施竣工验收的安全评价内容，包括：

1）建设项目概况按照"细则 6.1 建设项目概况"中的要求进行描述。

2）危险、有害因素和固有的危险、有害程度。

① 危险、有害因素按照"细则 6.4.1 危险、有害因素"中的要求进行辨识和分析。

② 固有的危险、有害程度按照"细则 6.4.2.3 固有危险程度的分析"中的要求进行分析。

③ 风险程度按照"细则 6.4.2.4 风险程度的分析"中的要求进行分析。

④ 建设项目的安全条件按照"细则 6.5 建设项目的安全条件"中的要求进行分析。

3）安全设施的施工、检验、检测和调试情况。

① 调查、分析建设项目安全设施的施工质量情况。

② 调查、分析建设项目安全设施在施工前后的检验、检测情况及有效性情况。

③ 调查、分析建设项目安全设施试生产（使用）前的调试情况。

4）安全生产条件。

① 评价单元按照"细则 6.4.2.1 评价单元的划分"中的要求划分。

② 安全评价方法的选择。对建设项目安全设施竣工验收的安全评价，以安全检查表的方法为主，其他方面的安全评价为辅，可选择国际、国内通行的安全评价方法。

③ 安全生产条件的分析。包括：

a. 调查、分析建设项目采用（取）的安全设施情况。

ⓐ 列出建设项目采用（取）的全部安全设施，并对每个安全设施说明符合或者高于国家现行有关安全生产法律、法规和部门规章及标准的具体条款；

ⓑ 列出借鉴国内外同类建设项目所采取（用）的安全设施，并对每个安全设施说明依据；

ⓒ 列出未采取（用）设计的安全设施。

b. 调查、分析下列安全生产管理情况。

ⓐ 安全生产责任制的建立和执行情况；

ⓑ 安全生产管理制度的制定和执行情况；

ⓒ 安全技术规程和作业安全规程的制定和执行情况；

ⓓ 安全生产管理机构的设置和专职安全生产管理人员的配备情况；

ⓔ 主要负责人、分管负责人和安全管理人员、其他管理人员安全生产知识和管理能力；

ⓕ 其他从业人员掌握安全知识、专业技术、职业卫生防护和应急救援知识的情况；

ⓖ 安全生产投入的情况；

ⓗ 安全生产的检查情况；

ⓘ 重大危险源的辨识和已确定的重大危险源检测、评估和监控情况；

ⓙ 从业人员劳动防护用品的配备及其检修、维护和法定检验、检测情况。

c. 技术、工艺。

ⓐ 建设项目试生产(使用)的情况;

ⓑ 危险化学品生产、储存过程控制系统及安全联锁系统等运行情况。

d. 装置、设备和设施。

ⓐ 装置、设备和设施的运行情况;

ⓑ 装置、设备和设施的检修、维护情况;

ⓒ 装置、设备和设施的法定检验、检测情况。

e. 原料、辅助材料和产品。属于危险化学品的原料、辅助材料、产品、中间产品的包装、储存、运输情况。

f. 作业场所。

ⓐ 职业危害防护设施的设置情况;

ⓓ 职业危害防护设施的检修、维护情况;

ⓒ 作业场所的法定职业危害监测、监控情况;

ⓓ 建(构)筑物的建设情况。

g. 事故及应急管理。

ⓐ 可能发生的事故应急救援预案的编制情况;

ⓑ 事故应急救援组织的建立和人员的配备情况;

ⓒ 事故应急救援预案的演练情况;

ⓓ 事故应急救援器材、设备的配备情况;

ⓔ 事故调查处理与吸取教训的工作情况。

h. 其他方面。

ⓐ 与已有生产、储存装置、设施和辅助(公用)工程的衔接情况;

ⓑ 与周边社区、生活区的衔接情况。

5)可能发生的危险化学品事故及后果、对策。

① 预测可能发生的各种危险化学品事故及后果、对策。

② 按照"细则 6.4.2.5 列举与建设项目……"中的要求列举事故案例。

6)事故应急救援预案。根据建设项目投入生产(使用)后可能发生的事故预测与对策,分析事故应急救援预案与演练等情况。

7)结论和建议。包括:

① 结论。根据上述安全评价结果、国内外同类装置(设施)的设计情况和国家现行有关安全生产法律、法规和部门规章及标准的规定和要求,从以下几方面做出结论:

a. 建设项目所在地的安全条件和与周边的安全防护距离;

b. 建设项目安全设施设计的采纳情况和已采用(取)的安全设施水平;

c. 建设项目试生产(使用)中表现出来的技术、工艺和装置、设备(设施)的安全、可靠性和安全水平;

d. 建设项目试生产(使用)中发现的设计缺陷和事故隐患及其整改情况;

e. 建设项目试生产(使用)后具备国家现行有关安全生产法律、法规和部门规章及标准规定和要求的安全生产条件。

② 建议。根据国内外同类危险化学品生产或者储存装置(设施)持续改进的情况和企业管理模式和趋势,以及国家有关安全生产法律、法规和部门规章及标准的发展趋势,从下列几方面提出建议:

a. 安全设施的更新与改进;

b. 安全条件和安全生产条件的完善与维护；

c. 主要装置、设备(设施)和特种设备的维护与保养；

d. 安全生产投入；

e. 其他方面。

第九条 安全评价报告，包括：

1) 安全评价报告主要内容。包括：

① 安全评价工作经过，包括建设安全评价的前期准备情况、对象及范围、工作经过和程序。

② 建设项目概况，包括建设项目的投资单位组成及出资比例、建设项目所在单位基本情况和建设项目概况。

③ 危险、有害因素的辨识结果及依据说明。

④ 安全评价单元的划分结果及理由说明。

⑤ 采用的安全评价方法及理由说明。

⑥ 定性、定量分析危险、有害程度的结果，包括固有危险程度和风险程度的定性、定量分析结果。

⑦ 安全条件和安全生产条件的分析结果，包括安全条件、安全生产条件的分析结果和事故案例的后果、原因。

⑧ 安全对策与建议和结论。

⑨ 与建设单位交换意见的情况结果。

2) 安全评价报告附件。包括：

① 平面布置图、流程简图、装置防爆区域划分图以及安全评价过程制作的图表。

② 选用的安全评价方法简介。

③ 定性、定量分析危险、有害程度的过程。

④ 安全评价依据的国家现行有关安全生产法律、法规和部门规章及标准的目录。

⑤ 收集的文件、资料目录。

⑥ 法定检测、检验情况的汇总表(建设项目竣工验收的安全评价报告附件)。

3) 安全评价报告格式。包括：

① 结构。包括：

a. 封面；

b. 封二；

c. 安全评价工作人员组成；

d. 安全评价机构资质证书复印件；

e. 目录；

f. 非常用的术语、符号和代号说明；

g. 安全评价报告主要内容；

h. 安全评价报告附件。

② 字号和字体。安全评价报告主要内容的章、节标题分别采用3号黑体、楷体字，项目标题采用4号黑体字；内容的文字表述部分采用4号宋体字，表格表述部分可选择采用5号或者6号宋体字；附件的图表可选用复印件，附件的标题和项目标题分别采用3号和4号黑体字，内容的文字和表格表述采用的字体同"主要内容"。

③ 纸张、排版。采用A4白色胶版纸(70 g以上)；纵向排版，左边距28 mm、右边距20 mm、上边距25 mm、下边距20 mm；章、节标题居中，项目标题空两格。

④ 印刷。除附图、复印件等外,双面打印文本。

⑤ 封装。安全评价报告正式文本装订后,用评价机构的公章对安全评价报告进行封页。

(2)《烟花爆竹经营企业安全评价细则(试行)》有关内容介绍。为了贯彻实施《烟花爆竹经营许可实施办法》(国家安全生产监督管理总局令第 7 号),规范烟花爆竹批发经营企业的安全评价工作,国家安全生产监督管理总局于 2006 年 6 月 25 日制订了《烟花爆竹经营企业安全评价细则(试行)》。

第五条　评价内容,包括:

1) 对烟花爆竹经营企业的安全管理综合情况进行审查评价,主要对其组织机构、从业人员、规章制度等方面的资料进行审核。

2) 对烟花爆竹经营企业的仓库总体布局进行现场检查评价,主要对其库区选址、库房布局、安全设施等进行检查。

3) 对烟花爆竹经营企业的仓库的每个单元(库房)进行现场检查评价,主要对其每一个库房的建筑结构、防护屏障、定员定量、消防、防雷与防静电、电气设施、储存运输等进行检查。

4) 对烟花爆竹经营企业的其他有关安全生产的重要项目进行检查。

第六条　基本程序,包括:

1) 前期准备。包括:

① 被评价单位提出安全评价申请或委托书。

② 被评价单位与评价机构签订合同,明确评价对象和范围。

③ 被评价单位应提供下列相关资料:

a. 工商行政管理部门核发的营业执照或者法人条件证明;

b. 单位的基本情况;

c. 库区平面布置图及其周边关系位置图,库房土建图及安全设施目录;

d. 经营产品范围(包括产品级别和产品类别);

e. 安全生产组织机构及安全管理人员;

f. 相关人员培训资质证明;

g. 安全管理规章制度;

h. 事故应急救援预案;

i. 储存仓库基本情况和配送服务能力证明;

j. 特种设备检测合格证明;

k. 库房消防设施和设备清单;

l. 事故记录和隐患整改记录。

④ 需要提供的其他资料,由评价机构根据评价需要确定。

2) 资料审核。包括:

① 安全评价机构按烟花爆竹经营企业应当具备的基本安全条件的要求,对被评价单位提供的资料进行审核,审核资料是否完整、准确,是否符合企业的实际情况并得到良好执行。资料审核主要内容见附表 1(略)。

② 安全评价机构应将资料审核的情况反馈到被评价单位,以便其采取相应的改进措施。

3) 现场评价。包括:

① 制定现场评价计划。

② 实施现场评价计划。包括:

a. 对仓库总体布局进行现场检查,检查主要内容见附表 2(略);

b. 对每个库房进行现场检查,检查主要内容见附表3(略)。

c. 对被评价对象可能存在的危险、有害因素进行辨识和分析。

4) 根据评价项目的具体情况,选择科学、合理、适用的定性、定量评价方法,对重大危险、有害因素进行定性、定量评价,确定引起事故发生的危险、有害因素和严重程度。

5) 安全对策、措施及建议。包括:

① 安全技术对策、措施。

② 安全管理对策、措施。

6) 评价机构将发现问题、安全对策措施及建议通知被评价单位。

7) 归纳、综合各部分评价结果,给出总体结论。

① 确定评价结论意见的原则。包括:

a. 所列的审核和检查项目,全部合格的,为符合安全条件;

b. 所列的审核和检查项目,有一项不合格的,为不符合安全条件;

c. 评价机构根据评价实际增加的其他审核和检查项目,由评价机构根据实际给出结论,判定其是否符合安全条件;

d. 对审核和检查项目中不合格项目,均应采取措施进行整改,整改完成后,由评价机构评价认定,能达到安全要求的,视为符合安全条件。

② 提出安全评价结论应综合考虑下列因素:

a. 资料审核的结论意见;

b. 总体布局现场检查的结论意见;

c. 评价单元/库房现场检查的结论意见;

d. 采用其他定量评价方法对重大危险源进行评价的结论意见。

③ 评价结论为下列两种:

a. 符合安全条件;

b. 不符合安全条件。

8) 编制安全评价报告。报告正文内容一般应包括:

① 概述;

② 评价目的和原则;

③ 评价依据和范围;

④ 企业基本情况;

⑤ 库区平面布置图和外部安全距离示意图;

⑥ 主要危险、有害因素的辨识与分析;

⑦ 重大危险源的辨识与定量评价;

⑧ 资料审核情况;

⑨ 现场审查情况;

⑩ 评价单元的划分及评价方法的选择;

⑪ 安全对策、措施和建议;

⑫ 整改复查情况;

⑬ 评价结论。

9) 安全评价报告交付。由评价机构按照合同约定或被评价单位完成整改情况,将安全评价报告交付被评价单位。

第七条 报告的格式和要求,包括:

　　1) 报告的格式。报告的格式一般为：

① 封面、封底；

② 评价机构安全评价资格证书副本复印件；

③ 著录项；

④ 目录；

⑤ 编制说明；

⑥ 正文；

⑦ 附件。

　　2) 报告的要求。

① 评价报告要内容全面、客观公正、条理清楚、数据完整、结论明确、对策措施可行。

② 评价机构应当对评价报告的真实性负法律责任。

2.5　风险判别指标

　　风险判别指标(或判别准则)是判别风险大小的依据,是用来衡量系统风险大小以及危险、危害是否可接受的尺度。无论是定性评价还是定量评价,一定要有判别指标。有了判别指标,评价者才能判定系统的危险和危害性是高还是低,是否达到了可接受的程度,系统的安全水平是否在可接受的范围;否则,定性、定量评价也就失去了意义。

　　风险判别指标可以是定性的,也可以是定量的。常用的风险判别指标有安全系数、安全指标或失效概率等。例如,人们熟悉的安全指标有事故频率、财产损失率和死亡概率等。

　　在判别指标中,特别值得说明的是风险的可接受指标。世界上没有绝对的安全,所谓安全就是事故风险达到了合理可行并尽可能低的程度。减少风险是要付出代价的,无论减少危险发生的概率还是采取防范措施使可能造成的损失降到最小,都要投入资金、技术和劳务。通常的做法是将风险限定在一个合理的、可接受的水平上。因此,在安全评价中不是以危险性、危害性为零作为可接受标准,而是以一个合理的、可接受的指标作为可接受标准。风险判别指标不是随意规定的,而是根据一个国家或行业具体的经济、技术情况和对危险、危害后果,危险、危害发生的可能性(概率、频率)和安全投资水平进行综合分析、归纳和优化,通常依据统计数据,有时也依据相关标准,制定出的一系列有针对性的危险危害等级、指数,以此作为要实现的目标值,即可接受风险。

　　可接受风险是指在规定的性能、时间和成本范围内达到的最佳可接受风险程度。显然,可接受风险指标不是一成不变的,它随着人们对危险根源的深入了解,随着技术的进步和经济综合实力的提高而变化。另外需要指出,风险可接受并非说放弃对这类风险的管理,因为低风险随时间和环境条件的变化有可能升级为高风险。所以应不断对风险进行控制,使风险始终处于可接受范围内。

　　对于煤矿生产行业来说,如果描述其安全水平仅仅用发生伤亡事故的数量、死亡人数、直接经济损失、百万工时死亡率等绝对或相对指标来表示企业安全度,既不能体现作业人员实际面临的安全风险,又不能全面、准确地反映煤矿的实际安全状况。因此,根据事故发生的人、机、设备、环境等因素建立统一的煤矿安全风险过程指标体系变得十分重要。

　　为了有效降低人的职业风险,不仅需要作业人员具备预防事故发生的能力,而且需要在面对危险时具有避免或减轻伤害的能力。因此,归纳作业人员安全风险判别指标具体包括作业人员数量、作业人员持证情况、作业人员工作经验、作业人员受教育程度、作业人员持续培训情况、作业人员责任心的欠缺性、作业人员操作违章率7个指标。

设备的不安全状态是引起事故发生的直接原因之一,在设备的整个使用寿命周期内,其运行状况的好坏反映了设备的安全风险程度。为了使企业的安全程度得到提高,需要不断提高设备整体的安全程度。设备安全风险判别指标具体包括设备的先进程度、设备的完好率、设备的故障率、设备维修质检不合格率、设备安全监察隐患整改率、安全防护装置配备率及安全运行周期7个指标。

环境风险因素主要包括两个方面:一是矿井不良或危险的自然地质条件;二是不良或危险的工作环境。据此,环境安全风险判别指标可概括为:矿井安全生产地质灾害、微气候(主要指温度和湿度)、噪声、有害气体、粉尘浓度、照明、作业场所7个指标。

煤矿安全生产的目标是用最小的安全风险获取最大的经济效益,为了实现这个目标,需要将安全风险管理制度与国家政策、法律法规、标准规范等有效结合,建立全面、系统的安全风险管理制度体系。安全风险管理指标主要包括机构及人员设置情况、安全生产责任制及落实情况、安全管理制度及落实情况、安全操作规程及落实情况、危险有害因素辨识评价与控制、应急救援及演练、安全投入7个指标。

风险指标体系不是一成不变的,而是动态学习、持续改进的。随着企业生产技术的更新、管理水平的提高,根据指标体系实际的运行状况,需要删除那些操作和衡量困难的指标,将重叠、交叉的指标进行分解,把反映同一问题的指标适度地进行综合,最终形成一套科学的指标体系。

习题和思考题

2-1 试说明我国法律的分类及层次结构。

2-2 宪法的特殊地位和属性体现主要体现在哪些方面?

2-3 法律,行政法规,地方性法规、行政法规分别是怎样定义的?

2-4 试述标准的分类及安全标准的含义。

2-5 安全标准的作用主要体现在哪些方面?

2-6 什么是风险判定指标,什么是可接受风险?

3 危险辨识与单元划分

随着工业生产技术、设备等的不断更新,生产环境以及生产管理的不断改善,生产中的安全程度得到很大的提高,但是事故还是不断发生,不安全因素仍然大量存在。

进行安全评价之前,先要进行危险、有害因素分析,然后确定系统内存在的危险。危险、有害因素分析是防止发生生产事故的第一步。

3.1 危险、有害因素概述

3.1.1 危险、有害因素定义

危险因素是指能造成人身伤亡或造成物品突发性损坏的因素(强调社会性和突发作用),有害因素是指能影响人的身体健康、导致疾病或对物造成慢性损坏的因素(强调在一定时间内的累积作用)。区分危险因素和有害因素是为了区别客体对人体不利作用的特点和效果,有时对两者不加区分,统称危险、有害因素。

3.1.2 危险、有害因素产生原因

所有的危险、有害因素尽管其表现形式不同,但从本质上讲,造成事故的原因,都可归结为存在危险有害物质、能量和危险有害物质、能量失去控制两方面因素的综合作用,并导致危险有害物质的泄漏、散发和能量的意外释放。因此,存在危险有害物质、能量和危险有害物质、能量失去控制是危险、有害因素转变为事故的根本原因。

危险有害物质和能量失控主要体现在人的不安全行为、物的不安全状态和安全管理的缺陷3个方面。

在 GB6441—1986《企业职工伤亡事故分类》中,分别对人的不安全行为、物的不安全状态、安全管理的缺陷进行了相应的规定。

3.1.2.1 人的不安全行为

将人的不安全行为分为操作错误、造成安全装置失效、使用不安全设备等 13 大类。

(1) 操作错误、忽视安全、忽视警告。包括:

1) 未经许可开动、关停、移动机器;

2) 开动、关停机器时未给信号;

3) 开关未锁紧,造成意外转动、通电或泄漏等;

4) 忘记关闭设备;

5) 忽视警告标志、警告信号;

6) 操作错误(指按钮、阀门、扳手、把柄等的操作);

7) 奔跑作业;

8) 供料或送料速度过快;

9) 机械超速运转;

10) 违章驾驶机动车;

11) 酒后作业;

12）客货混载；

13）冲压机作业时，手伸进冲压模；

14）工件紧固不牢；

15）用压缩空气吹铁屑；

16）其他。

（2）造成安全装置失效。包括：

1）拆除了安全装置；

2）安全装置堵塞，失去了作用；

3）调整的错误造成安全装置失效；

4）其他。

（3）使用不安全设备。包括：

1）临时使用不牢固的设施；

2）使用无安全装置的设备；

3）其他。

（4）手代替工具操作。包括：

1）用手代替手动工具；

2）用手清除切屑；

3）不用夹具固定、用手拿工件进行机加工。

（5）物体（指成品、半成品、材料、工具、切屑和生产用品等）存放不当。

（6）冒险进入危险场所。包括：

1）冒险进入涵洞；

2）接近漏料处（无安全设施）；

3）采伐、集材、运材、装车时，未离危险区；

4）未经安全监察人员允许进入油罐或井中；

5）未"敲帮问顶"开始作业；

6）冒进信号；

7）调车场超速上下车；

8）易燃易爆场合明火；

9）私自搭乘矿车；

10）在绞车道上行走；

11）未及时瞭望。

（7）攀、坐不安全位置（如平台护栏、汽车挡板、吊车吊钩）。

（8）在起吊物下作业、停留。

（9）机器运转时加油、修理、检查、调整、焊接、清扫等。

（10）有分散注意力行为。

（11）在必须使用个人防护用品用具的作业或场合中，忽视其使用。包括：

1）未戴护目镜或面罩；

2）未戴防护手套；

3）未穿安全鞋；

4）未戴安全帽；

5）未佩戴呼吸护具；

6）未佩戴安全带；

7）未戴工作帽；

8）其他。

（12）不安全装束。包括：

1）在有旋转零部件的设备旁作业时穿着过肥大服装；

2）操纵带有旋转零部件的设备时戴手套；

3）其他。

（13）对易燃、易爆等危险物品处理错误。

3.1.2.2　物的不安全状态

将物的不安全状态分为防护、保险、信号等装置缺乏或有缺陷，设备、设施、工具、附件有缺陷，个人防护用品、用具缺少或有缺陷，生产(施工)场地环境不良4大类。

（1）防护、保险、信号等装置缺乏或有缺陷。包括：

1）无防护。包括：

① 无防护罩；

② 无安全保险装置；

③ 无报警装置；

④ 无安全标志；

⑤ 无护栏或护栏损坏；

⑥（电气）未接地；

⑦ 绝缘不良；

⑧ 局扇无消音系统、噪声大；

⑨ 危房内作业；

⑩ 未安装防止"跑车"的挡车器或挡车栏；

⑪ 其他。

2）防护不当。包括：

① 防护罩未在适当位置；

② 防护装置调整不当；

③ 坑道掘进、隧道开凿支撑不当；

④ 防爆装置不当；

⑤ 采伐、集材作业安全距离不够；

⑥ 放炮作业隐蔽所有缺陷；

⑦ 电气装置带电部分裸露；

⑧ 其他。

（2）设备、设施、工具、附件有缺陷。包括：

1）设计不当，结构不符合安全要求。包括：

① 通道门遮挡视线；

② 制动装置有缺陷；

③ 安全间距不够；

④ 拦车网有缺陷；

⑤ 工件有锋利毛刺、毛边；

⑥ 设施上有锋利倒棱；

⑦ 其他。

2）强度不够。包括：

① 机械强度不够；

② 绝缘强度不够；

③ 起吊重物的绳索不符合安全要求；

④ 其他。

3）设备在非正常状态下运行。包括：

① 设备带"病"运转；

② 超负荷运转；

③ 其他。

4）维修、调整不良。包括：

① 设备失修；

② 地面不平；

③ 保养不当、设备失灵；

④ 其他。

（3）个人防护用品用具。指防护服、手套、护目镜及面罩、呼吸器官护具、听力护具、安全带、安全帽、安全鞋等缺少或有缺陷。

1）无个人防护用品、用具。

2）所用的防护用品、用具不符合安全要求。

（4）生产（施工）场地环境不良。包括：

1）照明光线不良。包括：

① 照度不足；

② 作业场地烟雾（尘）弥漫，视物不清；

③ 光线过强。

2）通风不良。包括：

① 无通风；

② 通风系统效率低；

③ 风流短路；

④ 停电停风时放炮作业；

⑤ 瓦斯排放未达到安全浓度时进行放炮作业；

⑥ 瓦斯超限；

⑦ 其他。

3）作业场所狭窄。

4）作业场地杂乱。包括：

① 工具、制品、材料堆放不安全；

② 采伐时，未开"安全道"；

③ 迎门树、坐殿树、搭挂树未作处理；

④ 其他。

5）交通线路的配置不安全。

6）操作工序设计或配置不安全。

7）地面滑。包括：

① 地面有油或其他液体;

② 冰雪覆盖;

③ 地面有其他易滑物。

8）储存方法不安全。

9）环境温度、湿度不当。

3.1.2.3　安全管理的缺陷

安全管理的缺陷可参考以下分类:

（1）对物（含作业环境）性能控制的缺陷,如设计、监测和不符合处置方面的缺陷。

（2）对人失误控制的缺陷,如教育、培训、指示、雇用选择、行为监测方面的缺陷。

（3）工艺过程、作业程序的缺陷,如工艺、技术错误或不当,无作业程序或作业程序有错误。

（4）用人单位的缺陷,如人事安排不合理、负荷超限、无必要的监督和联络、禁忌作业等。

（5）对来自相关方（供应商、承包商等）的风险管理的缺陷,如合同签订、采购等活动中忽略了安全健康方面的要求。

（6）违反安全人机工程原理,如使用的机器不适合人的生理或心理特点。此外,一些客观因素,如温度、湿度、风雨雪、照明、视野、噪声、振动、通风换气、色彩等也会引起设备故障或人员失误,是导致危险、有害物质和能量失控的间接因素。

3.1.3　危险、有害因素与事故

根据危险、有害因素在安全事故发生、发展中的作用以及从导致事故和伤害的角度,我们把危险因素划分为"固有"和"失效"两类危险因素。

3.1.3.1　固有危险因素的含义

根据能量释放论,事故是能量或危险物质的意外释放,作用于人体的过量能量或干扰人体与外界能量交换的危险物质是造成人员伤害的直接原因。于是把系统中存在的、可能发生意外释放而伤害人员和破坏财物的能量或危险物质称为"固有危险因素"。

能量与有害物质是危险、有害因素产生的根源,也是最根本的危险、有害因素。一般来说,系统具有的能量越大,存在的有害物质数量越多,其潜在危险性和有害性就越大。另一方面,只要进行生产活动,就需要相应的能量和物质（包括有害物质）,因此危险、有害因素是客观存在的。

一切产生、供给能量的能源和能量的载体在一定条件下,都可能是危险、有害因素。例如:锅炉、压力容器或爆炸物爆炸时产生的冲击波和压力能,高处作业（或吊起的重物等）的势能,带电导体上的电能,行驶车辆（或各类机械运动部件、工件等）的动能,噪声的声能,激光的光能,高温作业和热反应工艺装置的热能以及各类辐射能等,在一定条件下都能造成各类事故;静止的物体棱角、毛刺、地面等之所以能伤害人体,也是人体运动、摔倒时的动能、势能造成的。这些都是由于能量意外释放形成的危险因素。

有害物质在一定条件下能损伤人体的生理机能和正常代谢功能,破坏设备和物品的效能,也是危险、有害因素。例如,作业或储存场所中存在有毒物质、腐蚀性物质、有害粉尘、窒息性气体等有害物质,当它们直接或间接与人体、物体发生接触时,会导致人员的伤亡、职业病、财产损失或环境破坏等。

3.1.3.2　失效危险因素的含义

在生产实践中,能量与危险物质在受控条件下,按照人们的意志在系统中流动、转换,进行生产。如果发生失效（没有控制、屏蔽措施或控制措施失效）,就会发生能量与有害物质的意外释放和泄漏,造成人员伤亡和财产损失。因此,失效也是一类危险、有害因素,主要体现在故障(或缺陷)、人的失误和管理缺陷、环境因素等方面,并且这几个方面可相互影响。伤亡事故调查分析的结果表明,能量或危险物质失效都是由于人的不安全行为或物的不安全状态造成的。

在实际生产和生活中,必须让能量按照人们的意图在系统中流动、转换和作功,必须采取措施约束、限制能量,即必须控制危险因素。约束、限制能量的屏蔽应该可靠地控制能量,防止能量意外地释放,防止事故的意外发生。实际上,绝对可靠的控制措施并不存在,在许多因素的复杂作用下,约束、限制能量的控制措施可能失效,能量屏蔽可能被破坏而导致事故的发生。所以,导致约束、限制能量措施失效或破坏的各种不安全因素称为“失效危险因素”,它们是导致系统固有危险因素失去控制,包括硬件故障、人员失误或环境因素等。例如:在煤炭开采中,对于赋存能量的顶板采取一系列有效的措施进行控制,在巷道中采取木支护、金属支架、锚杆(网支护)等,在回采中采取单体液压支柱、液压支架等,这些都属于对能量控制的措施或“屏蔽”,一旦失效就成为危险因素。

3.1.3.3 危险因素与事故的关系

一起灾害事故的发生是系统中“固有危险因素”和“失效危险因素”共同作用的结果,如图3-1所示。

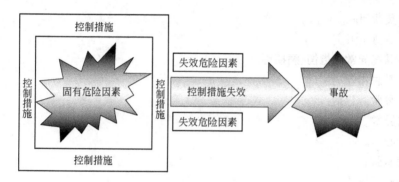

图3-1 危险因素与事故的关系

在事故的发生、发展过程中,固有危险源和失效危险源是相辅相成、相互依存的。固有危险源是灾害事故发生的前提,决定事故后果的严重程度;另一方面,失效危险因素出现的难易程度决定事故发生的可能性大小,失效危险源的出现是导致固有危险因素产生事故的必要条件。

3.2 危险、有害因素的分类

危险、有害因素的分类方法多种多样,这里主要介绍按导致事故和危害的直接原因进行分类的方法以及参照事故类别、职业病类别进行危险、有害因素分类的方法。

3.2.1 按导致事故原因分类

中华人民共和国国家标准 GB/T13861—2009《生产过程危险和有害因素分类与代码》于2009年10月15日公布,于2009年12月1日实施。代替 GB/T13861—1992《生产过程危险和有害因素分类与代码》。本标准与 GB/T13861—1992 相比,主要变化如下:

(1)增加了“规范性引用文件”。

(2)增加了“术语和定义”。包括:

生产过程(process):劳动者在生产领域从事生产活动的全过程。

危险和有害因素(hazardous and harmful factors):可对人造成伤亡、影响人的身体健康甚至导致疾病的因素。

人的因素(personal factors):在生产活动中,来自人员自身或人为性质的危险和有害因素。

物的因素(material factors):机械、设备、设施、材料等方面存在的危险和有害因素。

环境因素(environment factors):生产作业环境中的危险和有害因素。

管理因素(management factors):管理和管理责任缺失所导致的危险和有害因素。

(3) 代码结构由"三层"改为"四层"。

(4) 大类设置由六类改为四类,分别是"人的因素"、"物的因素"、"环境因素"和"管理因素"。

3.2.1.1　人的因素

(1) 心理、生理性危险和有害因素。包括:

1) 负荷超限。包括:

① 体力负荷超限。指易引起疲劳、劳损、伤害等的负荷超限。

② 听力负荷超限。

③ 视力负荷超限。

④ 其他负荷超限。

2) 健康状况异常。指伤、病期等。

3) 从事禁忌作业。

4) 心理异常。包括:

① 情绪异常。

② 冒险心理。

③ 过度紧张。

④ 其他心理异常。

5) 辨识功能缺陷。包括:

① 感知延迟。

② 辨识错误。

③ 其他辨识功能缺陷。

6) 其他心理、生理性危险和有害因素。

(2) 行为性危险和有害因素。包括:

1) 指挥错误。包括:

① 指挥失误。包括生产过程中的各级管理人员的指挥。

② 违章指挥。

③ 其他指挥错误。

2) 操作错误。包括:

① 误操作。

② 违章作业。

③ 其他操作错误。

3) 监护失误。

4) 其他行为性危险和有害因素。包括脱岗等违反劳动纪律行为。

3.2.1.2 物的因素

（1）物理性危险和有害因素。包括：

1）设备、设施、工具、附件缺陷。包括：

① 强度不够。

② 刚度不够。

③ 稳定性差。抗倾覆、抗位移能力不够,包括重心过高、底座不稳定、支承不正确等。

④ 密封不良。指密封件、密封介质、设备辅件、加工精度、装配工艺等缺陷以及磨损、变形、气蚀等造成的密封不良。

⑤ 耐腐蚀性差。

⑥ 应力集中。

⑦ 外形缺陷。指设备、设施表面的尖角利棱和不应有的凹凸部分等。

⑧ 外露运动件。指人员易触及的运动件。

⑨ 操纵器缺陷。指结构、尺寸、形状、位置、操纵力不合理及操纵器失灵、损坏等。

⑩ 制动器缺陷。

⑪ 控制器缺陷。

⑫ 设备、设施、工具、附件其他缺陷。

2）防护缺陷。包括：

① 无防护。

② 防护装置、设施缺陷。指防护装置、设施本身安全性、可靠性差,包括防护装置、设施、防护用品损坏、失效、失灵等。

③ 防护不当。指防护装置、设施和防护用品不符合要求、使用不当,不包括防护距离不够。

④ 支撑不当。包括矿井、建筑施工支护不符合要求。

⑤ 防护距离不够。指设备布置、机械、电气、防火、防爆等安全距离不够和卫生防护距离不够等。

⑥ 其他防护缺陷。

3）电伤害。包括：

① 带电部位裸露。指人员易触及的裸露带电部位。

② 漏电。

③ 静电和杂散电流。

④ 电火花。

⑤ 其他电伤害。

4）噪声。包括：

① 机械性噪声。

② 电磁性噪声。

③ 流体动力性噪声。

④ 其他噪声。

5）振动危害。包括：

① 机械性振动。

② 电磁性振动。

③ 流体动力性振动。

④ 其他振动危害。

6）电离辐射。包括 X 射线、γ 射线、α 粒子、β 粒子、中子、质子、高能电子束等。

7）非电离辐射。包括：

① 紫外辐射。

② 激光辐射。

③ 微波辐射。

④ 超高频辐射。

⑤ 高频电磁场。

⑥ 工频电场。

8）运动物伤害。包括：

① 抛射物。

② 飞溅物。

③ 坠落物。

④ 反弹物。

⑤ 土、岩滑动。

⑥ 料堆（垛）滑动。

⑦ 气流卷动。

⑧ 其他运动物伤害。

9）明火。

10）高温物质。包括：

① 高温气体。

② 高温液体。

③ 高温固体。

④ 其他高温物质。

11）低温物质。包括：

① 低温气体。

② 低温液体。

③ 低温固体。

④ 其他低温物质。

12）信号缺陷。包括：

① 无信号设施。指应设信号设施处无信号，如无紧急撤离信号等。

② 信号选用不当。

③ 信号位置不当。

④ 信号不清。指信号量不足，如响度、亮度、对比度、信号维持时间不够等。

⑤ 信号显示不准，包括信号显示错误、显示滞后或超前等。

⑥ 其他信号缺陷。

13）标志缺陷。包括：

① 无标志。

② 标志不清晰。

③ 标志不规范。

④ 标志选用不当。

⑤ 标志位置缺陷。

⑥ 其他标志缺陷。

14）有害光照。包括直射光、反射光、眩光、频闪效应等。

15）其他物理性危险和有害因素。

（2）化学性危险和有害因素。依据 GB13690 中的规定包括：

1）压缩气体和液化气体。

2）易燃液体。

3）易燃固体、自燃物品和遇湿易燃物品。

4）氧化剂和有机过氧化物。

5）有毒品。

6）放射性物品。

7）腐蚀品。

8）粉尘与气溶胶。

9）其他化学性危险和有害因素。

（3）生物性危险和有害因素。包括：

1）致病微生物。包括：

① 细菌。

② 病毒。

③ 真菌。

④ 其他致病微生物。

2）传染病媒介物。

3）致害动物。

4）致害植物。

5）其他生物性危险和有害因素。

3.2.1.3 环境因素

环境因素。包括室内、室外、地上、地下（如隧道、矿井）、水上、水下等作业（施工）环境。

（1）室内作业场所环境不良。包括：

1）室内地面滑。指室内地面、通道、楼梯被任何液体、熔融物质润湿，结冰或有其他易滑物等。

2）室内作业场所狭窄。

3）室内作业场所杂乱。

4）室内地面不平。

5）室内梯架缺陷。包括楼梯、阶梯、电动梯和活动梯架，以及这些设施的扶手、扶栏和护栏、护网等。

6）地面、墙和天花板上的开口缺陷。包括电梯井、修车坑、门窗开口、检修孔、孔洞、排水沟等。

7）房屋基础下沉。

8）室内安全通道缺陷。包括无安全通道、安全通道狭窄、不畅等。

9）房屋安全出口缺陷。包括无安全出口、设置不合理等。

10）采光照明不良。指照度不足或过强、烟尘弥漫影响照明等。

11）作业场所空气不良。指自然通风差、无强制通风、风量不足或气流过大、缺氧、有害气体超限等。

12）室内温度、湿度、气压不适。

13）室内给、排水不良。

14）室内涌水。

15）其他室内作业场所环境不良。

（2）室外作业场地环境不良。包括：

1）恶劣气候与环境。包括风、极端的温度、雷电、大雾、冰雹、暴雨雪、洪水、浪涌、泥石流、地震、海啸等。

2）作业场地和交通设施湿滑。包括铺设好的地面区域、阶梯、通道、道路、小路等被任何液体、熔融物质润湿，冰雪覆盖或有其他易滑物等。

3）作业场地狭窄。

4）作业场地杂乱。

5）作业场地不平。包括不平坦的地面和路面，有铺设的、未铺设的、草地、小鹅卵石或碎石地面和路面。

6）航道狭窄、有暗礁或险滩。

7）脚手架、阶梯和活动梯架缺陷。包括这些设施的扶手、扶栏和护栏、护网等。

8）地面开口缺陷。包括升降梯井、修车坑、水沟、水渠等。

9）建筑物和其他结构缺陷。包括建筑中或拆毁中的墙壁、桥梁、建筑物、筒仓、固定式粮仓、固定的槽罐和容器，屋顶、塔楼等。

10）门和围栏缺陷。包括大门、栅栏、畜栏和铁丝网等。

11）作业场地基础下沉。

12）作业场地安全通道缺陷。包括无安全通道，安全通道狭窄、不畅等。

13）作业场地安全出口缺陷。包括无安全出口、设置不合理等。

14）作业场地光照不良。指光照不足或过强、烟尘弥漫影响光照等。

15）作业场地空气不良。指自然通风差或气流过大、作业场地缺氧、有害气体超限等。

16）作业场地温度、湿度、气压不适。

17）作业场地涌水。

18）其他室外作业场地环境不良。

（3）地下（含水下）作业环境不良（不包括以上室内室外作业环境已列出的有害因素）。包括：

1）隧道/矿井顶面缺陷。

2）隧道/矿井正面或侧壁缺陷。

3）隧道/矿井地面缺陷。

4）地下作业面空气不良。包括通风差、气流过大、缺氧、有害气体超限等。

5）地下火。

6）冲击地压。指井巷（采场）周围的岩体（如煤体）等物质在外载作用下产生的变形能，当力学平衡状态受到破坏时瞬间释放，将岩体、气体、液体急剧、猛烈抛（喷）出造成严重破坏的一种井下动力现象。

7）地下水。

8）水下作业供氧不当。

9）其他地下作业环境不良。

（4）其他作业环境不良。包括：

1）强迫体位。指生产设备、设施的设计或作业位置不符合人类工效学要求而易引起作业人员疲劳、劳损或事故的一种作业姿势。

2）综合性作业环境不良。显示有两种以上作业环境致害因素且不能分清主次的情况。

3）以上未包括的其他作业环境不良。

3.2.1.4 管理因素

（1）职业安全卫生组织机构不健全。包括组织机构的设置和人员的配置。

（2）职业安全卫生责任制未落实。

（3）职业安全卫生管理规章制度不完善。包括：

1）建设项目"三同时"制度未落实。

2）操作规程不规范。

3）事故应急预案及响应缺陷。

4）培训制度不完善。

5）其他职业安全卫生管理规章制度不健全。包括隐患管理、事故调查处理等制度不健全。

（4）职业安全卫生投入不足。

（5）职业健康管理不完善。包括职业健康体检及其档案管理等不完善。

（6）其他管理因素缺陷。

3.2.2 按事故类别分类

《企业职工伤亡事故分类》（GB6441—1986）是劳动安全管理的基础标准,适用于企业职工伤亡事故统计工作。对起因物的定义为:导致事故发生的物体、物质（见表3-1）;对致害物的定义为:直接引起伤害及中毒的物体或物质（见表3-2）;对伤害方式的定义为:致害物与人体发生接触的方式（见表3-3）。

表 3-1 起因物

分类号	起因物名称	分类号	起因物名称
3.01	锅 炉	3.15	煤
3.02	压力容器	3.16	石油制品
3.03	电气设备	3.17	水
3.04	起重机械	3.18	可燃性气体
3.05	泵、发动机	3.19	金属矿物
3.06	企业车辆	3.20	非金属矿物
3.07	船 舶	3.21	粉 尘
3.08	动力传送机构	3.22	梯
3.09	放射性物质及设备	3.23	木 材
3.10	非动力手工具	3.24	工作面(人站立面)
3.11	电动手工具	3.25	环 境
3.12	其他机械	3.26	动 物
3.13	建筑物及构筑物	3.27	其 他
3.14	化学品		

表 3-2　致害物

分　类　号	致害物名称	分　类　号	致害物名称
4.01 煤、石油产品	4.01.1 煤 4.01.2 焦炭 4.01.3 沥青 4.01.4 其他	4.14 机械	4.14.1 搅拌机 4.14.2 送料装置 4.14.3 农业机械 4.14.4 林业机械 4.14.5 铁路工程机械 4.14.6 铸造机械 4.14.7 锻造机械 4.14.8 焊接机械 4.14.9 粉碎机械 4.14.10 金属切削机床 4.14.11 公路建筑机械 4.14.12 矿山机械 4.14.13 冲压机 4.14.14 印刷机械 4.14.15 压辊机 4.14.16 筛选、分离机 4.14.17 纺织机械 4.14.18 木工刨床 4.14.19 木工锯机 4.14.20 其他木工机械 4.14.21 皮带传送机 4.14.22 其他
4.02 木材	4.02.1 树 4.02.2 原木 4.02.3 锯材 4.02.4 其他		
4.03 水			
4.04 放射性物质			
4.05 电气设备	4.05.1 母线 4.05.2 配电箱 4.05.3 电气保护装置 4.05.4 电阻箱 4.05.5 蓄电池 4.05.6 照明设备 4.05.7 其他		
4.06 梯 4.07 空气 4.08 工作面(人站立面) 4.09 矿石 4.10 黏土、砂、石		4.15 金属件	4.15.1 钢丝绳 4.15.2 铸件 4.15.3 铁屑 4.15.4 齿轮 4.15.5 飞轮 4.15.6 螺栓 4.15.7 销 4.15.8 丝杠、光杠 4.15.9 绞轮 4.15.10 轴 4.15.11 其他
4.11 锅炉、压力容器	4.11.1 锅炉 4.11.2 压力容器 4.11.3 压力管道 4.11.4 安全阀 4.11.5 其他		
4.12 大气压力	4.12.1 高压(指潜水作业) 4.12.2 低压(指空气稀薄的高原地区)	4.16 起重机械	4.16.1 塔式起重机 4.16.2 龙门式起重机 4.16.3 梁式起重机 4.16.4 门座式起重机 4.16.5 浮游式起重机 4.16.6 甲板式起重机 4.16.7 桥式起重机 4.16.8 缆索式起重机 4.16.9 履带式起重机 4.16.10 叉车 4.16.11 电动葫芦 4.16.12 绞车 4.16.13 卷扬机 4.16.14 桅杆式起重机 4.16.15 壁上起重机 4.16.16 铁路起重机 4.16.17 千斤顶 4.16.18 其他
4.13 化学品	4.13.1 酸 4.13.2 碱 4.13.3 氢 4.13.4 氨 4.13.5 液氧 4.13.6 氯气 4.13.7 酒精 4.13.8 乙炔 4.13.9 火药 4.13.10 炸药 4.13.11 芳香烃化合物 4.13.12 砷化物 4.13.13 硫化物 4.13.14 二氧化碳 4.13.15 一氧化碳 4.13.16 含氰物 4.13.17 卤化物 4.13.18 金属化合物 4.13.19 其他		
		4.17 噪声 4.18 蒸气 4.19 手工具(非动力) 4.20 电动手工具 4.21 动物 4.22 企业车辆 4.23 船舶	

表3-3 致害物与人体发生接触的方式

分类号	伤害方式	分类号	伤害方式
5.01 碰撞	5.01.1 人撞固定物体 5.01.2 运动物体撞人 5.01.3 互撞	5.08	火灾
		5.09	辐射
		5.10	爆炸
5.02 撞击	5.02.1 落下物 5.02.2 飞来物	5.11 中毒	5.11.1 吸入有毒气体 5.11.2 皮肤吸收有毒物质 5.11.3 经口
5.03 坠落	5.03.1 由高处坠落平地 5.03.2 由平地坠入井、坑洞	5.12	触电
5.04	跌倒	5.13 接触	5.13.1 高低温环境 5.13.2 高低温物体
5.05	坍塌	5.14	掩埋
5.06	淹溺	5.15	倾覆
5.07	灼烫		

参照《企业职工伤亡事故分类》(GB6441—1986),综合考虑起因物、引起事故的诱导性原因、致害物、伤害方式等,将危险、有害因素分为20类。

(1)物体打击。物体打击是指物体在重力或其他外力的作用下产生运动,打击人体造成人身伤亡事故,不包括机械设备、车辆、起重机械、坍塌、爆炸引发的物体打击。也可以说物体打击是指失控物体的惯性力造成人身伤亡事故。如落物、滚石、锤击、碎裂、砸伤造成的伤害。

(2)车辆伤害。车辆伤害是指机动车辆在行驶中引起的人体坠落和物体倒塌、下落、挤压等事故,不包括起重设备提升、牵引车辆和车辆停驶时发生的事故。这里的车辆伤害特指本企业机动车辆引起的机械伤害事故。如机动车在行驶中的挤、压、撞车或倾覆等事故,在行驶中上下车、搭乘电瓶车、矿车或放飞车引起的事故以及车辆脱钩、跑车事故。

(3)机械伤害。机械伤害是指机械设备运动(静止)部件、工具、加工件直接与人体接触引起的夹击、碰撞、剪切、卷入、绞、碾、割、刺等伤害。也可以说机械伤害是指机械设备与工具引起的绞、碾、碰、割、戳、切等伤害。如工具或刀具飞出伤人,切削伤人,手或身体被卷入,手或其他部位被刀具碰伤,被转动的机具缠、压住等。不包括车辆、起重机械引起的伤害。

(4)起重伤害。起重伤害是指各种起重作业(包括起重机安装、检修、试验)中发生的挤压、坠落(吊具、吊重)、物体打击。起重伤害也是指从事各种起重作业时引起的机械伤害事故。不包括触电、检修时制动失灵引起的伤害,上下驾驶室时引起的坠落。

(5)触电。触电指电流流经人身,造成生理伤害的事故,包括雷击伤亡事故。

(6)淹溺。淹溺包括高处坠落淹溺,不包括矿山、井下、隧道、硐室透水淹溺。

(7)灼烫。灼烫是指火焰烧伤、高温物体烫伤、化学灼伤(酸、碱、盐、有机物引起的体内外灼伤)、物理灼伤(光、放射性物质引起的体内外灼伤)。

(8)火灾。火灾指造成人员伤亡的企业火灾事故,不包括非企业原因造成的火灾。

(9)高处坠落。高处坠落是指在高处作业中发生坠落造成的伤亡事故,包括脚手架、平台、陡壁施工等高于地面的坠落,也包括由地面坠入坑、洞、沟、升降口、漏斗等情况,不包括触电坠落事故。

(10)坍塌。坍塌是建筑物、构筑物、堆置物等倒塌以及土石塌方引起的事故,也就是指物体在外力或重力作用下,超过自身的强度极限或因结构稳定性遭到破坏而造成的事故,适用于因设计或施工不合理而造成的倒塌以及土方、岩石发生的塌陷事故。如建筑物倒塌、脚手架倒塌、堆置物倒塌,挖掘沟、坑、洞时土石塌方等情况,不适用于矿山冒顶片帮和爆炸、爆破引起的坍塌。

(11) 冒顶片帮。隧道、硐室矿井工作面、巷道侧壁由于支护不当、压力过大造成的坍塌,称为片帮;拱部、顶板垮落称为冒顶。二者常同时发生,简称冒顶片帮。

(12) 透水。透水是指矿山、地下隧道、硐室开采或其他坑道作业时,意外水源带来的伤亡事故。

(13) 放炮。放炮是指爆破作业中发生的伤亡事故。

(14) 火药爆炸。火药爆炸是指火药、炸药及其制品在生产、加工、运输、储存中发生的爆炸事故。

(15) 瓦斯爆炸。瓦斯爆炸是指可燃性气体瓦斯、煤尘与空气混合形成了达到燃烧极限的混合物,接触火源时,引起的化学性爆炸事故。

(16) 锅炉爆炸。锅炉爆炸是指锅炉发生的物理性爆炸事故。

(17) 容器爆炸。容器(压力容器、气瓶的简称)是指比较容易发生事故,且事故危害性较大的承受压力载荷的密闭装置。容器爆炸是指压力容器破裂引起的气体爆炸即物理性爆炸。包括容器内盛装的可燃性液化气在容器破裂后,立即蒸发,与周围的空气形成爆炸性气体混合物,遇到火源时形成的化学爆炸,也称容器的二次爆炸。

(18) 其他爆炸。其他爆炸包括可燃性气体、粉尘等与空气混合形成爆炸性混合物接触引爆能源时发生的爆炸事故。

(19) 中毒和窒息。中毒和窒息是指人体接触有毒物质而引起的中毒和窒息,包括中毒、缺氧(窒息、中毒性窒息)。如在误吃有毒食物或呼吸有毒气体引起的人体急性中毒事故,或在废弃的坑道、横通道、暗井、涵洞、地下管道等不通风的地方工作,因为氧气缺乏有时会发生突然晕倒,甚至死亡的事故称为窒息。不适用于病理变化导致的中毒和窒息事故,也不适用于慢性中毒和职业病导致的死亡。

(20) 其他伤害。其他伤害是指凡不属于上述伤害的事故均称为其他伤害。如摔伤、扭伤、跌伤、冻伤、野兽咬伤、钉子扎伤和非机动车碰撞、轧伤等。

3.2.3　按职业健康分类

参照卫生部、原劳动部、总工会等颁发的《职业病范围和职业病患者处理办法的规定》,将危险、有害因素分为生产性粉尘、毒物、噪声与振动、高温、低温、辐射(电离辐射、非电离辐射)及其他有害因素7类。

3.3　危险、有害因素的辨识

3.3.1　危险、有害因素辨识原则

(1) 科学性。危险、有害因素的辨识是分辨、识别、分析确定系统内存在的危险,它是预测安全状态和事故发生途径的一种手段。这就要求进行危险、有害因素识别时必须有科学的安全理论指导,使之能真正揭示系统安全状况,危险、有害因素存在的部位和方式,事故发生的途径及其变化规律,并予以准确描述,以定性、定量的概念清楚地表示出来,用严密的合乎逻辑的理论予以解释。

(2) 系统性。危险、有害因素存在于生产活动的各个方面,因此要对系统进行全面、详细的

剖析,研究系统与系统以及各子系统之间的相关和约束关系,分清主要危险、有害因素及其危险性。

(3) 全面性。辨识危险、有害因素时不要发生遗漏,以免留下隐患。要从厂址、自然条件、储存运输、建(构)筑物、生产工艺、生产设备装置、特种设备、公用工程、安全管理系统、设施、制度等各个方面进行分析与识别。不仅要分析正常生产运行时的操作中存在的危险、有害因素,还要分析识别开车、停车、检修、装置受到破坏及操作失误等情况下的危险、有害性。

(4) 预测性。对于危险、有害因素,还要分析其触发事件,即危险、有害因素出现的条件或设想的事故模式。

3.3.2 危险、有害因素辨识内容

危险、有害因素辨识的内容主要包括以下几个方面。

(1) 总体布置及建筑物。包括:

1) 厂址。从厂址的工程地质、地形地貌、水文、气象条件、周围环境、交通运输条件、自然灾害、消防支持等方面进行分析辨识。

2) 总平面布置。内容包括:功能分区——生产、管理、辅助生产、生活区;防火间距和安全间距、风向、建筑物朝向、危险、有害物质设施——氧气站、乙炔气站、压缩空气站、锅炉房、液化石油气站;危险品设施布置——易燃、易爆、高温、有害物质、噪声、辐射。

3) 道路及运输。道路包括施工便道、各施工作业区、作业面、作业点的贯通道路以及与外界联系的交通路线等;运输路线包括从运输、装卸、消防、疏散、人流、物流、平面交叉运输等方面进行分析辨识。

4) 建筑物。从厂房的生产火灾危险性分类、耐火等级、结构、层数、占地面积、防火间距、安全疏散等方面进行分析辨识。

(2) 按照安全措施主次来辨识。包括:

1) 对设计阶段是否通过合理的设计进行考查,尽可能从根本上避免危险、有害因素的发生。例如是否采用无害化工艺技术,以无害物质代替有害物质并实现过程自动化等。

2) 当消除危险、有害因素有困难时,对是否采取了预防性技术措施来预防危险、危害的发生进行考查。例如是否设置安全阀、防爆阀(膜);是否有有效的泄压面积和可靠的防静电接地、防雷接地、保护接地、漏电保护装置等。

3) 当无法消除危险或危险难以预防时,对是否采取了减少危险、危害发生的措施进行考查。例如是否设置防火堤、涂防火涂料;是否是敞开或半敞开式的厂房;防火间距、通风是否符合国家标准的要求;是否以低毒物质代替高毒物质;是否采取减振、消声和降温措施等。

4) 当无法消除、预防和减少危险的发生时,对是否将人员与危险、有害因素隔离等进行考查。如是否实行遥控、设置隔离操作室、安装安全防护罩、配备劳动保护用品等。

5) 当操作者失误或设备运行达到危险状态时,对是否能通过联锁装置来终止危险、危害的发生进行考察。如考察是否设置锅炉极低水位时停炉联锁保护等。

6) 在易发生故障或危险性较大的地方,对是否设置了醒目的安全色、安全标志和声光警示装置等进行考查。如厂内铁路或道路交叉口、危险品库、易燃易爆物质区等。

(3) 作业环境的危险辨识。作业环境中的危险、有害因素主要有危险物质、生产性粉尘、工业噪声与振动、温度与湿度以及辐射等。

1) 危险物质。生产中的原材料、半成品、中间产品、副产品以及储运中的物质以气态、液态或固态存在,它们在不同的状态下具有不同的物理、化学性质及危险、有害特性,因此,了解并掌

握这些物质固有的危险特性是进行危险辨识、分析和评价的基础。

危险物质的辨识应从其理化性质、稳定性、化学反应活性、燃烧及爆炸特性、毒性及健康危害性等方面进行。

2）生产性粉尘。在有粉尘的作业环境中长时间工作并吸入粉尘，就会引起肺部组织纤维化、硬化，丧失呼吸功能，导致肺病（尘肺病）。粉尘还会引起刺激性疾病、急性中毒或癌症。当爆炸性粉尘在空气中达到一定浓度（爆炸下限浓度）时，遇火源会发生爆炸。

生产性粉尘主要产生在开采、破碎、粉碎、筛分、包装、配料、混合、搅拌、散粉装卸及输送除尘等生产过程中。在对其进行辨识时，应根据工艺、设备、物料、操作条件等，分析可能产生的粉尘种类和部位。用已经投产的同类生产厂、作业岗位的检测数据或模拟实验测试数据进行类比辨识。通过分析粉尘产生的原因、粉尘扩散的途径、作业时间、粉尘特性等来确定其危害方式和危害范围。

3）工业噪声与振动。工业噪声能引起职业性耳聋或引起神经衰弱、心血管疾病及消化系统疾病的高发，会使操作人员的操作失误率上升，严重时会导致事故发生。

工业噪声可以分为机械噪声、空气动力性噪声和电磁噪声 3 类。

噪声危害的辨识主要根据已经掌握的机械设备或作业场所的噪声确定噪声源、声级和频率。振动危害有整体振动危害和局部振动危害，可导致人的中枢神经、植物神经功能紊乱，血压升高，还会导致设备、部件的损坏。

振动危害的辨识应先找出产生振动的设备，然后根据国家标准，参照类比资料确定振动的危害程度。

4）温度与湿度。温度与湿度的危险、危害主要表现为：高温、高湿环境影响劳动者的体温调节、水盐代谢、物质系统、消化系统、泌尿系统等。当热调节发生障碍时，轻者影响劳动能力，重者可引起别的病变，如中暑等。水盐代谢的失衡可导致血液浓缩、尿液浓缩、尿量减少，这样就增加了心脏和肾脏的负担，严重时引起循环衰竭和热痉挛。高温作业的工人，高血压发病率较高，而且随着工龄的增加而增加。高温还可以抑制中枢神经系统，使工人在操作过程中注意力分散，肌肉工作能力降低，有导致工伤事故的危险。高温可造成灼伤，低温可引起冻伤。

另外，温度急剧变化时，因热胀冷缩，造成材料变形或热应力过大，会导致材料被破坏；在低温下金属会发生晶型转变，甚至破裂；高温、高湿环境会加速材料的腐蚀；高温环境可使火灾危险性增大。

生产性热源主要有：工业炉窑（冶炼炉、焦炉、加热炉、锅炉等）、电热设备（电阻炉、工频炉等）、高温工件（如铸锻件）、高温液体（如导热油、热水）、高温气体（蒸汽、热风、热烟气）等。

在进行温度、湿度危险、危害辨识时，应注意了解生产过程中的热源及其发热量、表面绝热层的有无、表面温度高低、与操作者的接触距离等情况。还应了解是否采取了防灼伤、防暑、防冻措施，是否采取了通风（包括全面通风和局部通风）换气措施，是否有作业环境温度、湿度的自动调节控制措施等。

5）辐射。辐射主要分为电离辐射（如 α 粒子、β 粒子、γ 粒子和中子）和非电离辐射（如紫外线、射频电磁波、微波）两类。电离辐射伤害则由 α 粒子、β 粒子、γ 粒子和中子极高剂量的放射性作用所造成。非电离辐射中的射频辐射危害主要表现为射频致热效应和非致热效应两个方面。

3.3.3 危险、有害因素辨识方法

3.3.3.1 直观经验法

不同种类的危险、有害因素有不同的辨识方法，对于有先例可供参考的，可以用直观经验法辨识。

直观经验法包括对照分析法和类比推断法。

（1）对照分析法。对照分析法即对照有关标准、法规、检查表或依靠分析人员的观察能力，借助其经验和判断能力，直观地对分析对象的危险因素进行分析。对照分析法具有简单、易行的优点，但由于它是借鉴以往的经验，所以容易受到分析人员的经验、知识和占有资料局限等方面的限制。

（2）类比推断法。类比推断法也是实践经验的积累和总结，它是利用相同或类似工程中作业条件的经验以及安全的统计来类比推断被评价对象的危险、有害因素。新建的工程可以考虑借鉴具有同类规模和装备水平的企业的经验来辨识危险、有害因素，结果具有较高的置信度。

3.3.3.2 系统安全分析方法

对复杂的系统进行分析时，应采用系统安全分析方法，常用的系统安全分析方法有：安全检查表分析法、预先危险性分析法、作业危险性分析法、故障类型及影响分析法、危险与可操作性研究分析法、事故树分析法、危险指数法、概率危险评价法、故障假设分析法等。这些方法与安全评价方法有相同之处，将在本书后几章中分别介绍。

危险辨识是发现、识别系统中危险的工作。这是一件非常重要的工作，它是危险控制的基础，只有辨识了危险之后才能有的放矢地考虑如何采取措施控制危险。

以前，人们主要根据以往的事故经验进行危险因素的识别工作。例如，美国的海因里希建议通过与操作者交谈或到现场检查、查阅以往的事故记录等方式发现危险。由于危险是"潜在的"不安全因素，比较隐蔽，所以危险辨识是件非常困难的工作。在系统比较复杂的场合，危险辨识工作更加困难，需要许多知识和经验。这些必须的知识和经验主要包括：关于辨识对象系统的详细知识，诸如系统的构造、系统的性能、系统的运行条件、系统中能量、物质和信息的流动情况等；与系统设计、运行、维护等有关的知识、经验和各种标准、规范、规程等；关于辨识对象系统中的危险及其危害方面的知识。

3.3.4 危险辨识时应注意的问题

在危险辨识工作中要始终坚持"横向到边、纵向到底、不留死角"的原则，尽可能包括"三个所有"，即所有人员、所有活动、所有设施。还要注意考虑有可能出现的各种事故类型。

（1）识别危险时要考虑典型危害类型。包括：

1）机械危险。加速、减速、活动零件、旋转零件、弹性零件、接近固定部件上的运动零件、角形部件、粗糙/光滑的表面、锐边、机械活动性、稳定性；还有机械可能造成人体砸伤、压伤、倒塌压埋伤、割伤、刺伤、擦伤、扭伤、冲击伤、切断伤等等。

2）电气危险。带电部件、静电现象、短路、过载、电压、电弧、与高压带电部件无足够距离、在故障条件下变为带电零件等；设备设施安全装置缺乏或损坏造成的火灾、人员触电、设备损害等。

3）热危险。热辐射、火焰、具有高温或低温的物体或材料等等。

4）噪声危险。作业过程、运动部件、气穴现象、气体高速泄漏、气体啸声等等。

5）振动危险。机器/部件振动、机器移动、运动部件偏离轴心、刮擦表面、不平衡的旋转部件等等。

6）辐射危险。低频率电磁辐射、无线频率电磁辐射、光学辐射（红外线、可见光和紫外线）等等。

7）材料和物质产生的危险。易燃物、可燃物、爆炸物、粉尘、烟雾、悬浮物、氧化物、纤维等；还有各种有毒有害化学品的挥发、泄漏所造成的人员伤害、火灾等；生物病毒、有害细菌、真菌等造成的发病感染。

8) 与人类工效学原则有关的危险。出入口、指示器和视觉显示单元的位置、控制设备的操作和识别费力、照明、姿势、重复活动、可见度等;人体工程危害还有不适宜的作业方式、作息时间、作业环境等引起的人体过度疲劳危害。

9) 与机器使用环境有关的危险。雨、雪、风、雾、温度、闪电、潮湿、粉尘、电磁干扰、污染等等。

10) 综合危险。重复的活动+费力+高温环境等等。

(2) 识别危险时要考虑三种时态和三种状态。

1) 三种时态。包括:

① 过去。作业活动或设备等过去的安全控制状态及发生过的人体伤害事故。曾经发生过的安全事故给人们留下了惨痛的教训,每次事故发生后都会有相应的原因分析和预防对策。在进行危险辨识时,应积极通过安监部门、行业、企业等多种渠道查找以往的事故记录,明确引发事故的安全隐患,并将其列入危险行列,从而充分辨识危险。

② 现在。作业活动或设备等现在的安全控制状况。

③ 将来。作业活动发生变化、系统或设备等在发生改进、报废后将会产生的危险因素。

2) 三种状态。包括:

① 正常。作业活动或设备等按其工作任务连续长时间进行工作的状态。

② 异常。作业活动或设备等周期性或临时性进行工作的状态,如设备的开启、停止、检修等状态。

③ 紧急情况。发生火灾、水灾、交通事故等状态。

纵观安监部门的人身伤亡事故统计报告发现,在非常规作业活动中发生的安全事故占有相当的比例。因此关注非常规作业,辨识非常规作业中的危险源,并进行有效的风险控制,是避免安全事故发生的关键工作之一。

所谓非常规作业是指除正常工作状态外的异常或紧急作业,比较典型的有故障维修、定期保养等作业。它与常规生产作业的最大不同之处,就是作业的不确定性和不连续性。例如,在故障维修过程中,应辨识出"有无防止设备误启动的锁止装置"这一危险源,以便采取措施避免维修人员伤亡事故的发生。

3.4 评价单元的划分

安全评价过程包括前期准备、划分评价单元、危险及有害因素识别、安全评价、风险控制和安全措施 5 个阶段。因此,合理、正确地划分评价单元是成功开展危险、有害因素识别和安全评价工作的重要环节。

3.4.1 评价单元的划分

评价单元就是在危险、有害因素识别与分析的基础上,根据评价目标和评价方法的需要,将系统分成有限的、确定范围的评价单元。

一个作为评价对象的建设项目、装置(系统),一般是由相对独立、相互联系的若干部分(子系统、单元)组成。各部分的功能、含有的物质、存在的危险和有害因素、危险性和危害性以及安全指标均不尽相同。以整个系统作为评价对象实施评价时,一般按一定原则将评价对象分成若干个评价单元分别进行评价,再综合为整个系统的评价。将系统划分为不同类型的评价单元进行评价,不仅可以简化评价工作、减少评价工作量、避免遗漏,而且由于能够得出各评价单元危险性(危害性)的比较概念,避免了以最危险单元的危险性(危害性)来表征整个系统的危险性(危害性),夸大整个系统的危险性(危害性)的可能,从而提高了评价的准确性,降低了采取对策措施所需的安全投入。

　　美国道化学公司在火灾、爆炸危险指数评价法中称"多数工厂是由多个单元组成的,在计算该类工厂的火灾、爆炸指数时,只选择那些对工艺有影响的单元进行评价,这些单元可称为评价单元",其评价单元的定义与我们的定义实质上是一致的。

3.4.2　评价单元划分原则和方法

　　划分评价单元是为评价目标和评价方法服务的。为便于评价工作的进行,有利于提高评价工作的准确性,评价单元一般以生产工艺、工艺装置、物料的特点和特征与危险、有害因素的类别、分布有机结合进行划分,还可以按评价的需要将一个评价单元再划分为若干子评价单元或更细致的单元。由于至今尚无一个明确通用的"规则"来规范单元的划分方法,因此,不同的评价人员对同一个评价对象所划分的评价单元有所不同。由于评价目标不同,各评价方法均有自身特点,只要达到评价的目的,评价单元划分并不要求绝对一致。

　　评价单元划分应遵循的原则及方法如下:

　　(1) 以危险、有害因素的类别为主划分评价单元。将具有共性危险、有害因素的场所和装置划为一个单元。按危险因素的类别各划分一个单元,再按工艺、物料、作业特点(即其潜在危险、有害因素的不同)划分成子单元分别评价;或者进行安全评价时,可按有害因素(有害作业)的类别划分评价单元。例如,将噪声、辐射、粉尘、毒物、高温、低温、体力劳动强度危害的场所各划分一个评价单元。

　　(2) 以装置的特征划分评价单元。包括:

　　1) 按装置工艺功能划分。例如,按原料储存区域、反应区域、产品蒸馏区域、吸收或洗涤区域;中间产品储存区域;产品储存区域、运输装卸区域、催化剂处理区域;副产品处理区域;废液处理区域;通入装置区的主要配管桥区;其他(过滤、干燥、固体处理、气体压缩等)区域。

　　2) 按设备布置的相对独立性划分。以安全距离、防火墙、防火堤、隔离带等与(其他)装置隔开的区域或装置部分可作为一个评价单元。储存区域内通常以一个或共同防火堤(防火墙、防火建筑物)内的储罐、储存空间作为一个评价单元。

　　3) 按装置工艺条件划分评价单元。按操作温度、压力范围的不同,划分为不同的评价单元;按开车、加料、卸料、正常运转、添加剂、检修等不同作业条件划分评价单元。

　　(3) 以物质的特征划分评价单元。按储存、处理危险物质的潜在化学能、毒性和危险物质的数量划分评价单元。一个储存区域内(如危险品库)储存不同危险物质,为了能够正确识别其相对危险性,可作不同单元处理。为避免夸大评价单元的危险性,评价单元的可燃、易燃、易爆等危险物质应有最低限量。

　　(4) 以事故后果范围划分评价单元。将发生事故能导致停产、波及范围大、造成巨大损失和伤害的关键设备作为一个评价单元,将危险、有害因素大且资金密度大的区域作为一个评价单元,将危险、有害因素特别大的区域、装置作为一个评价单元,将具有类似危险性潜能的单元合并为一个大评价单元。

　　(5) 依据评价方法的有关具体规定划分。ICI 公司蒙德火灾、爆炸、毒性指标法需结合物质系数以及操作过程、环境或装置采取措施前后的火灾、爆炸、毒性和整体危险性指数等划分评价单元;故障假设分析方法则按问题分门别类,例如按照电气安全、消防、人员安全等问题分类划分评价单元;模糊综合评价法需要从不同角度(或不同层面)划分评价单元,再根据每个单元中多个制约因素对事物作综合评价,建立各评价集。

　　综上所述,划分评价单元应注意在进行危险、有害因素识别、安全评价工作之前,应设计一套合适的工作表格,按照一定的方法来划分企业的作业活动,保证危险、有害因素识别工作的全面性。另外,在划分作业活动单元时,一般不会单一采用某一种方法,往往是多种方法同时采用。但是应注意,在同一划分层次上,一般不使用第二种划分方法。因为如果这样做,很难保证危险、有害因素识别的全面性。

3.5　机械行业危险辨识

一般说来,机械加工企业是集机械冷加工、机械热加工、表面处理、热处理、锻铸造、木加工、橡胶塑料加工等综合加工能力及水、电、气、暖供应的动力运行为一体的,存在生产任务多、生产工艺复杂等特点。涉及喷漆、油封、铸造、热处理、电炉、油库、空气压缩站、锅炉房、压力容器、变配电站等多种危险因素。这些危险因素蕴含着相当大的能量,一旦失控,所造成的危害和损失将是相当巨大的。

在机械行业中进行危险因素辨识是依据物质的危险特性、数量及其加工工艺过程的危险性等来进行的。机械行业危险因素主要指有发生爆炸危险的场所,有提升系统危险的场所,有车辆伤害的场所,有高空坠落危险的场所,有触电伤害的场所,有烧伤、烫伤的场所,有腐蚀、放射、辐射、中毒和窒息的场所,有落物、飞溅、滑坡、压埋、淹溺等场所,有被物体辗、绞、挂、夹、刺和撞击等场所,有其他容易致人伤害的场所。

3.5.1　各种状态下的机械安全

(1)正常工作状态。在机械完好的情况下,机械完成预定功能的正常运转过程中,存在着各种不可避免的但却是执行预定功能所必须具备的运动要素,有些可能产生危害后果。例如,大量形状各异的零部件的相互运动、刀具锋刃的切削、起吊重物、机械运转的噪声等,在机械正常工作状态下就存在着碰撞、切割、重物坠落、使环境恶化等对人身安全不利的危险因素。对这些在机器正常工作时产生危险的某种功能,人们称为危险的机械功能。

(2)非正常工作状态。在机械运转过程中,由于各种原因(可能是人员的操作失误,也可能是动力突然丧失或来自外界的干扰等)引起的意外状态。例如,意外启动、运动或速度变化失控,外界磁场干扰使信号失灵,瞬时大风造成起重机倾覆倒地等。机械的非正常工作状态往往没有先兆,会直接导致或轻或重的事故危害。

(3)故障状态。故障状态是指机械设备(系统)或零部件丧失了规定功能的状态。设备的故障,哪怕是局部故障,有时都会造成整个设备的停转,甚至整个流水线、整个自动化车间的停产,给企业带来经济损失。而故障对安全的影响可能会有两种结果。有些故障的出现,对所涉及的安全功能影响很小,不会出现大的危险。例如,当机器的动力源或某零部件发生故障时,使机械停止运转,处于故障保护状态。有些故障的出现,会导致某种危险状态。例如,由于电气开关故障,会产生不能停机的危险;砂轮轴的断裂,会导致砂轮飞甩的危险;速度或压力控制系统出现故障,会导致速度或压力失控的危险等。

(4)非工作状态。机器停止运转处于静止状态时,在正常情况下,机械基本是安全的,但不排除由于环境光照度不够,导致人员与机械悬凸结构的碰撞;结构垮塌;室外机械在风力作用下的滑移或倾覆;堆放的易燃易爆原材料的燃烧爆炸等。

(5)检修保养状态。检修保养状态是指对机械进行维护和修理作业时(包括保养、修理、改装、翻建、检查、状态监控和防腐润滑等)机械的状态。尽管检修保养一般在停机状态下进行,但其作业的特殊性往往迫使检修人员采用一些超常规的做法。例如,攀高、钻坑、将安全装置短路、进入正常操作不允许进入的危险区等,使维护或修理容易出现在正常操作时不存在的危险。

在机械使用的各个环节,机械的不同状态都有危险因素存在,既在机械预定使用期间经常存在(危险运动件的运动,焊接时的电弧等),也可能意外地出现,使人员不得不面临受到这样或那样伤害的风险。人们把使人面临损伤或危害健康风险的机械内部或周围的某一区域称为危险区。就大多数机械而言,传动机构和执行机构集中了机械上几乎所有的运动零部件。它们种类繁多,运动方式各异,结构形状复杂,尺寸大小不一,所以即使在机械正常状态下进行正常操作时,在传动机构和执行机构及其周围区域,也有可能形成机械的危险区。由于传动机构在工作中不需要与物料直接作用,也不需要操作者频繁接触,所以常用各种防护装置隔离或封装起来。而执行机构由于在作业过程中,需要操作者根据情况不断地调整执行机构与物料的相互位置和状态,使人体的某些部位不得不经常进入操作区等原因,使操作区成为机械伤害的高发区,这是机械的主要危险区,是安全防护的重点。又由于不同种类机械的工作原理区别很大,表现出来的危险有较大差异,因此又成为安全防护难点。

3.5.2 机械的危险部位

机械设备可造成碰撞、夹击、剪切、卷入等多种伤害,其主要危险部位如下:

(1) 旋转部件和成切线运动部件间的啮合处,如动力传输皮带和皮带轮、链条和链轮、齿条和齿轮等。

(2) 旋转的轴,包括连接器、芯轴、卡盘、丝杠、圆形芯轴和杆等。

(3) 旋转的凸块和孔处,含有凸块或空洞的旋转部件是很危险的,如风扇叶、凸轮、飞轮等。

(4) 对向旋转部件的啮合处,如齿轮、轧钢机、混合辊等。

(5) 旋转部件与固定部件的啮合处,如辐条手轮或飞轮、机床床身、旋转搅拌机和无防护开口外壳搅拌装置等。

(6) 接近类型,如锻锤的锤体、动力压力机的滑枕等。

(7) 通过类型,如金属刨床的工作台及其床身、剪切机的刀刃等。

(8) 单向滑动,如带锯边缘的齿、砂带磨光机的研磨颗粒、凸式运动带等。

(9) 旋转部件与滑动之间,如某些平板印刷机面上的机构、纺织机床等。

3.5.3 机械相关危险因素

由机械产生的危险是指在使用机械过程中,可能对人的身心健康造成损伤或危害的因素。由于危险是引起或增加伤害的条件,所以常称之为危险因素。危险通常与其他词组联合使用,或具体限定其起源的特定性质,如机械危险、电危险、噪声危险等,或预测对人员造成伤害的作用方式,如打击危险、挤压危险、中毒危险等。

机械的危险可能来自机械自身、机械的作用对象、人对机器的操作以及机械所在的场所等。有些危险是显现的,有些是潜在的;有些是单一的,有些交错在一起,表现为复杂、动态、随机的特点。因此,必须把人、机、环境这个机械加工系统作为一个整体研究对象,用安全系统的观点和方法,识别和描述机械在使用过程中可能产生的各种危险、危险状态以及预测可能发生的危险事件,为机械的安全设计以及制定有关机械安全标准和对机械系统进行安全风险评价提供依据。

(1) 机械危险。由于机械设备及其附属设施的构件、零件、工具、工件或飞溅的固体和流体物质等的机械能(动能和势能)作用,可能产生伤害的各种物理因素以及与机械设备有关的滑绊、倾倒和跌落危险。

(2) 电气危险。电气危险的主要形式是电击、燃烧和爆炸。其产生条件可以是人体与带电体的直接接触;人体接近带高压电体;带电体绝缘不充分而产生漏电、静电现象;短路或过载引起的熔化粒子喷射热辐射和化学效应。

（3）温度危险。一般将29℃以上的温度称为高温，−18℃以下的温度称为低温。

1）高温对人体的影响有高温烧伤、烫伤，高温生理反应等。

2）低温可导致冻伤和低温生理反应。

3）高温可引起燃烧或爆炸。

温度危险产生的条件有：环境温度、热源辐射或接触高温物（材料、火焰或爆炸物）等。

（4）噪声危险。噪声产生的原因主要有机械噪声、电磁噪声和空气动力噪声。其造成的危害有以下几种：

1）对听觉的影响。根据噪声的强弱和作用时间不同，可造成耳鸣、听力下降、永久性听力损失，甚至耳聋等。

2）对生理、心理的影响。通常90dB（A）以上的噪声对神经系统、心血管系统等都有明显的影响；低噪声，会使人产生厌烦、精神压抑等不良心理反应。

3）干扰语言通信和听觉信号而引发其他危险。

（5）振动危险。振动对人体可造成生理和心理的影响，造成损伤和病变。最严重的振动（或长时间不太严重的振动）可能产生生理严重失调（血脉失调、神经失调、骨关节失调、腰痛和坐骨神经痛）等。

（6）辐射危险。辐射的危险是杀伤人体细胞和机体内部的组织，轻者会引起各种病变，重者会导致死亡。可以把产生辐射危险的各种辐射源（离子化或非离子化）归为以下几个方面：

1）电波辐射。低频辐射、无线电射频辐射和微波辐射。

2）光波辐射。主要有红外线辐射、可见光辐射和紫外线辐射。

3）射线辐射。X射线和γ射线辐射。

4）粒子辐射。主要有α、β粒子射线辐射、电子束辐射、离子束辐射和中子辐射等。

5）激光辐射。

（7）材料和物质产生的危险。在机械加工过程中的所有材料和物质都应考虑在内。例如：构成机械设备、设施自身（包括装饰装修）的各种物料；加工使用、处理的物料（包括原材料、燃料、辅料、催化剂、半成品和产成品）；剩余和排出物料，即生产过程中产生、排放和废弃的物料（包括气、液、固态物）。一般来讲材料和物质产生的危险为：

1）接触或吸入有害物（如有毒、腐蚀性或刺激性的液、气、雾、烟和粉尘）所导致的危险。

2）火灾与爆炸危险。

3）生物（如霉菌）和微生物（如病毒或细菌）危险。

（8）未履行安全人机学原则而产生的危险。由于机械设计或环境条件不符合安全人机学原则的要求，存在与人的生理或心理特征、能力不协调之处，可能会产生以下危险：

1）对生理的影响。负荷（体力负荷、听力负荷、视力负荷、其他负荷等）超过人的生理范围、长期静态或动态型操作姿势、劳动强度过大或过分用力所导致的危险。

2）对心理的影响。对机械进行操作、监视或维护而造成精神负担过重或准备不足、紧张等而产生的危险。

3）对人操作的影响。表现为操作偏差或失误而导致的危险等。

3.5.4　机械伤害形式

机械危险的伤害实质，是机械能（动能和势能）的非正常作功、流动或转化，导致对人员的接触性伤害。机械危险的主要伤害形式有夹挤、碾压、剪切、切割、缠绕或卷入、戳扎或刺伤、摩擦或磨损、飞出物打击、高压流体喷射、碰撞和跌落等。

（1）卷绕和绞缠。引起这类伤害的是做回转运动的机械部件（如轴类零件），包括联轴节、主轴、丝杠等；回转件上的凸出物和开口，例如轴上的凸出键、调整螺栓或销、圆轮形状零件（链轮、齿轮、胶带轮）的轮辐、手轮上的手柄等，在运动情况下，将人的头发、饰物（如项链）、肥大衣袖或下摆卷缠引起的伤害。

（2）卷入和碾压。引起这类伤害的主要危险是相互配合的运动副，例如相互啮合的齿轮之间以及齿轮与齿条之间，胶带与胶带轮、链与链轮进入啮合部位的夹紧点，两个做相对回转运动的辊子之间的夹口等所引发的卷入；滚动的旋转件引发的碾压，例如轮子与轨道、车轮与路面等。

（3）挤压、剪切和冲撞。引起这类伤害的是做往复直线运动的零部件，诸如相对运动的两部件之间，运动部件与静止部分之间由于安全距离不够产生的夹挤，做直线运动部件的冲撞等。直线运动有横向运动（例如大型机床的移动工作台、牛头刨床的滑枕、运转中的带链等部件的运动）和垂直运动（例如剪切机的压料装置和刀片、压力机的滑块、大型机床的升降台等部件的运动）。

（4）飞出物打击。由于发生断裂、松动、脱落或弹性位能等机械能释放，使失控的物件飞甩或反弹出去，对人造成伤害。例如：轴的破坏引起装配在其上的胶带轮、飞轮、齿轮或其他运动零部件坠落或飞出；螺栓的松动或脱落引起被其紧固的运动零部件脱落或飞出；高速运动的零件破裂碎块甩出；切削废屑的崩甩等。另外，弹性元件的位能引起的弹射有弹簧、皮带等的断裂；在压力、真空下的液体或气体位能引起的高压流体喷射等。

（5）物体坠落打击。处于高位置的物体具有势能，当它们意外坠落时，势能转化为动能，造成伤害。例如：高处掉下的零件、工具或其他物体（哪怕是很小的）；悬挂物体的吊挂零件破坏或夹具夹持不牢引起物体坠落；由于质量分布不均衡，重心不稳，在外力作用下发生倾翻、滚落；运动部件运行超行程脱轨导致的伤害等。

（6）切割和擦伤。切削刀具的锋刃，零件表面的毛刺，工件或废屑的锋利飞边，机械设备的尖棱、利角和锐边；粗糙的表面（如砂轮、毛坯）等，无论物体的状态是运动的还是静止的，这些由于形状产生的危险都会构成伤害。

（7）碰撞和刮蹭。机械结构上的凸出、悬挂部分（例如起重机的支腿、吊杆，机床的手柄等），长、大加工件伸出机床的部分等，这些物件无论是静止的还是运动的，都可能产生危险。

（8）跌倒、坠落。由于地面堆物无序或地面凸凹不平导致的磕绊跌伤，接触面摩擦力过小（光滑、油污、冰雪等）造成打滑、跌倒。假如由于跌倒引起二次伤害，那么后果将会更严重。例如：人从高处失足坠落，误踏入坑井坠落；电梯悬挂装置破坏，轿厢超速下行，撞击坑底对人员造成的伤害。

机械危险大量表现为人员与可运动物件的接触伤害，各种形式的机械危险与其他非机械危险往往交织在一起。在进行危险识别时，应该从机械系统的整体出发，考虑机械的不同状态、同一危险的不同表现方式、不同危险因素之间的联系和作用以及显现或潜在的不同形态等。

3.5.5 机械制造场所职业危害

机械制造是一门古老而年轻的学科，是各种工业的基础。机械制造工业范围很广，包括运输工具、机床、农业机械、纺织机械、动力机械和精密仪器等各种机械的制造，一般有铸造、锻造、热处理、机械加工及装配车间，工种混杂，存在的危害、有害因素大致相同。

职业危害对人体健康也是有很大影响的，主要表现为在工作中因作业环境及接触有毒有害因素而引起人体生理机能的变化，可以是急性发作的，但大多数为累积而导致的后果。

（1）生产性粉尘。锻造可分为手工和机械造型两大类。手工造型是指用手工完成紧砂、起模、修整及合箱等主要操作的过程。手工造型劳动强度大,劳动者直接接触粉尘、化学毒物和物理因素,职业危害大。

锻造炉、锻锤工序中加料、出炉、锻造过程可产生金属粉尘、煤尘等,尤以燃料工业窑炉污染较为严重。主要粉尘作业是铸造,在型砂配制、制型、落砂、清砂等过程,都可使粉尘飞扬,特别是用喷砂工艺修整铸件时,粉尘浓度很高。造型、铸件落砂与清理时产生大量的砂尘,其中粉尘性质及危害性大小主要取决于型砂的种类,如选用石英砂造型时,因游离二氧化硅含量高,其危害最大。在机械加工的粗磨和精磨过程中,也有大量金属和矿物性粉尘产生。人造磨石多以金刚砂(三氧化二铝晶体)为主,其中二氧化硅含量极少,而天然磨石含有大量游离二氧化硅,故可能导致"铝尘肺"和"硅肺"。电焊时焊药、焊条芯及被焊接的材料,在高温下蒸发产生大量的电焊粉尘和有害气体,电焊工长期吸入较高浓度的电焊粉尘可引起尘肺病。

(2) 高温、热辐射。机械制造厂的高温和热辐射主要由铸造、锻造和热处理工种产生。铸造车间的熔炉、干燥炉、熔化的金属、热铸件,锻造及热处理车间的加热炉和赤热的金属部件都产生强烈的热辐射,形成高温环境,严重时导致工作人员中暑。

机械零件的正火、退火、渗碳、淬火等热处理工序都是在高温下进行的,车间内各种加热炉、盐浴槽和被加热的工件都是热源。这些热源可造成高温与强热辐射的工作环境。加热炉温度高达 $1200℃$,锻件温度也在 $500\sim800℃$ 。在生产过程中可使工作场所产生高温与强热辐射。

特种机械加工的职业危害因素与加工工具有关:如电火花加工的金属烟尘、激光加工的高温和紫外辐射等;电子束 X 射线和金属烟尘等;离子束加工存在金属烟尘、紫外辐射和高频电磁辐射,如果使用钨电极则还有电离辐射危害;电解加工、液体喷射加工和超声波加工相对危害较小。

(3) 有害气体。熔炼炉和加热炉均可产生一氧化碳和二氧化碳,加料口处的浓度往往较高;用酚醛树脂等作黏结剂时产生甲醛和氨;黄铜熔炼时产生氧化锌烟,引起"铸造热";热处理时可产生有机溶剂蒸气,如苯、甲苯、甲醇等;电镀时可产生铬酸雾、镍酸雾、硫酸雾及氰化氢;电焊时可产生一氧化碳和氮氧化物;喷漆时可产生苯、甲苯、二甲苯蒸气。

在铸造车间中,砂型与砂芯的煤烘干、熔炼、浇注产生高温与热辐射;如果采用煤或煤气作燃料还会产生一氧化碳、二氧化硫和氮氧化物等;如果采用高频感应炉或微波炉加热时则存在高频电磁场和微波辐射。

机械零件的正火、退火、渗碳、淬火等热处理工序要用到种类繁多的辅助材料,如酸、碱、金属盐、硝盐及氰盐等。这些辅料都是具有强烈的腐蚀性和毒性的物质。如氯化钡作加热介质,工艺温度达 $1300℃$ 时,氯化钡大量蒸发,产生氯化钡烟尘污染车间空气;氯化工艺过程中有大量氨气排放于车间空气中;在渗碳、氰化等工艺过程中会使用氰化盐(亚铁氰化钾等);盐浴炉中熔融的硝盐与工件的油污作用产生氮氧化物。此外,热处理过程经常使用甲醇、乙醇、丙烷、丙酮及汽油等有机溶剂。

(4) 噪声和紫外线。机械制造过程中,各种电动机、风机、工业泵和机械运转设备均可产生噪声与振动,使用砂型捣固机、风动工具、各种锻锤、砂轮磨光、铆钉等,均可产生强烈的噪声。

锻压是对坯料施加外力,使坯料产生部分或全部的塑性变形,从而获得锻件的加工方法。噪声是锻压工序中危害最大的职业病危害因素。锻锤(空气锤和压力锤)可产生强烈噪声和振动,一般为脉冲式噪声,其强度达 100dB(A)以上。冲床、剪床也可产生高强度噪声,但其强度一般比锻锤小。

电焊、气焊、亚弧焊及等离子焊接产生的紫外线,如防护不当可引起电光性眼炎。

(5) 重体力劳动和外伤、烫伤。在机械化程度较差的企业,浇铸、落砂、手工锻造都是较繁重的体力劳动,即使使用气锤或水压机,由于需要变换工件的位置和方向,体力劳动强度也很大,同时要在高温下作业,故易引起体温调节和心血管系统的改变。铸造和锻造的外伤及烫伤率较高,多是由于铁水、钢水、铁屑、铁渣飞溅所致;机加工车间发生眼、手指外伤的较多。另外金属切削的过程中使用的冷却液对工人的皮肤也有一定的伤害。

3.6 建筑施工危险辨识

建筑施工危险辨识的方法有系统安全分析法和直接经验法。用系统安全工程评价的方法进行危险源的辨识称为系统安全分析法。施工现场危险辨识主要采用直接经验法,通过对照有关标准、规范、检查表,依靠辨识评价人员的经验和观察分析能力或采用类比的方法,进行危险源的辨识。比如施工现场安全管理人员在安全检查时,根据《建筑施工安全检查标准》(JGJ59—1999)进行对照评分,扣分的地方往往是施工现场存在着危险源的地方,这就是一种直接经验法。

施工现场危险识别的范围,可根据现行的国家标准、行业规范、操作规程、产品使用说明书上的技术要求及以前一些事故案例,结合施工现场的分部分项工程的施工工艺、方法进行识别。危险源的识别要根据各个工程自身的情况和特点,全面地深入、细化。危险源识别越全面,风险控制就越可靠。

3.6.1 建筑施工中主要危险

(1) 高处坠落。由于临边与洞口、攀登与悬空作业、操作平台与交叉作业的安全防护不符合规定,可能会引起如下高空坠落事故:

1) 人员从临边、洞口,包括屋面边、楼板边、阳台边、预留洞口、电梯井口、楼梯口等处坠落;

2) 人员从脚手架上坠落;龙门架(井字架)物料提升机和塔吊在安装、拆除过程中坠落;安装、拆除模板时坠落;

3) 结构和设备吊装时坠落。

(2) 触电。建筑施工工地临时用电比较多,由于配电线路短路保护用熔断器熔电体额定电流大于规定值,导线接头不符合规定,电工无证上岗,电工保护用品,不符合"一机、一闸、一箱、一漏"要求,导线破坏、老化、导线与器具连接松动,导线随意拖地等原因。

(3) 物体打击。在建筑施工中物体打击主要由高空作业时的坠落物造成。人员受到同一垂直作业面的交叉作业中和通道口处坠落物体的打击。物体打击伤害的原因有:

1) 进入施工现场人员不戴安全帽或安全帽不合格;

2) 在建工程外侧未用密目安全网封闭,安全网不符合或无准用证;

3) "四口"(指楼梯口、电梯井口、预留洞口、通道口)防护不符合要求。

(4) 坍塌。施工中发生的坍塌事故主要是:现浇混凝土梁、板的模板支撑失稳倒塌、基坑边坡失稳引起土石方坍塌、拆除工程中的坍塌、施工现场的围墙及在建工程屋面板质量低劣坍落。坍塌事故的原因有:

1) 土方工程中边坡不具备放坡条件,但无支撑或坡度不符合规定;

2) 掏挖或超挖;

3) 坑边1m范围内堆土,坑边堆土高度超过1.5m;

4) 作业人员坑边休息;

5) 雨季施工无排除坑内积水措施;

6) 挖土工人操作间距小于1.5m。

(5) 机械伤害。主要是垂直运输机械设备、吊装设备、各类桩机等对人的伤害。造成机械伤害的原因可能有:提升机、塔吊、平刨、圆锯、手持电动工具、钢筋机械、电焊机、搅拌机、打桩机械、推土机、装载机、挖掘机等的防护设施不齐全;无证使用、操作,违反操作规程进行施工。

(6) 起重伤害。造成起重伤害的原因有:吊装时吊装地点、索具不合理;钢丝绳剐切位置变化;未戴护目镜;卷扬机启动、制动不平稳;构件凸棱部位绑扎未衬垫;卡子未按规定设置;指挥信号不明确;起重机无超高、力矩限位器和吊钩保险装置等。

(7) 火灾爆炸。易燃、易爆及危险品不按严格的规章制度存放、搬运、使用和保管,易发生安全事故。

3.6.2　建筑施工重大危险的分类

建筑施工安全重大危险可分为:文明施工场所重大危险、脚手架施工重大危险、基坑支护重大危险、模板工程重大危险、"四口"防护重大危险、施工用电重大危险、起重机械重大危险七类,其意外危害发生后,造成人员重伤、死亡或重大物质损失。

(1) 文明施工场所重大危险。包括:

1) 工程材料、构件及设备的堆放不符合要求,发生高处坠落、堆放散落等意外;

2) 在建工程发生落物伤人、触电、洞口或临边防护不严伤人等意外;

3) 施工用易燃易爆化学物品临时存放或使用不符合要求、防护不到位,造成火灾或人员中毒意外;

4) 工地饮食不符合卫生要求,造成集体中毒或疾病;

5) 临时建筑(工棚、围墙)失稳,造成坍塌、倒塌意外。

(2) 脚手架施工重大危险。包括:

1) 脚手架(包括落地架、悬挑架、爬架等)搭设与拆除,局部失稳,造成倒塌意外;

2) 卸料平台搭设不符合设计要求,卸料平台支撑系统与脚手架连接,卸料平台荷载超限定值等造成坍塌等意外。

(3) 基坑支护重大危险。包括:

1) 深基坑的施工,因为支护等设施失稳、坍塌,不但造成施工场所破坏,往往引起地面、周边建筑和城市运营重要设施的坍塌、坍落、爆炸与火灾等意外;

2) 基坑开挖、人工挖孔桩等施工降水,造成周边建筑物因地基不均匀沉降而倾斜、开裂、倒塌等意外。

(4) 模板工程重大危险。模板支撑系统失稳,造成坍塌意外。

(5) "四口"防护重大危险。包括:

1) 高度大于 2 m 的作业面(包括高处、洞口、临边作业),因安全防护设施不符合要求或无防护设施、人员未配系安全带等造成人员踏空、滑倒、失稳等意外;

2) 临街施工高层建筑或高度大于 2 m 的临空(街)作业面,因无安全防护设施或安全防护设施不符合安全要求,外脚手架、滑模失稳等造成坠落物体(件)打击人员等意外。

(6) 施工用电重大危险。包括:

1) 施工用电设备的安全防护(如漏电、绝缘、接零接地保护、一机一闸一漏一箱)不符合要求,造成人员触电、局部火灾等意外;

2) 外电线路达不到安全距离时,无防护措施或防护措施不符合要求、封闭不严,造成人员触电等意外。

(7) 起重机械重大危险。包括:

1) 塔吊、施工电梯、物料提升机安装与运行失稳,造成坍塌、倒塌意外;

2) 塔吊、施工电梯、物料提升机无限位、保险装置或限位、保险装置不灵敏,造成机毁人亡等意外；

3）吊运工程材料、构件等发生材料散落、撞击人员等意外。

3.6.3 建筑施工中较大危险工程

（1）基坑（槽）开挖与支护、降水。开挖深度超过 2.5 m（含 2.5 m）的基坑、开挖深度超过 1.2 m（含 1.2 m）的基槽（沟），或基坑开挖深度未超过 2.5 m，基槽开挖深度未超过 1.2 m，但因水文条件或周边环境，需要对基坑（槽）进行支护和降水的基坑（槽）；采用爆破方式开挖的基坑（槽）。

（2）人工挖孔桩，沉井，沉箱，地下暗挖工程。

（3）模板工程。各类工具式模板工程，包括滑模、爬模、大模板等；水平现浇混凝土构件模板支撑系统高度超过 4.5 m，或跨度超过 18 m，施工总荷载大于 10 kN/m，或集中线荷载大于 15 kN/m 的高大模板支撑系统；或支撑在预制构件上，施工荷载大于预制构件设计荷载的模板支撑系统工程；特殊结构模板工程。

（4）起重吊装工程。物料提升设备、塔吊、施工电梯等建筑施工起重设备安装、拆卸工程；各类吊装工程。

（5）脚手架工程。高度超过 24 m 的落地式钢管脚手架、木脚手架；附着式升降脚手架，包括整体提升与分片式提升；悬挑式脚手架；门型脚手架；挂脚手架；吊篮脚手架；卸料平台。

（6）拆除、爆破工程。采用人工、机械拆除或爆破拆除的工程。

（7）其他危险性较大的工程：建筑幕墙（含石材）的安装工程；预应力现场结构张拉工程；隧道工程，围堰工程，架桥工程；电梯、物料提升等特种设备安装；网架、索膜及跨度超过 5 m 的大跨结构安装；2.5 m（含 2.5 m）以上的边坡工程；采用新技术、新工艺、新材料对施工安全有影响的工程。

3.6.4 建筑施工中危险部位

（1）安全网的具体悬挂部位；楼梯口、电梯井口、预留洞口、通道口、尚未安装栏杆的阳台周边、无外架防护的层面周边、框架工程楼层周边、上下跑道及斜道的两侧边、卸料平台侧边的具体位置。

（2）施工专线工程临时用电线路铺设及三级配电（总配电房、二级配电箱和末端开关箱）的设置；可能遭受雷击的设备设施和部位；可能出现地基沉陷的设备设施；可能出现带电、漏电的设备、机具设施和施工作业活动。施工现场及毗邻周边存在的高压线、沟崖、高墙、边坡等地段。

（3）高度大于 2 m 作业面的具体部位；外脚手架需要垂直防护的部位；施工现场及周边的人员通道、入口部位，施工现场人员密集作业场所。

（4）施工现场易燃易爆物品存放部位；施工现场防火防爆的重点部位。

（5）需要采取水平防护措施的井道、脚手架、洞口的部位；进料口、卸料、上料平台的部位；施工现场临时搭设的建筑设施。

（6）在堆放与搬（吊）运等过程中可能发生高空坠落、堆放散落、撞击人员和架体等情况的工程材料、构（配）件设备设施；物料提升设备、塔吊、施工电梯、危险性较大的施工机具。

3.7 危险化学品危险辨识

在化工企业安全评价中，危险辨识非常重要，包括项目的定性、建筑耐火等级的确定、工艺装置类别的确定，消防水量的确定、防爆电气设备的选型、事故后果模拟、企业内部及安监部门的管理等内容。危险辨识是评价工作的主要内容，关系到整个评价工作的成败。

危险辨识可以分为物质的危险性、工艺的危险性和储运的危险性。

3.7.1 物质的危险性辨识

生产中的原料、材料、半成品、中间产品、副产品以及储运中的物质分别以气、液、固态存在，它们在不同的状态下分别具有相对应的物理、化学性质及危险、危害特性，因此，了解并掌握这些物质固有的危险特性是进行危险、危害识别、分析、评价的基础。

危险物品的识别应从其理化性质、稳定性、化学反应活性、燃烧及爆炸特性、毒性及健康危害等方面进行分析与识别。例如甲醇的危险性及辨识如表 3-4 所示。

表 3-4　甲醇危险性及辨识

标　识	中文名:甲醇、木酒精	英文名:Methyl alcohol;Methanol
	分子式:CH_3OH	分子量:32.04　UN 编号:1230
	危规号:32058	RETCS 号:PCI400000　CAS 号:67-56-1
理化性质	性状:无色澄清的液体,有刺激性气味	
	熔点/℃　-97.8	溶解性:溶于水,可混溶于醇、醚等多种有机溶剂
	沸点/℃　64.8	相对密度(水=1)　0.79
	饱和蒸气压/kPa　13.33(21.2℃)	相对密度(空气=1)　1.11
	临界温度/℃　240	燃烧热(kJ/mol)　727.0
	临界压/MPa　7.95	最小引燃能量/mJ　0.215
燃烧爆炸危险性	燃烧性:易燃	燃烧分解产物:CO,CO_2
	闪点/℃　11	聚合危害:不聚合
	爆炸极限(体积分数)/%　5.5~44.0	稳定性:稳定
	自燃温度/℃　385	禁忌物:酸类、酸酐、强氧化剂、碱金属
	危险特性:易燃,其蒸气与空气可形成爆炸性混合物;通明火、高热能引起燃烧爆炸;与氧化剂接触发生化学反应或引起燃烧;其蒸气比空气重,能在较低处扩散到相当远的地方,通明火会引着回燃	
	爆炸性气体的分类、分级、分组 Ⅱ AT₂	
	灭火方法:尽可能将容器从火场移至空旷处;喷水保持火场容器冷却,直至灭火结束	
	灭火剂:抗溶性泡沫、雾状水、干粉、二氧化碳	
毒　性	接触限值:中国 PC-TWA,25 mg/m³;　PC-STEL,50 mg/m³; 　　　　美国 TLV-TWA(ACGI),262 mg/m³(200 ppm); 　　　　TLV-STEL(ACGIH),328 mg/m³(250 ppm)	
对人体的危害	对中枢神经系统有麻醉作用;对视神经和视网膜有特殊选择作用,引起病变; 急性中毒:短时大量吸入,出现轻度眼及上呼吸道刺激症状;经一段时间潜伏期后出现头痛、头晕、乏力、眩晕、酒醉感、意识蒙眬,甚至昏迷;视神经及视网膜病变,可有视物模糊、复视等,重者失明; 慢性影响:神经衰弱综合征,植物神经功能失调,黏膜刺激,视力减退等	
急　救	吸入后脱离现场至新鲜空气处;保持呼吸畅通;呼吸困难时给输氧;呼吸停止时进行人工呼吸;就医;皮肤接触时,脱去被污染的衣着,用肥皂水和清水彻底冲洗皮肤	
防　护	工程控制:严加密闭,加强通风; 个体防护:接触蒸气时,应佩戴防毒面具;紧急事态抢救或逃生时,建议佩戴正压自给式呼吸器;穿防静电工作服;戴橡胶手套;戴化学安全防护眼镜; 其他:工作现场禁止吸烟、进食和饮水;工作后,淋浴更衣	
泄漏处理	人员迅速撤离污染区至上风处,并隔离至气体散尽,切断火源。建议应急处理人员戴自给式呼吸器,穿一般消防服	
储　运	储存于阴凉、通风仓库内,室内温度小于30℃;远离火种、热源,防日光直射;与氧化剂分开存放;储存间内的照明、通风等设施应采用防爆型;禁止用易产生火花的机械设备和工具;灌装时注意流速,且有接地装置	

危险物品的物质特性可从危险化学品安全技术说明书中获取。危险化学品安全技术说明书主要由成分/组成信息、危险性概述、理化特性、毒理学资料、稳定性和反应活性等 16 项内容构成。

进行危险物品的危险、有害性识别与分析时,危险物质分为以下 10 类。

(1) 易燃、易爆物质。引燃、引爆后在短时间内释放出大量能量的物质,由于其具有迅速地释放能量的能力而产生危害,或者是因其爆炸或燃烧而产生的物质造成危害(如有机溶剂)。

(2) 有害物质。人体通过皮肤接触或吸入、咽下后,对健康产生危害的物质。

(3) 刺激性物质。对皮肤或呼吸道有不良影响(如丙烯酸酯)的物质。有些人对刺激性物质反应强烈,且可引起过敏反应。

(4) 腐蚀性物质。用化学的方式伤害人身或材料的物质(如强酸、碱)。腐蚀性物质的危险、有害性包括两个方面:一是对人的化学灼伤,如腐蚀性物质作用于皮肤、眼睛或进入呼吸系统、食道而引起表皮组织破坏,甚至死亡;二是腐蚀性物质作用于物质表面如设备、管道、容器等而造成腐蚀、损坏。

腐蚀性物质可分为无机酸、有机酸、无机碱、有机碱、其他有机和无机腐蚀物质 5 类。腐蚀的种类则包括电化学腐蚀和化学腐蚀两大类。

腐蚀的危险与有害性主要包括以下 4 类:

1) 腐蚀造成管道、容器、设备、连接部件等损坏,轻则造成跑、冒、滴、漏,易燃易爆及毒性物质缓慢泄漏,重则由于设备强度降低发生裂破,造成易燃易爆及毒性物质大量泄漏,导致火灾爆炸或急性中毒事故的发生。

2) 腐蚀使电气仪表受损,动作失灵,使绝缘损坏,造成短路,产生电火花导致事故发生。

3) 腐蚀性介质对厂房建筑、基础、构架等会造成损坏,严重时可发生厂房倒塌事故。

4) 当腐蚀发生在内部表面时,肉眼不能发现,会形成更大的隐患。例如石油化工设备,由于测厚漏项而造成设备或管道破裂导致火灾、爆炸事故的发生。

(5) 有毒物质。以不同形式干扰、妨碍人体正常功能的物质。它们可能加重器官(如肝脏、肾)的负担,如氯化物溶剂及重金属(如铅)。

1) 毒物。毒物是指以较小剂量作用于生物体,能使生物体的生理功能或机体正常结构发生暂时性或永久性病理改变、甚至死亡的物质。毒性物质的毒性与物质的溶解度、挥发性和化学结构等有关。一般而言,溶解度越大其毒性越大,因其进入体内溶于体液、血液、淋巴液、脂肪及类脂质的数量多、浓度大,生化反应强烈;挥发性强的毒物,挥发到空气中的分子数多,浓度高,与身体表面接触或进入人体的毒物数量多,毒性大;物质分子结构与其毒性也存在一定关系,如脂肪族烃系列中碳原子数越多,毒性越大;含有不饱和键的化合物化学流行性(毒性)较大。

2) 工业毒物。工业毒物按化学性质分类,是在物质危险识别过程中经常采用的分类方法。工业毒物的基本特性可以查阅相应的危险化学品安全技术说明书。

工业毒物的危害程度在《职业性接触毒物危害程度分级》(GB5044—1985)中分为:Ⅰ级—极度危害;Ⅱ级—高度危害;Ⅲ级—中度危害;Ⅳ级—轻度危害。

列入我国国家标准中的常见毒物有 56 种,Ⅳ级 5 种。其中Ⅰ级 13 种,Ⅱ级 26 种,Ⅲ级 12 种。

工业毒物危害程度分级标准是以急性毒性、急性中毒发病情况、慢性中毒患病情况、慢性中毒后果、致癌性和最高容许浓度 6 项指标为基础的定级标准。

3) 335 种剧毒化学品。国家安全生产监督管理局、公安部、国家环境保护总局、卫生部、国家质量监督检验检疫总局、铁道部、交通部、中国民用航空总局于 2003 年 6 月 24 日联合公告了

［2003］第 2 号《剧毒化学品目录》(2002 年版)，共收录了 335 种剧毒化学品。

(6) 致癌、致突变及致畸物质。阻碍人体细胞的正常发育生长，致癌物造成或促使不良细胞(如癌细胞)的发育，造成非正常胎儿的生长，产生死婴或先天缺陷；致突变物质干扰细胞发育，造成后代的变化。

(7) 造成缺氧的物质。蒸气或其他气体，造成空气中氧气成分的减少或者阻碍人体有效地吸收氧气(如二氧化碳、一氧化碳及氰化氢)。

(8) 麻醉物质。如有机溶剂等，麻醉作用使脑功能下降。

(9) 氧化剂。在与其他物质，尤其是易燃物接触时导致放热反应的物质。

GB13690—1992《常见危险化学品的分类及标志》将 145 种常用的危险化学品分为爆炸品、压缩气体和液化气体、易燃液体、易燃固体(含自燃物品)和遇湿易燃物品、氧化剂和有机过氧化物、有毒品、放射性物品、腐蚀品 8 类。

(10) 生产性粉尘。主要在开采、破碎、粉碎、筛分、包装、配料、混合、搅拌、散粉装卸及输送除尘等生产过程中产生的粉尘。

生产性粉尘危险、有害因素识别包括以下内容：

1) 根据工艺、设备、物料、操作条件，分析可能产生的粉尘种类和部位。

2) 用已经投产的同类生产厂、作业岗位的检测数据或模拟实验测试数据进行类比识别。

3) 分析粉尘产生的原因、粉尘扩散传播的途径、作业时间、粉尘特性，确定其危害方式和危害范围。

4) 爆炸性粉尘属生产性粉尘，其危险性主要表现为：

① 与气体爆炸相比，其燃烧速度和爆炸压力均较低，但因其燃烧时间长、产生能量大，所以破坏力和损害程度大；

② 爆炸时粒子一边燃烧一边飞散，可使可燃物局部严重炭化，造成人员严重烧伤；

③ 最初的局部爆炸发生之后，会扬起周围的粉尘，继而引起二次爆炸、三次爆炸，扩大伤害；

④ 与气体爆炸相比，易于造成不完全燃烧，从而使人发生一氧化碳中毒。

5) 爆炸性粉尘形成的必要条件。可用下述 4 个条件来辨识是否为爆炸性粉尘。

① 粉尘的化学组成和性质；

② 粉尘的粒度和粒度分布；

③ 粉尘的形状与表面状态；

④ 粉尘中的水分。

辨识时应注意固体可燃物及某些常态下不燃的物质(如金属、矿物等)经粉碎达到一定程度成为高屑分散物系，具有极高的比表面自由焓，此时表现出不同于常态的化学活性。

6) 爆炸性粉尘爆炸的条件。包括：

① 可燃性和微粉状态；

② 在空气中(或助燃气体)搅拌；

③ 达到爆炸极限；

④ 存在点火源。

3.7.2　工艺过程危险辨识

危险化学品企业典型的化学反应几乎都有火灾、爆炸性，且在反应过程中掺杂很多副反应，一旦反应条件超过允许的范围，就有可能发生意外事故。

(1) 对安全现状评价时，针对行业和专业的特点及行业和专业制定的安全标准、规程进行危险、有害因素分析、识别。

1）一般工艺过程辨识。包括：

① 有能使危险物的良好防护状态遭到破坏或者损害的工艺；

② 工艺过程参数（如反应的温度、压力、浓度、流量等）难以严格控制并可能引发事故的工艺；

③ 工艺过程参数与环境参数具有很大差异，系统内部或者系统与环境之间在能量的控制方面处于严重不平衡状态的工艺；

④ 一旦脱离防护状态后的危险物会引起或极易引起大量积聚的工艺和生产环境。例如含危险气、液的排放，尘、毒严重的车间内通风不良等；

⑤ 有产生电气火花、静电危险性或其他明火作业的工艺，或有炽热物、高温熔融物的危险工艺或生产环境；

⑥ 能使设备可靠性降低的工艺过程，例如有低温、高温、振动和循环负荷疲劳影响等；

⑦ 存在由于工艺布置不合理较易引发事故的工艺；

⑧ 在危险物生产过程中有强烈机械作用影响（如摩擦、冲击、压缩等）的工艺；

⑨ 容易产生物质混合危险的工艺或者使危险物出现配伍禁忌可能性的工艺；

⑩ 其他危险工艺。

2）特殊工艺过程辨识。包括：

① 存在不稳定物质的工艺过程，这些不稳定物质有原料、中间产物、副产品、添加物或杂质等；

② 含有易燃物料而且在高温、高压下运行的工艺过程；

③ 含有易燃物料且在冷冻状况下运行的工艺过程；

④ 在爆炸极限范围内或接近爆炸性混合物的工艺过程；

⑤ 有可能形成尘、雾爆炸性混合物的工艺过程；

⑥ 有剧毒、高毒物料存在的工艺过程；

⑦ 储有压力能量较大的工艺过程。

（2）典型的单元过程（单元操作）进行危险、有害因素的辨识。典型的单元过程是各行业中具有典型特点的基本过程或基本单元，如化工生产过程的氧化还原、硝化、电解、聚合、催化、裂化、氯化、磺化、重氮化、烷基化等；石油化工生产过程的催化裂化、加氢裂化、加氢精制乙烯、氯乙烯、丙烯腈、聚氯乙烯等。

这些单元过程的危险、有害因素已经归纳总结在许多手册、规范、规程和规定中，通过查阅均能得到。这类方法可以使危险、有害因素的识别比较系统，避免遗漏。

单元操作过程中的危险性是由所处理物料的危险性决定的。当处理易燃气体物料时要防止爆炸性混合物的形成。特别是负压状态下的操作，要防止混入空气而形成爆炸性混合物；当处理易燃固体或可燃固体物料时，要防止形成爆炸性粉尘混合物；当处理含有不稳定物质的物料时，要防止不稳定物质的积聚或浓缩。

下列单元操作有使不稳定物质积聚或浓缩的可能：蒸馏、过滤、蒸发、分筛、萃取、结晶、再循环、旋转、回流、凝结、搅拌、升温等。举例如下：

1）不稳定物质减压蒸馏时，若温度超过某一极限值，有可能发生分解爆炸。

2）粉末筛分时容易产生静电，而干燥的不稳定物质筛分时，细微粉尘飞扬，可能在某些部位积聚而易发生危险事故。

3）反应物料循环使用时，可能造成不稳定物质的积聚而使危险性增大。

4) 反应液静置过程中,以不稳定物质为主的相,可能分离在上层或下层。不分层时,所含不稳定的物质也有可能在某些部位相对集中。在搅拌含有有机过氧化物等不稳定物质的反应混合物时,如果搅拌停止而处于静置状态,那么所含不稳定物质的溶液就附在壁上,若溶液蒸发,不稳定物质被浓缩,往往会成为自燃的火源。

5) 在大型设备中进行反应,如果含有回流操作时,危险物品有可能在回流操作中被浓缩。

6) 在不稳定物质的合成过程中,搅拌是重要因素。在采用间歇式的反应操作中,化学反应速度很快,在大多数情况下,加料速度与设备的冷却能力是相适应的,这时反应是一种扩散控制,应使加入的原料立刻反应掉。如果搅拌能力差,反应速度慢,加进的原料过剩,造成未反应的部分积蓄在反应系统中,若再强力搅拌,所积存的物料一齐反应,使体系的温度急剧上升而造成反应无法控制,导致事故的发生。

7) 若使含不稳定物质的物料升温,有可能引起突发性放热爆炸。如果在低温下将两种能发生放热反应的液体混合,然后再升温引发反应是很危险的。

3.7.3　危险化学品储运危险辨识

原料、半成品及成品的储存和运输是企业生产不可缺少的环节。储存的物质中,有不少是危险化学品,一旦发生事故,必然造成重大的经济损失。危险化学品包括爆炸品、压缩气体、液化气体、易燃液体、易燃固体、自燃物品、遇湿易燃物品、氧化剂、有机过氧化物、有毒品及腐蚀品等。

危险化学品储运过程中的危险、有害因素辨识应从以下几方面进行。

(1) 易燃易爆品的储运。爆炸品储运危险因素应从单个仓库中最大允许储存量的要求,分类存放的要求,装卸作业是否具备安全条件,铁路、公路和水上运输是否具备安全条件,爆炸品储运作业人员是否具备相应的资质、知识等方面进行辨识。

整装易燃液体的储存危险性应从易燃液体的储存状况、技术条件,易燃液体储罐区、堆垛的防火要求等方面进行辨识;其运输危险性应从装卸作业,公路、铁路和水路运输过程进行辨识。

散装易燃液体储存危险性应从防泄漏、防流散、防静电、防雷击、防腐蚀、装卸操作和管理等方面进行辨识。

(2) 毒害品的储运。毒害品的储存危险性应从储存技术条件和库房两方面进行识别。储存技术条件方面着重辨识是否针对毒害品具有的危险特性,如易燃性、腐蚀性、挥发性、遇湿反应性等采取了相应的措施;是否采取了分离储存、隔开储存和隔离储存的措施;是否存在毒害品包装及封口方面的泄漏危险;是否存在储存温度、湿度方面的危险;另外还有操作人员作业中失误的危险以及作业环境空气中有毒物品浓度方面的危险。库房方面着重辨识其防火间距、耐火等级、防爆措施等方面的危险因素,以及潮湿、腐蚀和疏散的危险因素;占地面积与火灾危险等级要求方面的危险因素也在着重识别之列。

毒害品运输方面的危险因素应主要从毒害品配装原则方面的危险因素、毒害品公路运输方面的危险因素、毒害品铁路运输方面的危险因素(如溜放危险、连挂时速度的危险、编组中的危险等)、毒害品水路运输方面的危险因素(如装载位置方面的危险、容器封口的危险、易燃毒害品的火灾危险等)等方面进行辨识。

3.8　矿山危险、有害因素辨识

矿山企业工作环境恶劣,工作地点多变,生产环节多,生产过程复杂,结合矿山行业生产实践中最常见的事故类别、伤害方式、事故概率统计等相关资料,遵循科学性、系统性、全面性的危险、有害因素辨识原则,采用矿山行业常见事故类比推断法对其进行危险、有害因素的辨识。

3.8.1 顶板事故

在采煤生产活动中,冒顶片帮是最常见的煤矿安全事故之一。矿山井下采掘生产作业破坏了原岩的初始平衡状态,导致岩体内局部应力集中。当重新分布的应力超过岩体或其构造的强度时,将会发生岩体失稳。据统计,冒顶片帮事故所占的比例达60%以上,伤亡人数占40%左右(大多数为局部冒顶及浮石引起的),而大片冒落及片帮事故相对较少,因此,对局部冒落及浮石的预防,必须给予足够的重视。

引发片帮、冒顶事故的主要原因如下:

(1)采煤方法不合理或顶板管理不善;

(2)缺乏有效支护;

(3)检查不周或疏忽大意;

(4)浮石处理操作不当;

(5)地质自然条件不好;

(6)地压活动。

3.8.2 瓦斯事故

矿井瓦斯是煤矿生产过程中,从煤、岩内涌出的各种气体的总称。矿井瓦斯具有燃烧性、爆炸性。瓦斯与空气混合达到一定浓度后,遇火能燃烧或爆炸,对矿井威胁很大。矿井瓦斯危害的主要形式有瓦斯窒息、瓦斯燃烧、瓦斯爆炸。

(1)瓦斯窒息。矿井瓦斯涌出量较大,但通风系统管理不完善;正在整修的巷道发生风流反向,采空区高浓度瓦斯涌入巷道;工作人员误入未及时封闭的巷道;或由于停风导致瓦斯积聚而未采取措施撤出人员等情况,都可能导致瓦斯窒息事故的发生。

(2)瓦斯燃烧。煤层瓦斯含量高,生产过程瓦斯涌出量大,如果通风量不能将瓦斯及时稀释带走,将在局部地点形成高浓度瓦斯积聚,一旦靠近火源可能发生瓦斯燃烧,并可能酿成火灾,或引起瓦斯煤尘爆炸等一系列灾难性事故。

容易发生瓦斯燃烧的情况主要有:

1)煤层瓦斯没有采取增加煤层透气性的技术措施。

2)煤巷掘进工作面,掏槽爆落的煤堆仍在释放瓦斯,其表面形成一层高浓度瓦斯区,由于电火花或放炮残药火花引起瓦斯燃烧。

3)采煤工作面因局部瓦斯积聚,如上隅角等地点,因放炮火焰、摩擦火花、电气火花等引起瓦斯燃烧。

(3)瓦斯爆炸。瓦斯爆炸发生的条件是瓦斯浓度达到爆炸界限(5%~16%),出现引爆火源和足够的氧气(氧气浓度12%以上)。井下的明火、爆炸火焰、电气火花、静电火花、摩擦火花等都可能成为引爆火源,而在煤矿生产过程中是难以杜绝这些火花产生的。因此,在井下瓦斯超限和局部瓦斯的积聚达到爆炸界限时,接近火源都有可能发生瓦斯爆炸,甚至导致瓦斯煤尘爆炸。

3.8.3 矿井水害

在矿井建设和生产过程中,各种类型的地下水(包括由地面经过岩层裂隙和透水岩层)进入采掘工作面的过程称为矿井涌水。由于井下开采,势必会破坏其地下水系统的原有平衡状态,导

致煤矿井巷的涌水。当矿井涌水超过正常排水能力时,就会发生水灾。造成矿井水灾危害的主要原因有:

(1) 采掘过程中没有探水或探水工艺不合理;

(2) 采掘过程中突然遇到含水的地质构造;

(3) 爆破时揭露水体;

(4) 钻孔时揭露水体;

(5) 地压活动揭露水体;

(6) 排水设施、设备设计、施工不合理;

(7) 采掘过程开采防水煤柱、含水断层煤柱;

(8) 没有及时发现突水征兆;

(9) 发现突水征兆没有及时探水或采取防水措施;

(10) 发现突水征兆后采取了不合适的探水、防水措施;

(11) 采掘过程没有采取合理的疏水、导水措施,使采空区、废弃巷道积水;

(12) 地面水体和采掘巷道工作面的意外连通;

(13) 降雨量突然加大,地面防水措施不到位,发生淹井事故。

如果以上这些危险、有害因素存在,就有可能造成矿井水灾,造成人员和财产的损失。

3.8.4　矿井火灾

矿山火灾按发生地点,可分为地面火灾和井下火灾。地面火灾是指矿井工业广场内的厂房、仓库、储煤场、矸石场等发生的火灾。井下火灾除发生在井下的火灾外,还包括发生在地面井口附近、但其火焰或烟雾能蔓延到井下的地面火灾。地面火灾如不及时扑灭,可能蔓延到井下,或它产生的烟气随同风流进入井下,造成井下火灾或威胁井下安全。

火灾危害的主要原因包括外因和内因。

(1) 火灾产生的外因。包括:

1) 存在明火。井下工作人员吸烟,带火种(如火柴、打火机、电焊、氧焊、喷灯焊等)下井,使用电炉、灯泡取暖等违章作业。

2) 出现明火。主要是由于电气设备性能不良、管理不善,如电钻、电动机、变压器开关、插销、接线三通、电铃、打点器、电缆等出现损坏、过负荷、短路等,引起电火花,继而引燃可燃物。

3) 有炮火。由于不按放炮规定和放炮说明书放炮,如放明炮、糊炮、动力电源放炮、不装水炮泥、倒掉药卷中的消烟粉、炮眼深度不够等都会出现炮火,导致引燃可燃物而起火。

4) 瓦斯、煤尘爆炸引起火灾。

5) 机械摩擦及物体碰撞产生火花引燃可燃物,进而引起火灾,如常见的皮带与托轮或滚筒间的摩擦生热,采煤机截割夹石或顶板产生火花,以及运输机被阻塞制动而摩擦起火等。

6) 地面火引入井下引起的火灾。

(2) 火灾产生的内因。包括:

1) 有易自燃的煤炭存在。

2) 有含氧量较高的空气流过。

3) 风速适当,煤氧化生成的热量能不断积聚。

上面的三个必备条件同时存在且保持一定时间,才会发生火灾。另外,采空区管理不善,浮煤多、温度高;煤壁裸露时间长,没有及时封闭等,也是发生自燃的外部因素。

井下一旦发生火灾,会产生瓦斯爆炸、煤尘爆炸等严重后果及大量的一氧化碳气体,导致井下人员中毒窒息。

3.8.5 矿尘危害

矿尘是矿井生产建设中产生的细小矿物尘粒的统称,主要有煤尘、岩尘等。按成因可分为原生矿尘和次生矿尘。前者是煤岩层受地质构造运动或矿山压力的作用而产生的,与地质构造的复杂程度密切相关;后者是在生产建设过程中,因破碎、震动、冲击或煤岩摩擦而产生。随着矿井生产机械化程度的提高,矿尘的生成量和分散度都将显著增加,其危害也就更为严重。因此矿尘也是煤矿生产中的主要危险、有害因素。

矿尘危害产生的主要原因有:

(1) 矿山生产过程中的各个环节,如凿岩、爆破、装运、破碎等,都会产生大量的矿尘(煤尘),从而导致煤尘爆炸。

(2) 凿岩工作中如不采取湿式凿岩,将产生大量的岩尘,而且由于凿岩工作地点分散、时间长、细尘多,它是井下主要的产尘点,据统计,采掘作业过程中的产尘量约占80%。

(3) 爆破工作产生大量岩尘,并伴有大量的炮烟,若无有效的洒水降尘、煤层注水及通风排尘措施,将引起煤尘爆炸重大事故发生。

(4) 岩石及煤的装运过程也是产尘的主要原因之一。

(5) 煤炭地面加工运输过程中,产生大量的煤尘。

3.8.6 矿山危险因素分布

据国家有关统计资料表明,煤炭企业存在的主要危险、有害因素有:水、火、瓦斯、冒顶等23项之多,由于煤炭生产企业自身的特点,其危险、有害因素带有普遍性。矿山主要危险、有害因素及存在场所见表3-5。

表 3-5　矿山主要危险、有害因素及存在场所

序号	危险、有害因素	存 在 场 所	备 注
1	冒顶、地压灾害	采煤工作面、掘进工作面及井下巷道	
2	瓦斯危害	采掘工作面、回风巷道、硐室	
3	矿井水灾	采掘工作面、钻孔附近、井底车场、巷道、地面工业广场、地面露天坑	全矿井
4	矿井火灾	地面厂房、仓库、储煤场、井下采掘工作面、采空区、巷道、硐室等	全矿井
5	矿尘、煤尘危害	井下所有产尘点(采掘工作面、装运点)	以采掘工作面为主
6	爆破危害	地面火药库、采掘工作面	以采掘工作面为主
7	电危害	采掘工作面、机电硐室、地面变配电及用电场所	全矿井
8	机械伤害	采掘工作面、运输巷道、提升井筒、地面生产系统	全矿井
9	高处坠落危害	井筒、溜煤眼、煤仓、斜巷、地面建筑物	
10	锅炉、压力容器爆炸危害	地面锅炉房、空气压缩机房	
11	工业场地及地面建(构)筑物危害	地面生产系统、地面建(构)筑物	
12	自然危险有害因素		

序号	危险、有害因素	存在场所	备注
	(1)雷电危害	矿山的较高建筑物、油库、变电所、通信设施等部位	
	(2)冰冻危害	矿井进风井口、地面建筑物、露天坑、地面水池及地面各种管线	
	(3)高原危害	全矿区	
	(4)大风危害	全矿区	以供电线路为主
	(5)地震危害	地面建筑物	
13	职业卫生危害		
	(1)噪声危害	锅炉房、空压机房、提升机房、水泵房、采掘工作面	
	(2)粉尘危害	井下所有产尘点、地面生产系统	
	(3)其他有毒、有害气体	盲巷盲井、采空区、通风不良的巷道、回风巷、硐室	
14	其他危险、有害因素		
	(1)中毒窒息	盲巷、盲井、采空区、回风巷、工作面、硐室	以通风不良的巷道为主
	(2)物体打击	井筒、井下轨道下山	
	(3)淹溺危害	井下水仓、车场、地面水池(井)、地面露天坑	

3.9　烟花爆竹行业危险辨识

　　烟花爆竹危险物质包括生产需要的化工材料、中间品、成品。由于烟花爆竹各类化工材料及烟火药固有的危险性,致使燃烧爆炸的危险、有害因素遍及烟花爆竹整个生产系统内,如果系统内存在重大安全缺陷,在某种意外能量的激发下,这些危险源有可能发展成为重大燃烧爆炸事故的隐患,即构成烟花爆竹重大危险源。

　　辨识烟花爆竹危险因素,不仅是烟花爆竹安全系统工程的一个基本构件,也是烟花爆竹科研、生产与储运企业开展安全评价的一个核心内容。

　　烟花爆竹安全评价,是应用安全系统工程的原理和方法,对系统中存在的危险、有害因素进行辨识与评估,判断系统发生事故和职业危害的可能性,并把这种可能性具体化为一个数量指标,计算出事故发生的概率及其严重程度,从而制定科学的安全防范对策与措施,避免危险事故和职业危害发生,实现烟花爆竹系统工程的本质化安全。

　　因此,烟花爆竹危险辨识,不仅能起到预测、预防烟花爆竹事故的重要作用,更对烟花爆竹行业安全评价、编制烟花爆竹应急预案工作具有十分重要的现实指导意义。

3.9.1　烟花爆竹危险辨识技术指标

　　(1)确认烟花爆竹危险物质的种类与数量。以烟花爆竹某一危险系统作为一个评价单元,考察单元内存在哪些易燃易爆、有毒有害的危险物质,确认其存放数量是否在临界量以上。

　　1)单元内存在危险物质的数量等于或超过 GB18218—2000《重大危险源辨识》标准中规定的临界量,即被定为重大危险源。如氯酸钾的临界量生产场所为 2 t、储存区为 20 t。

　　2)单元内存在的危险物质为多品种时,则按下式计算:

$$\frac{q_1}{Q_1}+\frac{q_2}{Q_2}+\cdots+\frac{q_n}{Q_n}\geq 1$$

式中 $q_1, q_2, \cdots, q_n$——每种危险物质实际存在量,t;

$Q_1, Q_2, \cdots, Q_n$——与各危险物质相对应的生产场所或储存区的临界量,t。

通过计算,如计算结果等于或大于1,则定为重大危险源。

(2)查找烟花爆竹系统单元的不安全缺陷。根据已确认的烟花爆竹危险物质种类与数量,针对该危险单元的复杂程度,将其中的危险因素划分成三个子单元进行辨识和确认。

1)人的不安全行为和综合安全管理水平;

2)物的不安全状态,包括危险物质和危险工艺设备设施;

3)环境的不安全条件,包括作业环境与外部环境的不安全条件。

(3)评估烟花爆竹事故发生后的严重程度。针对烟花爆竹危险物质的不同特性选择不同的辨识方法,进行定性分析与定量评估,估算出一旦危险物质发生燃烧爆炸事故可能造成的人员伤亡和财产损失数量,如果伤亡和损失达到"重大"事故后果的危险等级,则确认为烟花爆竹重大危险源。

3.9.2 烟花爆竹危险辨识途径

3.9.2.1 烟花爆竹固有危险性辨识

烟花爆竹固有危险是指烟花爆竹生产储存过程的必要条件或客观要求所衍生出来的危险性,它主要来自于烟花爆竹危险物料的危险、有害因素。

(1)烟花爆竹危险物料种类。烟花爆竹危险物料包括黑火药、烟火药、氧化剂、可燃物、着色剂、特殊效应物质、含氯有机物、易燃溶剂、引火线、成品半成品及生产过程产生的余药余料等。

(2)烟花爆竹危险物料属性辨识。烟花爆竹危险物料辨识应从这些物料的理化性质、稳定性、反应活性、燃烧与爆炸特性、毒害性及健康危害等方面进行分析和辨识,通过辨析明确下列内容:

1)哪些是剧毒物质及暴露极限值;

2)哪些是慢性有毒物质、致癌物质及暴露极限值;

3)哪些是易燃物质;

4)哪些是可燃物质;

5)哪些是自燃物质。

(3)烟花爆竹危险物料可导致的危险性。包括:

1)急性中毒;

2)火灾;

3)爆炸;

4)化学性灼伤及腐蚀。

3.9.2.2 烟花爆竹生产过程危险性辨识

(1)工厂设计危险性辨识。包括:

1)工厂选址包括厂址的水文地质、地形地貌、公用工程、气象条件、周围环境、交通条件、自然灾害、消防支持等方面的分析、辨识。

2)总平面布置从工厂布局设计是否遵循 GB50161—1992 及相关技术标准的具体规定进行分析、辨识。

3)道路及运输从运输、装卸、通道、疏散、人流、物流、交叉运输等方面进行分析、辨识。

4)建(构)筑物。从厂房或库房的火灾危险性分类、耐火等级、建筑结构、占地面积、防火间距、安全疏散等方面进行分析、辨识。

（2）工艺技术危险性辨识。包括：

1）混合药料危险工艺。包括烟火剂、爆炸剂的配制危险辨识以及出现配料禁忌可能性的危险工艺辨识。

2）敏感度高的危险工艺。包括含氯酸盐药剂的注药、压药、装药、亮珠晾晒以及引火线制作与裁切等对摩擦、撞击、静电特别敏感的生产工艺的辨识。

3）一般性危险操作工艺。包括结鞭、组装、包装、成品晾晒等一般性危险工艺技术辨识。

（3）工艺设备装置危险性辨识。包括：

1）从工艺设备本身是否满足烟花爆竹生产工艺安全要求方面进行辨识。

2）从工艺设备是否具备相应的安全附件或安全防护装置方面进行辨识。

3）从工艺设备是否具备故障报警等指示性的安全技术措施方面进行辨识。

4）从电气设备与压力容器装置的防火防爆、防雷防静电等方面进行辨识。

（4）粉尘作业环境危害性辨识。包括：

1）粉尘性尘肺病。烟火药剂的混合配制、封口剂的配制使用以及原辅材料的粉碎过程都会产生的大量粉尘，如果长时间吸入，可导致无法治愈的尘肺病。

2）当混合后的药物粉尘在空气中达到一定浓度时，遇火源会发生后果严重的粉尘爆炸。

3.9.2.3　烟花爆竹储运过程危险性辨识

（1）烟花爆竹储运过程危险特性。烟花爆竹危险品储运过程包括各种化工原材料、半成品及成品的储存和运输，这些危险品储运过程中的危险特性表现如下：

1）敏感易爆性。易爆性是烟花爆竹固有的特性，起爆能越小则敏感度越高，爆炸性也就越大。

2）遇热危险性。危险品遇热达到一定的温度即可自行着火爆炸。

3）遇热易燃性。合金类危险制品及混合药料遇湿反应剧烈，放出大量的热，致使燃烧爆炸。

4）机械作用危险性。危险品受到撞击、摩擦等机械作用时就会爆炸。

5）静电火花危险性。危险品是电的不良导体，储运过程中易产生静电，一旦发生静电放电会引起危险品爆炸。

6）火灾危险性。危险品爆炸时可形成数千摄氏度的高温，会造成重大火灾。

7）毒害性。危险品燃烧爆炸后会产生 CO、CO_2、NO、NO_2、HCN、N_2 等有毒或窒息性气体，从而引起人体中毒、窒息。

（2）烟花爆竹危险品储运过程危险因素辨识：

1）从单个危险品仓库中最大允许存量的要求进行辨识；

2）从危险品分类存放的安全要求方面进行辨识；

3）从危险品储存的物质条件与技术条件的可靠性进行辨识；

4）从危险品装卸作业是否具备安全条件的要求去辨识；

5）从危险品厂内、厂外运输的安全条件是否具备去辨识；

6）从危险品储存运输作业人员是否具备资质与知识进行辨识。

3.9.3　烟花爆竹危险区域分布

根据 GB18218—2000《重大危险源辨识》关于重大危险源分类的方法，烟花爆竹重大危险区域、场所或设备可分为 5 类，即具有易燃易爆、有毒有害的储存区；具有易燃易爆和中毒危险的生产场所；具有燃烧爆炸危险的燃放试验场和销毁场；具有爆炸危险的锅炉与压力装置；生产企业危险性建（构）筑物。其分布区域如图 3-2 所示。

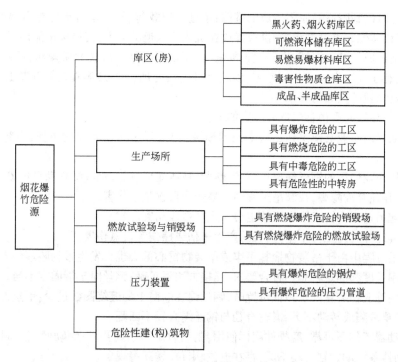

图 3-2　烟花爆竹重大危险区域分区

3.10　特种设备的危险辨识

特种设备是指涉及生命安全或危险性较大的锅炉、压力容器(含气瓶)、压力管道、起重机械等。

特种设备的设计、生产、安装、使用应具有相应的资质或许可证,应按相应的规程标准进行辨识。如《蒸汽锅炉安全技术监察规程》《热水锅炉安全技术监察规定》《起重机械安全规程》以及《特种设备质量监督与安全监察规程》等。

3.10.1　锅炉、压力容器、压力管道危险辨识

锅炉、压力容器、压力管道的危险、有害因素主要是由于安全防护装置失效、承压元件失效或密封元件失效,使其内部具有一定温度和压力的工作介质失控,从而导致事故的发生。常见的锅炉、压力容器、压力管道失效主要有泄漏和破裂爆炸。所谓泄漏,是指工作介质从承压元件内向外漏出或其他物质由外部进入承压元件内部的现象。如果漏出的物质是易燃、易爆、有毒、有害物质,不仅可以造成热(冷)伤害,还可能引发火灾、爆炸、中毒、腐蚀或环境污染。引起泄漏的主要原因有设备存在缺陷、腐蚀、垫片老化、法兰变形等。所谓破裂爆炸,是指承压元件出现裂缝、开裂或破碎的现象。承压元件最常见的破裂形式有韧性破裂、脆性破裂、疲劳破裂、腐蚀破裂和蠕变破裂等。

3.10.2　起重机械危险辨识

起重机械是以间歇、重复的工作方式,通过起重吊钩或其他吊具起升、下降或升降与运移物料的机械设备。它已成为现代工业生产不可缺少的设备,被广泛应用于各种物料的起重、运输、装卸、安装和人员输送等作业。起重机械的主要危险、有害因素有:由于基础不牢、超工作能力范

围运行和运行时碰到障碍等原因造成的翻倒;超过工作载荷、超过运行半径等引起的超载;与建筑物、电缆线或其他起重机械相撞;设备置放在坑或下水道的上方,支撑架未能伸展,未能支撑于牢固的地面上造成的基础损坏;由于视野限制、技能培训不足等造成的误操作;负载从吊轨或吊索上脱落;还有在金属浇包、铸型、型芯、砂箱、铸件、热处理(四火)等在起重运输过程中对人体的碰撞、砸击、飞溅烫伤等伤害。

一般来说,导致起重伤害的危险因素如下:

(1) 长期起吊作业会使吊钩出现裂纹或断裂,如果对吊钩没有及时更换,很容易产生起吊伤害。

(2) 起吊作业使用的钢丝绳出现疲劳、断股、挤压变形、插头钢丝绳松动等现象,日常检查检测又不到位,存在事故隐患,在起吊过程中容易造成重物坠落伤害。

(3) 在起吊过程中由于小车脱落也会对人员造成伤害。

(4) 吊具卸件时与工件不垂直,容易产生压伤或擦伤等机械伤害。

(5) 起吊过程中由于吊装物捆扎不牢或吊装物重心偏心也会发生重物坠落伤人事件。

(6) 使用长度和固定状态不符合要求,连接方法不正确;钢丝绳末端固定不当。

(7) 吊钩等取物装置处于最低位置时,钢丝绳在卷筒上的缠绕圈数过少;钢丝绳润滑状况不好;滑轮与护罩缺陷或转动不灵;滑轮直径与钢丝绳直径不匹配。

(8) 制动器工作不可靠,磨损件超标使用,制动力矩达不到要求;制动闸瓦与制动轮各处间隙不等;制动器各活动销轴转动不灵,存在退位、卡位、锈死等现象。

(9) 各类行程限位、限量开关与联锁保护装置存在缺陷;紧停开关、缓冲器、终端止挡器等停车保护装置及超负荷限制器、防冲撞装置等使用无效。

(10) 各类防护罩、盖、栏、护板等不符合要求。

(11) 电气故障,如短路、过压、过流、失压及闭锁等保护装置失效;电气设备与线路的安装不符合规范要求,存在临时线或老化的线路与设备。

(12) 各类吊索管理无序。

(13) 司机、操作人员违反操作规程或操作失误。

(14) 起重机械行走路线无标示或道路不符合要求。

(15) 安全管理制度不健全,没落实。

习题和思考题

3-1　叙述危险、有害因素的定义及区别。

3-2　如何理解危险因素与事故的关系?

3-3　简述危险辨识时应注意的问题。

3-4　安全评价单元划分的原则是什么?

3-5　简述机械加工中存在的危险、有害因素。

3-6　试叙述建筑施工主要危险、有害因素。

3-7　如何辨识危险化学品物质的危险性?

3-8　试列举矿山危险、有害因素的种类。

3-9　试分析烟花爆竹的危险区域。

3-10　简述起重设备的危险、有害因素。

4 常用定性安全评价方法

定性安全评价方法主要是根据经验和直观判断能力对生产系统的工艺、设备、设施、环境、人员和管理等方面的状况进行定性的分析,安全评价的结果是一些定性的指标,如是否达到了某项安全指标、事故类别和导致事故发生的因素等。属于定性安全评价方法的有安全检查、安全检查表、预先危险性分析、危险与可操作性研究分析法、故障假设分析法、故障类型和影响分析、作业条件危险性评价法(格雷厄姆-金尼法或 LEC 法)等。

定性安全评价方法的特点是容易理解、便于掌握、评价过程简单。目前定性安全评价方法在国内外企业安全管理工作中被广泛使用。但定性安全评价方法往往依靠经验,带有一定的局限性,安全评价结果有时因参加评价人员的经验和经历等有相当的差异,同时由于安全评价结果不能给出量化的危险度,所以不同类型的对象之间安全评价结果缺乏可比性。

4.1 安全检查方法

安全检查方法可以说是第一个安全评价方法,它有时也称为工艺安全审查或"设计审查"及"损失预防审查"。它可以用于建设项目的任何阶段。对现有装置(在役装置)进行评价时,传统的安全检查主要包括巡视检查、正规日常检查或安全检查。(例如,如果工艺尚处于设计阶段,设计项目小组可以对一套图纸进行审查。)

安全检查是对工程、系统的设计、装置条件、实际操作、维修等进行详细检查以识别所存在的危险。

安全检查的目的是:

(1) 使操作人员保持对工艺危险的警觉性;

(2) 对需要修订的操作规程进行审查;

(3) 对那些设备和工艺变化可能带来的任何危险进行识别;

(4) 评价安全系统和控制的设计依据;

(5) 对现有危险的新技术应用进行审查;

(6) 审查维护和安全检查是否充分。

4.1.1 安全检查所需资料

进行安全检查时需要如下资料:

(1) 相关的法规和标准;

(2) 以前类似的安全分析报告;

(3) 详细工艺和装置说明,P&IDS(带控制点的工艺流程图)和 PID(工艺流程图);

(4) 开、停车及操作、维修、应急规程;

(5) 事故报告、未遂事故报告;

(6) 以往工艺维修记录(例如关键装置检查、安全阀检验、压力容器检测等);

(7) 工艺物料性质、毒性及反应活性等资料。

进行安全检查的评价人员必须熟知安全标准和规程,还要具备像电气、建筑、压力容器、工艺物料和化学性质及其他重要特定方面的专业经验。

4.1.2　安全检查步骤

安全检查包括3个部分:检查的准备;实施检查;汇总结果。

(1)检查的准备。安全检查首先确定所要检查的系统及将要参加的评价人员。安全检查组的组成,应包括工艺技术人员和操作人员,使工艺区和各项操作都能得到检查。检查小组的人员应来自不同的部门,这有利于促进理解和交流。在准备检查的会议上,应完成下列工作:

1)收集装置的详细说明材料(例如平面布置图、带控制点工艺流程图)和规程(操作、维修、应急处理和响应规程);

2)查阅已知的危害和检查组成员的工艺经历;

3)收集所有现行的规范、标准和公司规章制度;

4)排出与工艺安全操作有关的人员会谈计划;

5)查询现有的操作人员伤亡报告、事故/意外报告、设备装置验收材料、安全阀试验报告、安全/卫生健康监护报告等;

6)安排一次和工厂管理人员或有关管理人员的专访。

(2)实施检查。室外部分的检查应在检查之前列出计划,便于天气变化时重新排定检查。

如果对现有装置进行检查,检查表按设备的排列顺序依次进行,逐项进行具体的检查。检查小组仔细查阅现有装置图纸、操作规程、维修和应急预案等资料,并与操作人员进行讨论和了解情况。大多数事故的发生是因为生产过程中操作人员违章造成的,所以必须了解操作人员是否遵守制定的工艺操作规程。

检查还应包括检修活动的安排,例如日常的设备检修(动火证、容器进入许可证、动力电器锁定或设备的检验),观察了解日常操作人员对操作规程熟悉的程度和遵守情况,可以发现事故的隐患。

检查过程中可以组织模拟演练,在演练中要求所有人员实时操作,并把如何处理险情的程序记录下来,作为现场检查的收获。同时检查小组可以与操作人员一起讨论如何完善有关的应急处理规程。

设备检查主要靠目视或用仪器诊断评价,同时还对设备记录情况进行检查。大多数危险的设备都有记录。

在安全检查过程中,尤其要重点检查关键设备和安全联锁装置,定期检验自动控制或应急停车系统,以检查是否按要求执行控制。方便的话,在计划装置停车时安排一部分安全检查工作,效果非常好,可以帮助检查人员确定在正常操作条件下,现有的关联联系装置检验性能。不方便的话,检查人员只有依靠各自的功能检查部件。旁路的安全操作控制也是重要的检查项目。

应对消防和安全设施进行检查,以便保证这些设施处于良好状态。其操作人员经培训应能正确使用这些设施。消防设施的能力也应包括在此项检查之中,例如,消防水枪能否监护到建筑物顶层,若有喷淋设施、干粉、灭火泡沫压缩系统的话,是否对它们进行定期检验,应急用空气呼吸装备的正确佩戴和使用能否经常演练。还应尽可能对应急方案的完善性进行检查,对方案进行演练。

(3)汇总结果。完成检查后,写出带有具体建议措施的检查报告。在报告中,检查小组通常列出建议措施的正当理由,小组将对设备装置或系统的检查情况汇总,列出建议措施与对策。

4.1.3　安全检查方法的特点与适应性

安全检查对潜在危险问题和采取的建议措施进行了定性描述,检查的结果内容一般包括:

(1)偏离设计的工艺条件所引起的安全问题;

（2）偏离规定的操作规程所引起的安全问题；

（3）新发现的安全问题。

安全检查方法的目的是辨识可能导致事故、引起伤害、重要财产损失或对公共环境产生重大影响的装置条件或操作规程。一般安全检查人员主要包括与装置有关的人员，即操作人员、维修人员、工程师、管理人员、安全员等等，具体视工厂的组织情况而定。

安全检查的目的是为了提高整个装置的安全操作度，而不是干扰正常操作或对发现的问题进行处罚。完成了安全检查后，评价人员对亟待改进的地方应提出具体的措施、建议。安全检查方法常用于工艺的预开车的安全审查。

4.1.4　安全检查应用示例

图4-1所示为生产 DAP 的工艺流程图。磷酸溶液和液氨通过流量控制阀 A 和阀 B 加入搅拌釜中，氨和磷酸反应生成磷酸二铵（DAP）。DAP 从反应釜中通过底阀 C 放入一个敞口的磷酸二铵储罐内。储罐上有放料阀 D，将反应器出料放入单元之外。

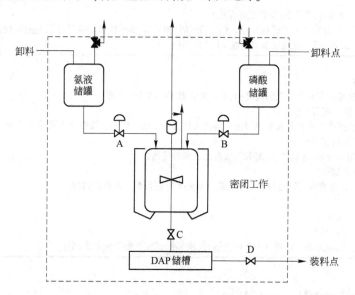

图4-1　生产 DAP 的工艺流程图

如果向反应釜投入磷酸过量（与氨投料速度比较而言），则不合格产品会增加，但反应本身是安全的；如果氨和磷酸投料流速同时增加，则反应热解释放速度加快，按照设计，反应釜就有可能承受不住所引起的温度和压力的增高；如果向反应釜中投入液氨过量（与磷酸投料速度比较而言），未反应的氨就会被带入 DAP 储槽。DAP 槽中残留的（未反应的）氨将会释放到作业场区，引起人员中毒。因此，在作业场区应适当装设氨检测和报警器。

参照工艺流程图和操作规程编制一份检查表，见表4-1。

表4-1　DAP 工艺的安全检查表

物质

1. 所有原材料都始终符合原规定的规范要求吗？

否，氨溶液中的氨浓度已增加，不需要频繁采购，去反应釜的流量已适应更高的氨溶液浓度

2. 物料的每个单据都核算吗？

是，在此之前，原材料供应商提供的货源一直很可靠，在卸料前，罐车的标志和驾驶员音容都检查过。但是，没有对物料取样或分析物料的浓度

物质

　　3. 操作人员使用物料安全数据卡(MSDS)吗?

　　　　是,在操作现场和安全办公室每天 24 h 放置,随时可用

　　4. 灭火器及安全器材放置正确,维护得当吗?

　　　　否,灭火器和安全器材放置没有变化,但是工艺单元增设了内部墙,因为新墙的原因,工艺单元内有些地方无法放置灭火器,保持现有装置处于良好状态,定期进行检测和测验

设备

　　1. 所有的设备按检查表检查了吗?

　　　　是,维修小组按照工厂检查表标准对工艺单元区域的设备进行了检查。但是,据故障树数据和维修部门反映,酸处理设备的检查可能太频繁

　　2. 对安全阀是否按规定制度进行了检查?

　　　　是,检查规定已经得到遵守

　　3. 是否对安全系统和联锁装置定期进行测试?

　　　　是,与检查规范没有不一致的地方。但是,安全系统和联锁的维修和检查工作是在工艺操作过程中进行的,这不符合公司政策规定

　　4. 维修保养材料(如备用零部件)能否及时保证?

　　　　能,公司本着节约原则,维持着低的库存。然而,预防性维护保养材料和低值易耗品是随时保证的。除了重大设备以外的其他所有(设备)都可由当地供应商在 4 h 之内提供

规程

　　1. 有操作规程吗?

　　　　有,现行操作规程是在 6 个月之前制订的,某些地方做了一些小的变动

　　2. 操作人员遵守操作规程吗?

　　　　否,最近改动的操作步骤执行起来很缓慢。操作人员认为变动个别条款没有考虑操作人员的个人安全

　　3. 新工人进行正规培训吗?

　　　　是,有详细的培训计划,定期检查和测试,所有工人都接受培训

　　4. 交接班交流联系如何?

　　　　有 39 min 操作者交换班时间允许下一班从前一班处了解到目前工艺允许情况

　　5. 服务周到否?

　　　　是,服务比较令人满意

　　6. 有安全作业许可证吗?

　　　　有,但有些作业活动并不一定要求工艺停止运行(例如测试或维修安全系统部件)

4.2　安全检查表方法

　　为了查找工程、系统中各种设备设施、物料、工件、操作、管理和组织措施中的危险、有害因素,事先把检查对象加以分解,将大系统分割成若干小的子系统,以提问或打分的形式,将检查项目列表逐项检查,避免遗漏,这种表称为安全检查表。

　　使用安全检查表的目的是分析利用检查条款按照相关的标准、规范等对已知的危险类别、设计缺陷以及与一般工艺设备、操作、管理有关的潜在危险性和有害性进行判别检查。

4.2.1　编制安全检查表所需资料

　　编制安全检查表所需要的资料包括:

　　(1) 有关标准、规程、规范及规定;

　　(2) 国内外事故案例;

　　(3) 系统安全分析事例;

　　(4) 研究的成果等有关资料。

4.2.2 不同类型的安全检查表

为了编制一张标准的检查表,评价人员应确定检查表的标准设计或操作规范,然后依据缺陷和不同差别来编制一系列带问题的检查表。

随着具体情况不同采用不同的检查表,可以简单地分成为检查结果的定性化、半定量化或定量化的安全检查表(但要注意安全检查表只能作定性分析,不能定量,也就是说它们不能提供危险度的分级)。

4.2.2.1 检查结果定性化

安全检查表应列举需查明的所有导致事故的不安全因素,通常采用提问方式,并以"是"或"否"来回答,"是"表示符合要求;"否"表示还存在问题,有待于进一步改进;"部分符合"表示有一部分符合条件,另一部分不符合条件。回答"是"的符号为"√",回答"否"的符号为"×","≈"表示部分符合。所以在每个提问后面也可以设有改进措施栏,每个检查表均需要注明检查时间、检查者、后面直接责任人,以便分清责任。

为了使提出的问题有所依据,可以收集有关此项问题的规章制度、规范标准,在有关条款后面注明名称和所在章节(见表4-2)。

表4-2 提问型安全检查表

序　号	检查项目和内容	检查结果		标准依据	备　注
		是	否		

4.2.2.2 检查结果的半定量

菲利浦石油公司安全检查表采用了检查表判分——分级系统,在这里作为安全检查表的判分系统采用的是三级判分系列 0—1—2—3,0—1—3—5,0—1—5—7,其中评判的"0"为不能接受的条款,低于标准较多的判给"1";稍低于标准的条件判给刚低于最大值的分数;符合标准条件的判给最大的分数。

判分的分数是一种以检查人员的知识和经验为基础的判断意见,检查表中分成不同的检查单元进行检查。为了得到更为有效的检查结果,用所得总分数除各种类别的最大总分数的比值,以便衡量各单元的安全程度。

在汇总表上(见表4-3),分数的总和除以所检查种类的数目,此数表示所检查的有效的平均百分数。

表4-3 半定量打分法的安全检查表

序　号	检查项目和内容	检查结果		备　注
		可判分数	判给分数	
	检查条款	0—1—2—3(低度危险) 0—1—3—5(中度危险) 0—1—5—7(高度危险)		
		总的满分	总的判分	
	百分比=总的分数/总的可能的分数=判分/满分			

注:选取0—1—2—3时,条款属于低危险程度,对条款的要求为"允许稍有选择,在条件许可的条件下首先应该这样做";选取0—1—3—5时,条款属于中等危险程度,对条款的要求为"严格,在正常的情况下均应这样做";选取0—1—5—7时,条款属于高危险程度,对于条款的要求为"很严格,非这样做不可"。

4.2.2.3　检查结果的定量化

根据安全检查表检查结果及各分系统或子系统的权重系数,按照检查表的计算方法,首先计算出各系统或分系统的评价分数值,再计算出各评价系统的评价得分,最后计算出评价系统(装置)的评价得分,确定系统(装置)的安全评价等级。

(1) 划分系统:

1) 以装置作为总系统,例如将评价系统划分为生产运行、储存运输、公用动力、生产辅助、厂区与作业环境、职业卫生、检测和综合安全管理等若干个系统,其中综合安全管理系统对其余七个系统起制约和控制作用。

2) 每个系统又依次分为若干分系统和子系统,对最后一层各子系统(或分系统)根据不同的评价对象制订出相应的安全检查表。

(2) 评分方法:

1) 采用安全检查表赋值法,安全检查表按检查内容和要求逐项赋值,每一张检查表以100分计。

2) 不同层次的系统、分系统、子系统给予权重系数,同一层次各系统权重系数之和等于1。

3) 评价时从安全检查表开始,按实际得分逐层向前推算,根据子系统的分数值和权重系数计算上一层分系统的分数值,最后得到系统的评价得分。系统满分应为100分。

(3) 安全检查表检查的实施办法。每张检查表归纳了子系统(或分系统)内应检查的内容和要求,并制订评分标准和应得分。

依照制订的安全检查表中各项检查的内容及要求,采取现场检查或查资料、记录、档案或抽考有关人员等方法,对评价对象进行检查。对不符合要求之项,根据"评分标准"给予扣分,扣完为止,不计负分。

根据检查表检查的实得分,按系统划分图逐层向前推算,计算出评价系统的最终得分,并根据分数值划分安全等级,最后,汇总安全检查中发现的隐患,提出相应的整改措施。

(4) 安全评价结果计算方法:

1) 系统或分系统评价分数值计算:

$$M_i = \sum_{j=1}^{n} k_{ij} m_{ij}$$

式中　M_i——分系统或子系统分数值;

k_{ij}——分系统或子系统的权重系数;

m_{ij}——分系统或子系统的评价分数值;

n——分系统或子系统的数目。

2) 缺项计算。用检查表检查如出现缺项的情况,其检查结果由实得分与应得分之比乘以100得到,即:

$$m_i = \frac{\sum_{j=1}^{n} k_{ij} m_{ij}}{\sum_{j=1}^{n} k_{ij}}$$

式中　m_i——安全检查表评价得分;

m_{ij}——安全检查表实得分;

k_{ij}——安全检查表除去缺项应得分。

3）装置最终评价结果计算：

$$A = \frac{g}{100} \sum_{i=1}^{7} K_i M_i$$

式中　A——装置最终评价分数值；

　　　g——综合安全管理分系统分数值；

　　　K_i——各系统权重系数；

　　　M_i——各系统评价分数值。

装置满分应为 100 分。

（5）系统（装置）安全等级划分。根据评价系统最终的评价分数值,按表 4-4 确定系统（装置）的安全等级。

表 4-4　系统（装置）安全评价等级划分

安全等级	系统安全评价分值范围	安全等级	系统安全评价分值范围
特级安全级	$A \geqslant 95$	临界安全级	$80 > A \geqslant 50$
安全级	$95 > A \geqslant 80$	危险级	$A < 50$

4.2.3　安全检查表的特点与适应性

安全检查表具有下列优点：

（1）能根据预定的目的要求进行检查,突出重点、避免遗漏,便于发现和查明各种危险及隐患；

（2）可针对不同行业编制各种安全检查表,使安全检查和事故分析标准化、规范化；

（3）可作为安全检查人员履行职责的凭据,有利于落实安全生产责任制,有利于安全人员提高现场安全检查水平；

（4）安全检查表关系到每位工人的切身利益,它能将安全工作推向群众,做到人人关系安全生产、个个参加安全管理,达到"群查群治"的目的；

安全检查表的主要缺点是不能进行定量评价。

安全检查表分析可适用于工程、系统的各个阶段。安全检查表可以评价物质、设备和工艺,常用于专门设计的评价,也能用在新工艺（装置）的早期开发阶段,判定和估测危险,还可以对已经运行多年的在役装置的危险进行检查（安全检查表常用于安全验收评价、安全现状评价、专项安全评价,而很少推荐用于安全预评价）。

4.2.4　安全检查表编制程序与应用

安全检查表的编制程序如图 4-2 所示。

一旦确定检查的范围,安全检查表分析应包括 3 个主要步骤：

（1）选择安全检查表。安全检查表分析方法是一种以经验为主的方法。安全评价人员从现有的检查表中选取一种适宜的检查表（例如已有的机械工厂安全检查表、非煤矿山安全检查表、石油化工安全检查表等）,如果没有具体的、现成的安全检查表可用,分析人员必须借助已有的经验,编制出合适的安全检查表。

编制安全检查表,评价人员应有丰富的经验,最好具备丰富生产工艺操作经验,熟悉相关的法规、标准和规程。

安全检查表的条款应尽可能完善,以便可以有针对性地对系统的设计和操作检查（对工艺部分,安全检查表应比一般的安全检查表增添一些细节部分内容,以便检查更彻底)。

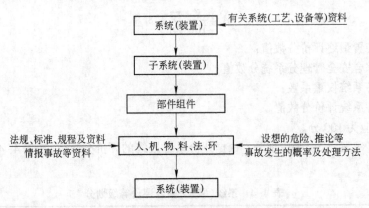

图 4-2　安全检查表编制程序图

(2) 安全检查。对现有系统装置的安全检查,应包括巡视和自检检查主要工艺单元区域。在巡视过程中,检查人员按检查表的项目条款对工艺设备和操作情况逐项比较检查。检查人员依据系统的资料,对现场巡视检查、与操作人员的交谈以及凭个人主观感觉来回答检查条款。当检查的系统特性或操作有不符合检查表条款上的具体要求时,分析人员应记录下来。新工艺的安全检查表分析,在开工之后,通常检查小组应开会研究,针对工艺流程图进行检查,与检查表条款相比较,对设计不足之处进行讨论。

(3) 评价的结果。检查完成后,将检查的结果汇总和计算,最后列出具体的安全建议和措施。

4.2.5　安全检查表方法示例

加油站安全检查表见表 4-5。

表 4-5　加油站安全评价检查表

项目	项目检查内容		类别	事实记录	结论
一、安全管理	1. 加油站的管理制度	有健全的安全管理制度,包括各类人员的安全责任制,教育培训,防火、动火、检修、检查、设备安全管理制度,岗位操作规程等	A	0—1—5—7	
	2. 从业人员资格	(1) 单位主要负责人和安全管理人员经县级以上地方人民政府安全生产监督管理部门的考核合格,取得上岗资格;	A	0—1—5—7	
		(2) 其他从业人员经本单位专业培训或委托专业培训,并经考核合格,取得上岗资格;	B	0—1—3—5	
		(3) 特种作业人员经有关监督管理部门考核合格,取得上岗资格	A	0—1—5—7	
	3. 安全管理组织	有安全管理组织,配备专职(兼职)安全管理人员	A	0—1—5—7	
	4. 基础资料	有设计、施工、验收文件资料	B	0—1—3—5	
	5. 应急救援预案	建立事故应急救援预案,基本的内容包括: (1) 事故类型、原因及防范措施; (2) 可能事故的危险、危害程度(范围)的预测; (3) 应急救援的组织和职责; (4) 事故应急处理原则及程序; (5) 报警与报告; (6) 现场抢险; (7) 培训和演练	B	0—1—3—5	

项目	项目检查内容	类别	事实记录	结论
二、经营和储存场所	1. 在城市建成区内不应建一级加油站	A	0—1—5—7	
	2. 加油站内的站房及其他附属建筑物的耐火等级不应低于建筑物经公安消防部门验收合格	A	0—1—5—7	
	3. 加油站的油罐、加油机和通气管口与站外建构筑物的防火距离不应小于 GB50156—2002 中 4.0.4 的规定	B	0—1—3—5	
	4. 加油站的工艺设施与站外建(构)筑物之间的距离不大于 25 m 以及不大于 GB50156—2002 表 4.0.4 中防火距离的 1.5 倍时,相邻一侧应设置高度不低于 2.2 m 的非燃烧实体围墙	B	0—1—3—5	
	5. GB50156—2002 表 4.0.4 中防火距离的 1.5 倍且大于 25 m 时,相邻一侧应设置隔离墙,隔离墙可为非实体围墙	B	0—1—3—5	
	6. 加油站内设施之间的防火距离,不应小于 GB50156—2002 中表 5.0.8 的规定	B	0—1—3—5	
	7. 车辆入口与出口应分开设置	B	0—1—3—5	
	8. 站内单车道宽度不应小于 3.5 m,双车道宽度不应小于 6 m,站内道路转弯半径不宜小于 9 m,道路的坡度不得大于 6%	B	0—1—3—5	
	9. 站内停车场和道路路面不应采用沥青路面	B	0—1—3—5	
	10. 站内不得种植油性植物	B	0—1—3—5	
	11. 加油场地及加油岛设置的罩棚,有效高度不应小于 4.5 m,应采用非燃烧体建造	B	0—1—3—5	
	12. 加油站内的采暖通风设施应符合 GB50156—2002 中第 11.1 的要求	B	0—1—3—5	
三、经营储存条件	1. 储油罐	(1) 加油站的汽油罐和柴油罐,严禁设在室内或地下室内;	A	0—1—5—7	
		(2) 油罐的各结合管应设在油罐的顶部;	B	0—1—3—5	
		(3) 汽油罐与柴油罐的通气管应分开设置,管口应高出地面 4 m 及以上;沿建筑物的墙(柱)向上敷设的通气管口,应高出建筑物顶 1.5 m 及以上,其与门窗的距离不应小于 4 m,通气管公称直径不应小于 50 mm,并安装阻火器。通气管管口距离围墙不应小于 3 m(采用油气回收系统时不应小于 2 m);	B	0—1—3—5	
		(4) 油罐的量油孔应设带锁的量油帽,铜或铝等有色金属制作的尺槽;	B	0—1—3—5	
		(5) 油罐的人孔应设操作井;	B	0—1—3—5	
		(6) 操作孔的上口边缘要高出周围地面 20 cm,操作孔的盖板及翻起盖的螺杆轴要选用不产生火花材料,或采取其他防止产生火花的措施;	B	0—1—3—5	
		(7) 顶部覆土厚度应不小于 0.5 m,周围加填沙子或细土厚度应不少于 0 m;	B	0—1—3—5	
		(8) 罐进油管,应向下伸至罐内距罐底 0.2 m 处;	B	0—1—3—5	
		(9) 罐车卸油必须采用密闭卸油方式	A	0—1—5—7	
	2. 油管线	(1) 油管线应埋地敷设,管道不应穿过站房等建(构)筑物;穿过车行道时,应加套管,两端应密封,与管沟、电缆沟、排水沟交叉时,应采取防渗漏措施;	B	0—1—3—5	
		(2) 管线设计压力应不小于 0.6 MPa;	B	0—1—3—5	
		(3) 卸油软管、油气回收软管应采用导电耐油软管,软管公称直径不应小于 50 mm;	B	0—1—3—5	
		(4) 采用油气回收系统时,应满足 GB50156—2002 中第 6.2.3 的要求	B	0—1—3—5	
	3. 加油机	(1) 加油机不得设在室内;	A	0—1—5—7	
		(2) 自吸式加油机应按加油品种单独设置进油管;	B	0—1—3—5	
		(3) 加油机与储油罐及油管线之间应用导线连接起来并接地;	B	0—1—3—5	
		(4) 加油枪流速应不大于 60 L/min,加油枪软管应加绕螺旋形金属丝作静电接地	B	0—1—3—5	

项目	项目检查内容	类别	事实记录	结论
三、经营储存条件	4. 电气装置			
	（1）一、二级加油站消防泵房、走廊、营业室，均应设事故照明；	B	0—1—3—5	
	（2）加油站设置的小型内燃发电机组，其内燃机的排烟管口应安装阻火器。排烟管口至各爆炸危险区域边界的水平距离应符合下列规定： 1）排烟口高出地面 4.5 m 以下时不应小于 5 m； 2）排烟口高出地面 4.5 m 及以上应大于 5 m；	B	0—1—3—5	
	（3）电气线路宜采用电线不宜埋敷设。当采用电缆沟敷设电缆时，电缆沟内必须充沙填实。电缆不得与油品、热力管道敷设在同一沟内；	B	0—1—3—5	
	（4）埋地油罐与露出地面的工艺管道相互做电气连接并接地；	B	0—1—3—5	
	（5）爆炸危险区域内的电气设备选型、安装、电力线路敷设等，应符合现行国家标准《爆炸和火灾危险环境电力装置设计规范》GB50058 的规定；	A	0—1—5—7	
	（6）加油站内爆炸危险区域以外的站房、罩棚等建筑物内的照明灯具，可选用非防爆型，但罩棚下的灯具应选用防护等级不低于 IP44 级的节能型照明灯具；	B	0—1—3—5	
	（7）独立的加油站或邻近无高大建（构）筑物的加油站，应设可靠的防雷设施，如站房及罩棚需要防直击雷时，要采用避雷带（网）保护；	B	0—1—3—5	
	（8）防雷、防静电装置必须符合 GB50156—2002 中第 10.2 和 10.3 的要求；	B	0—1—3—5	
	（9）防雷、防静电装置应有资质部门出具的检测报告	B	0—1—3—5	
四、消防设施	1. 固定式消防喷淋冷却水的喷头出口处给水压力不应小于 0.2 MPa，移动式消防水枪出口处给水压力不应小于 0.25 MPa，并应采用多功能水枪	B	0—1—3—5	
	2. 每 2 台加油机应设置不少于 1 只 4 kg 手提式干粉灭火器和 1 只 6 L 泡沫灭火器；加油机不足 2 台按 2 台计算	B	0—1—3—5	
	3. 地上储罐应设 35 kg 推车式干粉灭火器 2 个，当两种介质储罐之间的距离超过 15 m 时应分别设置	B	0—1—3—5	
	4. 地下储罐应设 35 kg 推车式干粉灭火器 1 个，当两种介质储罐之间的距离超过 15 m 时应分别设置	B	0—1—3—5	
	5. 一、二级加油站应配置灭火毯 5 块，沙子 2 m³；三级加油站应配置灭火毯 2 块，沙子 2 m³	B	0—1—3—5	
结果分值（%）＝ 总的分数/总的可能的分数（%）				

注：1. 类别栏标注"A"的，属否决项；类别栏标"B"的，属非否决项；
　　2. 根据现场实际确定的检查项目全部合格的，为符合安全要求；
　　3. A 项中有 1 项不合格，视为不符合安全要求；
　　4. B 项中有 5 项以上不合格的，视为不符合安全要求，少于 5 项（含 5 项）为基本符合要求；
　　5. 根据检查的判分和检查的标准符合情况，可以对加油站的整体安全水平做一个了解，并且确定整改的标准情况；
　　6. 对 A、B 项中的不合格项均应整改，达到要求也视为合格，并修改评价结论。

4.3　预先危险性分析

　　预先危险性分析（preliminary hazard analysis，PHA），又称初步危险分析。这种方法是在开发阶段对建设项目中物料、装置、工艺过程以及能量失控时可能出现的危险性、类别、条件及可能造成的后果作宏观的概略分析，其目的是辨识系统中存在的潜在危险，确定其危险等级，防止这些危险发展成事故。

　　通过预先危险性分析（PHA），力求达到以下 4 个目的：

　　（1）大体上识别与系统有关的主要危险；

　　（2）鉴别产生危险的原因；

　　（3）预测事故出现对人体及系统产生的影响；

　　（4）判定已识别的危险性等级，并提出消除或控制危险性的措施。

4.3.1 预先危险性分析所需资料

使用 PHA 方法,需要分析人员获得装置设计标准、设备说明、材料说明及其他资料;PHA 需要分析组收集与装置或系统相关的有用资料以及其他类比装置的资料。危险分析组应尽可能从不同渠道汲取相关经验,包括相似设备的危险性分析、相似设备的操作经验等。

由于 PHA 主要是在项目开展的初期识别危险性,装置的资料是有限的。然而,为了让 PHA 达到预期的目的,分析人员必须至少获取可行性研究报告,必须知道过程所包含的主要化学物品、反应、工艺参数以及主要设备的类型(如容器、反应器、换热器等)。

4.3.2 预先危险性分析的步骤与要点

4.3.2.1 预先危险性分析的步骤

(1)通过经验判断、技术诊断或其他方法调查确定危险源(即危险因素存在于哪个子系统中),对所需分析系统的生产目的、物料、装置及设备、工艺过程、操作条件以及周围环境等,进行充分详细的了解;

(2)根据过去的经验教训及同类行业生产中发生的事故(或灾害)情况,对系统的影响、损坏程度,类比判断所要分析的系统中可能出现的情况,查找能够造成系统故障、物质损失和人员伤害的危险性,分析事故(或灾害)的可能类型;

(3)对确定的危险源分类,制成预先危险性分析表;

(4)转化条件,即研究危险因素转变为危险状态的触发条件和危险状态转变为事故(或灾害)的必要条件,并进一步寻求对策措施,检验对策措施的有效性;

(5)进行危险性分级,排列出重点和轻、重、缓、急次序,以便处理;

(6)制定事故(或灾害)的预防性对策措施。

4.3.2.2 预先危险性分析的要点

(1)划分危险性等级。在分析系统危险性时,为了衡量危险性的大小及其对系统的破坏程度,将各类危险性划分为 4 个等级,见表4-6。

表 4-6 危险性等级划分表

级别	危险程度	可能导致的后果
Ⅰ	安全的	不会造成人员伤亡及系统损坏
Ⅱ	临界的	处于事故的边缘状态,暂时不至于造成人员伤亡、系统破坏或降低系统性能,但应予以排除或采取控制措施
Ⅲ	危险的	会造成人员伤亡和系统损坏,要立即采取防范对策措施
Ⅳ	灾难性的	造成人员重大伤亡及系统严重破坏的灾难性事故,必须予以果断排除并进行重点防范

(2)考虑工艺特点列出危险性和危险状态。在预先危险性分析中,应考虑工艺特点,列出其危险性和危险状态:

1)原料、中间和最终产品以及它们的反应活性;

2)操作环境;

3)装置设备;

4)设备布置;

5)操作活动(测试、维修等);

6)系统之间的连接;

7）各单元之间的联系；

8）防火及安全设备。

（3）考虑一些因素。分析组在完成 PHA 过程中应考虑以下因素：

1）危险设备和物料，如燃料，高反应活性物质，有毒物质、爆炸、高压系统、其他储运系统；

2）设备与物料之间与安全有关的隔离装置，如避免物料相互作用的装置，防止火灾、爆炸产生和扩大的相关装置。

3）影响设备和物料的环境因素，如地震、振动、洪水、极端环境温度、静电、放电、湿度；

4）操作、测试、维修及紧急处置规程，如人为失误的可能性，操作人员的作用，设备布置、可接近性，人员的安全保护；

5）辅助设施，如储槽，测试设备，培训、公用工程；

6）与安全有关的设备，如调节系统、备用设备、灭火及人员保护设备。

4.3.3 预先危险性分析的特点与适用性

预先危险性分析是进一步进行危险分析的先导、宏观的概略分析，是一种定性方法。在项目发展的初期使用 PHA 有如下优点：

（1）它能识别可能的危险，用较少的费用或时间就能进行改正；

（2）它能帮助项目开发组分析和（或）设计操作指南；

（3）该方法不受行业的限制，任何行业都可以使用；

（4）方法简单易行、经济、有效。

预先危险性分析的缺点是定性分析，评估危险等级的分析结果受人的主观性影响比较大。

预先危险性分析是一种起源于美国军用标准安全计划要求方法。主要用于对危险物质和装置的主要区域等进行分析，包括设计、施工和生产前，首先对系统中存在的危险性类别、出现条件、导致事故的后果进行分析，其目的是识别系统中的潜在危险，确定其危险等级，防止危险发展成事故。

预先危险性分析通常用于对潜在危险了解较少和无法凭经验觉察的工艺项目的初期阶段。通常用于初步设计或工艺装置的研究和开发阶段，当分析一个庞大现有装置或当环境无法使用更为系统的方法时，常优先考虑 PHA 法。

4.3.4 预先危险性分析的几种表格

预先危险性分析的结果一般采用表格的形式列出。表格的格式和内容可根据实际情况确定。表 4-7～表 4-9 为几种基本的表格格式。

PHA 表格中包括以下内容：

（1）了解系统的基本目的、工艺过程、控制条件及环境因素等；

（2）划分整个系统为若干子系统（单元）；

（3）参照同类产品或类似的事故教训及经验，查明分析单元可能出现的危害；

（4）确定危害的起因；

（5）提出消除或控制危险的对策，在危险不能控制的情况下，分析最好的损失预防的方法。

表 4-7　PHA 工作表

单元：		编制人员：		日期：
危险	原因	后果	危险等级	改进措施/预防方法

表 4-8 PHA 工作表(典型格式)

地区(单元): 图号:		会议日期: 小组成员:		
危险/意外事故	阶 段	原 因	危险等级	对 策
事故名称	危害发生的阶段,如生产、试验、运输、维修、运行等	产生危害的原因	对人员及设备的危害	消除、减少或控制危害的措施

表 4-9 PHA 工作表(通用格式)

系统:1 子系统:2 状态:3 编号: 日期:			预先危险性分析(PHA)				制表者: 制表单位:		
潜在事故	危险因素	触发事件(1)	发生条件	触发事件(2)	事故后果	危险等级	防范措施	备注
4	5	6	7	8	9	10	11	12

注:1—所分析子系统归属的车间或工段的名称;2—所分析子系统的名称;3—子系统处于何种状态或运行方式;4—子系统可能发生的潜在危害;5—产生潜在危害的原因;6—导致产生危险因素(5)的那些不希望事件或错误;7—使危险因素(5)发展成为潜在危害的那些不希望发生的错误或事件;8—导致产生"发生事故的条件(7)"的那些不希望发生的事件及错误;9—事故后果;10—危害等级;11—为消除或控制危害可能采取的措施,其中包括对装置人员、操作程序等几方面的考虑;12—有关必要的说明。

4.3.5 预先危险性分析示例

例如,某新建化工码头安全预评价预先危险性分析对某新建化工码头项目进行劳动安全卫生预评价,对码头装卸作业进行预先危险性分析并提出了防范措施,分析结果见表 4-10。通过预先危险性分析可以得知,本工程存在着火灾、爆炸、中毒、窒息、淹溺、触电、噪声等危险、有害因素,引发火灾、爆炸的主要因素是故障泄漏和存在点火源。

表 4-10 某新建化工码头装卸作业预先危险性分析表

危险、有害因素	触发事件	现 象	形成事故原因事件	事故模式	事故后果	危险等级	措 施
化学性爆炸:苯、苯乙烯等易燃易爆物料泄漏	1. 运行泄漏 ① 液货码头设备运行泄漏 ② 液货船接卸结束时接卸臂洒漏 ③ 阀门、法兰等泄漏 ④ 泵破裂或泵、转动设备动密封失效泄漏 ⑤ 阀门、泵、管道、流量计、仪表连接处泄漏 ⑥ 阀门、泵、管道等因质量或安装不当泄漏 ⑦ 撞击或人为破坏等造成管道等破裂而泄漏 ⑧ 由自然灾害造成的破裂泄漏,如雷击等	1. 易燃易爆物料蒸气浓度达到爆炸极限 2. 易燃易爆物料泄漏	火花 ① 穿带钉皮鞋 ② 用钢制工具敲打设备、管道产生撞击火花 ③ 电器火花 ④ 电气线路陈旧老化或受损坏产生短路火花 ⑤ 静电放电 ⑥ 雷击(直接雷击、雷电二次作用、沿着电气线路、金属管道侵入) ⑦ 车辆未带阻火器等	可能引起火灾、爆炸	财产损失、人员伤亡、停产、造成严重经济损失	IV	1. 控制与消除火源 ① 严禁吸烟、携带火种、穿带钉皮鞋等进入易燃易爆区 ② 动火必须严格按动火手续办理动火证,并采取有效防范措施 ③ 使用防爆型电器,如防爆手电;使用安全电压(12 V)防熄灯 ④ 使用青铜或镀铜工具,严禁钢质工具敲打、撞击、抛掷 ⑤ 按规定要求采取防静电措施,安装避雷装置 ⑥ 加强门卫,严禁机动车辆进入火灾、爆炸危险区 ⑦ 运送物料的机动车辆必须配带完好的阻火器 ⑧ 转动设备部位要保持清洁,防止因摩擦引起杂物等燃烧 ⑨ 周围居民区在一定范围外 2. 严格控制设备质量及其安装质量 ① 泵、阀、管线等设备及其配套仪表要选用合格产品,并把好安装质量关 ② 管道等有关设施在投产前要按要求进行试压、选对设备、管线、泵、阀、仪表等要定期检查、保养、维修,保持完好状态

危险、危害因素	触发事件	现　象	形成事故原因事件	事故模式	事故后果	危险等级	措　施
化学性爆炸;苯、苯乙烯等易燃易爆物料泄漏	2. 故障泄漏 ① 货船接卸软管 ② 进出料配比、料量、速度不适当造成反应失控导致破裂、泄漏 ③ 超温、超压造成破裂、泄漏 ④ 垫片撕裂;阀门破裂 ⑤ 物理的骤冷、急热造成破裂、泄漏 3. 其他						③ 在易燃易爆场所选用防爆电器设备 ④ 按规定要求安装电气线路,并定期进行检查、维修、保养,保持完好状态 3. 加强管理、严格工艺纪律 ① 禁火区内根据"170公约"和危险化学品安全管理条例张贴作业场所危险化学品安全标签 ② 严格要求职工自觉遵守各项规章制度、操作规程,严守工艺纪律,防止工艺参数发生变化 ③ 坚持巡回检查,发现问题及时处理,如液位报警器、呼吸阀、压力表、氮封、喷淋、安全阀、防护路、防寒保温、防腐、联锁仪表、消防及救护设施是否完好,液位报警器是否正常,储槽、管线、进出料截止阀、自动调节阀是否泄漏,消防通道、地沟等是否畅通 ④ 检修时,必须做好与其他部分的隔离,并且清洗要彻底干净,在分析合格后,并有现场监护及在通风良好的条件下方能动火 ⑤ 检查有否违章现象 ⑥ 加强培训、教育、考核工作 4. 安全设施要齐全完好 ① 配齐安全设施并保持完好 ② 易燃易爆场所安装可燃气体检测报警装置
中毒和窒息;有毒物料泄漏;维修等作业时接触有毒物料	1. 泄漏原因:有故障泄漏、运行泄漏;泄漏物料有毒的有:苯、苯乙烯等 2. 检修时阀、泵、管等中的有毒物料未彻底清洗干净 3. 缺氧	1. 有毒物料泄漏超过容许浓度 2. 毒物摄入人体 3. 缺氧	1. 毒物浓度超标 2. 通风不良 3. 不清楚泄漏出来的物料毒性及其应急预防措施 4. 在有毒物场所无(或失效)防毒过滤器和有关的防护用品 5. 因故未带防护用品 6. 防护用品选型不对或使用不当 7. 救护不当 8. 在有毒场所作业时无人监护	物料泄漏导致人员中毒、窒息	人员中毒、窒息、财产受损	Ⅲ	1. 严格控制设备质量及其安装质量,消除泄漏可能性 2. 泄漏后应采取相应措施 ① 查明泄漏点,切断相关阀门,消除泄漏源,及时报告 ② 如泄漏量大,应疏散有关人员至安全处 3. 定期检修、维护保养,保持设备的完好状态;检修时,要彻底清洗干净,并检测有毒物质浓度、氧含量,合格后方可作业,并要有人现场监护且有抢救善后措施,作业人员要穿戴防护用具 4. 在特殊场合下(如在有毒场所抢救、急救等),要正确佩戴相应的防毒过滤器和穿戴好劳动防护用品 5. 组织管理措施 ① 加强对毒物的检测,有毒设备的检查,防止跑、冒、滴、漏 ② 教育、培训职工掌握有关毒物的毒性、预防中毒的方法,中毒后如何急救 ③ 要求职工严格遵守规章制度、操作规程 ④ 设立危险、有毒标志 ⑤ 设立急救点(备有相应器材、药品)

续表 4-10

危险、危害因素	触发事件	现 象	形成事故原因事件	事故模式	事故后果	危险等级	措 施
淹溺	1. 作业人员(包括外来人员)在码头边缘不慎掉入水中 2. 人员在上船、下船时不慎掉入水中 3. 因风、雨、雹、霜等跌入水中 4. 码头栏杆不牢 5. 船舶未停稳或已解揽行驶,上、下船时掉入水中 6. 系缆绳、解缆绳时被船牵动掉入水中	人员掉入水中	1. 未穿救生衣防滑鞋 2. 注意力不集中 3. 违章作业	人员落水	人员伤亡	Ⅱ	1. 码头护栏要定期检查,保持其完好状态 2. 设立安全标志 3. 作业时穿戴救生衣、防滑鞋等防护用品 4. 作业时集中精力,不违章;在恶劣天气时要格外小心 5. 禁止闲杂人员进入
触动、漏电、绝缘体损坏及雷电	1. 设备漏电 2. 绝缘老化、损坏 3. 安全距离不够 4. 保护接地、接零不当 5. 手持电动工具绝缘损坏 6. 雷击	人体触及带电体	1. 手及人体其他部位、手持金属物体触及带电体 2. 使用的电气设备漏电、绝缘损坏,如电焊机无良好的保护接地、接零 3. 电流通过人体的时间超过 50 mA·s,外壳漏电、接线头裸露,接线板和导线绝缘损坏,更换焊条时人体触及焊钳或焊接变压器一次、二次绕组绝缘损坏,利用金属结构、管线或其他金属物作焊接回路 4. 雷电(直接雷,感应雷,雷电侵入波)	可能导致人员触电	人员伤亡	Ⅲ	1. 按规定设备、线路应采用与电压相符、与使用环境和运行条件相适应的绝缘,并定期检查、维修,保持完好状态 2. 使用有足够机械强度和耐火性能的材料,采用遮栏、护罩、护盖、箱匣等防护装置,将带电体同外界隔绝开来,防止人体接近或触及带电体 3. 变配电设备,室内变压器与墙间,以及在检修作业中,应按规定有一定安全距离 4. 根据要求对用电设备做好保护接地或保护接零 5. 在金属容器内进行检修等作业时,应采用 12 V 电气设备,并有人现场监护 6. 电焊机接线端不能裸露,绝缘不能损坏,注意检测有否漏电现象,电焊时要正确穿戴好劳动防护用品,应注意夏季的防触电问题,在特殊环境下进行焊割要有人监护,并有抢救后备措施 7. 根据作业场所要求正确选招Ⅰ、Ⅱ、Ⅲ类手持电动工具 8. 建立和健全并严格执行电气安全规章制度和安全操作规程 9. 对职工进行电气安全培训教育 10. 定期进行电气安全检查 11. 对防雷装置进行定期检查、检测,保持完好状态 12. 做好变配电室、电气线路和单相电气设备、电动机、电焊机、手持电动工具、临时用电的安全作业和运行
噪声振动:泵等的噪声	作业人员在泵等噪声强度过大的场所作业	个体防护用品(如护耳器)缺乏或失效	1. 装置未设置减振、降噪措施 2. 未戴个体护耳器 ① 无个体护耳器 ② 嫌麻烦不用护耳器 ③ 因故未戴 3. 护耳器无效 ① 护耳器失效 ② 选型不当 ③ 使用不当	听力损失	人员伤害	Ⅱ	1. 采取隔声、吸声、消声等降噪措施 2. 设置减振、阻尼等装置 3. 佩带适宜的护耳器 4. 尽量减少噪声处不必要的停留时间

4.4　危险与可操作性研究分析法（HAZOP）

危险与可操作性研究分析法（hazard and operability study，HAZOP）是英国帝国化学工业公司（ICI）于 1974 年针对化工装置开发的一种危险性评价方法。

危险与可操作性研究分析法也是一种定性危险分析方法，它是一种以系统工程为基础，针对化工装置而开发的一种危险性评价方法。它的基本过程是以关键词为引导，找出过程中工艺状态的变化，即偏差，然后再继续分析造成偏差的原因、后果以及这些偏差对整个系统的影响，并有针对性地提出必要的对策措施。危险与可操作性研究分析法近年来常称作危险可操作性研究。

4.4.1　HAZOP 分析所需资料

基本的资料有：

（1）带控制点工艺流程图 PIDS；

（2）现有流程图 PFD、装置布置图；

（3）操作规程；

（4）仪表控制图、逻辑图、计算机程序；

（5）工厂操作规程；

（6）设备制造手册。

通常进行 HAZOP 评价研究，资料情况大致如此。考虑到 HAZOP 研究中的工艺过程不同，所需资料不同，进行 HAZOP 分析必须要有工艺过程流程图及工艺过程详细资料。正常情况下，只有在设计的最后阶段才能提供上述资料，因此在 HAZOP 分析之前，对过程固有危险的主要风险应做全面的评价。

4.4.2　HAZOP 方法概述

HAZOP 分析对工艺或操作的特殊点进行分析，这些特殊点称为分析节点，又称工艺单元或操作步骤。通过分析每个节点，识别出那些具有潜在危险的偏差，这些偏差通过引导词（或关键词）引出。一套完整的引导词可使每个可识别的偏差不被遗漏。表 4-11 列出了 HAZOP 分析中经常遇到的术语及其定义；表 4-12 列出了 HAZOP 分析常用的引导词。

表 4-11　常用 HAZOP 分析术语及其定义

术　语	定　义 及 说 明
工艺单元	具有确定边界的设备（如两容器之间的管线）单元，对单元内工艺参数的偏差进行分析
操作步骤	间歇过程的不连续动作，或者是由 HAZOP 分析组分析的操作步骤；可能是手动或计算机自动控制的操作，间歇过程每一步产生的偏差可能与连续过程不同
工艺指标	确定装置如何按照既定的标准操作而不发生偏差，即确定工艺过程的正常操作条件；采用一系列的表格，用文字或图表进行说明，如工艺说明、流程图、管道图等
关键词	用于定性或定量设计工艺指标的简单词语，引导识别工艺过程的危险
工艺参数	与过程有关的物理和化学特性，包括概念性的项目，如反应、混合、浓度、pH 值等，以及具体项目，如温度、压力、相数、流量等
偏　差	分析组使用引导词系统地对每个分析节点的工艺参数（如流量、压力）进行分析时发现的一系列偏离工艺指标的情况（如无流量、压力高等）；偏差的形式通常是"引导词+工艺参数"
原　因	一旦找到偏差产生的原因，就意味着找到了对付偏差的方法和手段。这些原因可能是设备故障、人为失误、不可预见的工艺状态（如组成）改变、来自外部的破坏（如电源故障）等
后　果	偏差所造成的后果（如释放出有毒物质）；分析组常常假定发生偏差时，已有安全保护系统失效；不考虑那些细小的与安全无关的后果

续表 4-11

术　语	定义及说明
安全保护	指设计的工程系统或调节控制系统(如报警、联锁、操作规程等),用以避免或减轻偏差发生时所造成的后果
措施及建议	修改设计、操作规程或者进一步分析研究(如增加压力报警、改变操作顺序)的建议

表 4-12　HAZOP 分析常用引导词及其意义(参考 GB13548—1992)

引导词	意　义	备　注
NONE(不或没有)	完成这些意图是不可能的	任何意图都实现不了,但也没有任何事情发生
MORE(过量)	数量增加	与标准值相比,数值偏大,如温度、压力、流量偏高
LESS(减量)	数量减少	与标准值相比,数值偏小,如温度、压力、流量偏低
AS WELL AS(伴随)	定性增加	所有的设计与操作意图均伴随其他活动或事件的发生
PART OF(部分)	定性减少	仅仅有一部分意图能够实现,一部分不能实现
REVERSE(相逆)	逻辑上与意图相反	出现与设计意图完全相反的事或物,如物料反向流动
OTHER THAN(异常)	完全替换	出现和设计要求不相同的事或物,如发生异常事件或状态、开停车、维修、改变操作模式

4.4.3　HAZOP 方法的特点与适用性

HAZOP 方法的特点是由中间状态参数的偏差开始,找出原因并判断后果,是属于从中间向两头分析的方法,具体就是通过一系列的分析会议对工艺图纸和操作规程进行分析。在装置的设计、操作、维修等过程中,需要工艺、工程、仪表、土建、给排水等专业的人员一起工作,因此,危险与可操作性分析实际上是一个系统工程,需要各专业人员的共同参与,才能识别更多的问题。

危险与可操作性研究法的优点是简便易行,且背景各异的专家们一起工作,在创造性、系统性和风格上互相影响和启发,能够发现和鉴别更多的问题,要比他们独立工作更为有效。缺点是分析结果受分析评价人员主观因素影响。

危险与可操作性分析技术与其他安全评价方法的明显不同之处是:其他方法可由某人单独去做,而危险和可操作性分析必须由一个多方面的、专业的、熟练的人员组成的小组来完成。

危险与可操作性研究法的适用范围:该评价方法起初专门用于评价新工程项目设计审查阶段,用以查明潜在危险源和操作难点,以便采取措施加以避免,不过 HAZOP 法还特别适合于化工系统的装置设计审查和运行过程分析,也可用于热力水力系统的安全分析。

4.4.4　危险与可操作性研究分析法实施步骤

危险与可操作性研究分析法是一种常用的安全评价方法。可操作性研究的分析程序如图 4-3 所示,其主要分析步骤见图 4-4。

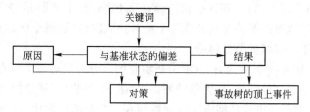

图 4-3　可操作性研究的分析程序

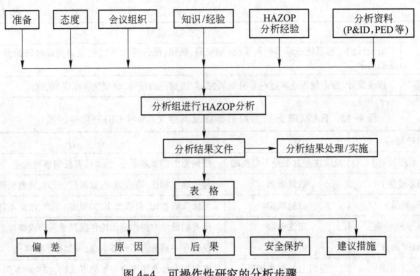

图 4-4　可操作性研究的分析步骤

危险与可操作性研究法可分三个步骤进行,即分析准备、完成分析和编制分析记录表。

(1) 分析准备内容包括:

1) 确定分析的目的、对象和范围。分析对象通常由装置或项目负责人确定,并得到 HAZOP 分析组组织者的帮助。

2) 分析组的构成。HAZOP 研究小组一般由 4~8 人组成,每个成员都能为所研究的项目提供知识和经验,最大限度发挥每个成员的作用。HAZOP 研究小组最少由 4 人组成,包括组织者、记录员、两名熟悉过程设计和操作的人员,但 5~7 人的分析组是比较理想的。

3) 获得必要的文件资料。最重要的文件资料是带控制点的流程图,但工艺流程图、平面布置图、安全排放原则、化学危险数据、管道数据表、工艺数据表以及以前的安全报告等也很重要。其他需要的文件包括操作与维护指导手册、仪表控制图、逻辑图、安全程序文件、管道单线图、装置手册和设备制造手册等。重要的图纸和数据应在分析会议开始之前分发到每位分析成员手中。

4) 将资料变成适当的表格并拟定分析顺序。对连续过程来说,准备工作量最小,在分析会议之前使用最新的图纸确定分析节点,每一位分析人员在会议上都应有这些图纸。对间歇过程来说,准备工作量很大,主要是因为操作过程复杂,分析这些操作程序是间歇过程 HAZOP 分析的主要内容。如有两个或两个以上的间歇步骤同时在过程中出现,应当将每个步骤中的每个容器的状态都表示出来。

5) 安排会议次数和时间。制定会议计划,首先要确定分析会议所需的时间。一般来说每个分析节点平均需要 20~30 min,若某容器有两个进口,两个出口,一个放空点,则需要 3 h 左右。另外还可以每个设备分配 2~3 h。每次会议持续时间不要超过 4~6 h(最好安排在上午),会议时间越长,则效率越低。也可以把装置划分成几个相对独立的区域,每个区域讨论完毕后,会议组作适当修整,再进行下一区域的分析讨论。

(2) 完成分析。图 4-5 所示为 HAZOP 分析流程图。分析组对每个节点或操作步骤使用引导词进行分析,得到一系列的结果,如偏差的原因、后果、保护装置、建议措施等。当发现危险情况时,HAZOP 分析组的每一位成员都应明白问题所在。在分析过程中,应当确保对每个偏差的分析,并且在建议措施完成之后再进行下一偏差的分析。在考虑采取某种措施以提高安全性之前,应对与节点有关的所有危险进行分析,以减少那些悬而未决的问题。此外,对偏差或危险应当主要考虑易于实现的解决方法,而不是花费大量时间去设计解决方案。过程危险性分析会议的主要目的是发现问题,而不是解决问题。但是如果解决方法是明确和简单的,应当作为意见或建议记录下来。

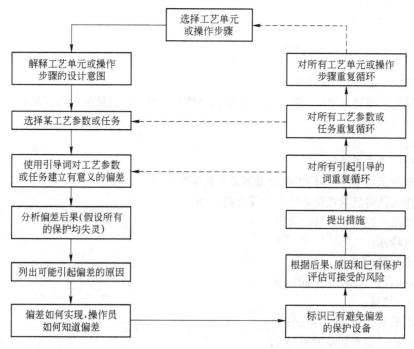

图 4-5 HAZOP 分析流程图

HAZOP 分析涉及过程的各个方面,包括工艺、设备、仪表、控制、环境等。HAZOP 分析人员的知识及可获得的资料总是与 HAZOP 分析方法的要求有距离,因此,对某些具体问题可听取专家的意见。必要时对某些部分的分析可延期,在获得更多的资料后再进行分析。

(3) 编制分析记录表。分析记录是 HAZOP 分析的一个重要组成部分。负责记录的人员应从分析讨论过程中提炼出准确的结果。尽管不可能把会议上说的每一句话都记录下来,但必须记录所有重要的意见。必要时可举行分析报告审核会,让分析组对最终报告进行审核和补充。通常,HAZOP 分析会议以表格形式记录,如表 4-13 所示。

表 4-13 HAZOP 分析记录表

分析人员:_____   图纸号:_____

会议日期:_____   版本号:_____

序　号	偏　差	原　因	后　果	安全保护	建议措施
分析节点或操作步骤说明,确定工艺指标					

4.4.5　危险与可操作性研究法应用示例

例如,使用 HAZOP 分析方法对 DAP 反应系统的危险情况进行分析。DAP 工艺流程如图

4-1所示。分析组将引导词用于工艺参数,对连接 DAP 反应器的磷酸溶液进料管线进行分析。

(1) 分析节点:连接 DAP 反应器的磷酸溶液进料管线

(2) 设计工艺指标:磷酸以一定流量进入 DAP 反应器

(3) 引导词:空白

(4) 工艺参数:流量

(5) 偏差:空白+流量=无流量

(6) 后果:

1) 反应器中氨过量,导致事故;

2) 未反应的氨进入 DAP 储槽,结果是氨从储槽逸出弥散到封闭的工作区域;

3) 损失 DAP 产品。

(7) 原因:

1) 磷酸储槽中无原料;

2) 流量指示器/控制器因发生故障而显示值偏高;

3) 操作人员将流量控制器流量值设置得过低;

4) 磷酸流量控制阀因故障关闭;

5) 管道堵塞;

6) 管道泄漏或破裂。

(8) 安全保护:定期维护阀门 B

(9) 建议措施:

1) 考虑安装报警/停车系统;

2) 保证定时检查和维护阀门 B;

3) 考虑使用 DAP 封闭储槽,并连接洗涤系统。

然后对该系统的其他节点用引导词+工艺参数的方法继续进行分析,将每个节点的分析内容记录到 HAZOP 分析表中。表 4-14 所示为 HAZOP 分析结果的部分示例。

表 4-14 用 HAZOP 法分析 DAP 工艺过程部分结果

分析组人员:HAZOP 分析组　　　　　图纸号:97-OBP-57100
会议日期:　　　　　　　　　　　　版本号:

序号	偏差	原　因	后　果	安全保护	建　议　措　施
	管线——氨送入 DAP 反应器的管线,进入反应器的氨流量为 x kmol/h,压力为 z Pa				
1.1	高流量	氨进料管线上的控制阀因故障打开;流量指示器因故障显示流量低;操作人员设置的氨流量太高	未反应的氨带到 DAP 储槽并释放到工作区域	定时维护阀门 A、检测器和报警器	考虑增加浓氨进入反应器流量高时的报警/停车系统;确保定时维护和检查阀门 A;在工作区域确保通风良好,或者使用封闭的 DAP 储槽
	容器——磷酸溶液储槽,磷酸在环境温度、压力下进料(见图 4-1)				
1.9	泄漏	腐蚀、磨蚀、外来破坏、密封故障	少量的氨连续泄漏到封闭的工作区域	定期对管线进行维修;操作人员定期检查 DAP 工作区域	在工作区域保证通风良好

续表 4-14

序号	偏差	原　因	后　果	安全保护	建议措施
	容器——磷酸溶液储槽,磷酸在环境温度、压力下进料(见图 4-1)				
2.7	磷酸浓度低	供应商供给的酸浓度低;送入进料储槽的磷酸有误	未反应的氨带入 DAP 储槽并释放到封闭工作区域	磷酸卸料、输送规程;氨检测器和报警器	保证实施物料的处理和接受规程;在操作之前分析储槽中的磷酸浓度;保证封闭工作区域通风良好或使用封闭的 DAP 储槽
	管线——磷酸送入 DAP 反应器的管线,磷酸进料量为 2 kmol/h,压力为 y Pa				
3.2	低/无流量	磷酸储槽中无原料;流量指示器因故障显示流量高;操作人员设置的磷酸流量太低;磷酸进料管线上的控制阀 B 因故障关闭;管道堵塞、管道泄漏或发生故障	未反应的氨带入 DAP 储槽并释放到封闭的工作区域	定期维护阀门 B、氨检测器和报警器	考虑增加磷酸进入反应器流量低时的报警/停车系统;保证定期维护和检查阀门 B,保证封闭工作区域通风良好或使用封闭的 DAP 储槽

4.5 故障假设分析法

故障假设分析法(what…if analysis)是对某一生产工艺过程或操作过程进行创造性分析的一种方法。使用该方法的人员应对工艺熟悉,通过提出一系列"如果……怎么办"的问题(故障假设),来发现可能和潜在的事故隐患,从而对系统进行彻底的检查。在分析会上围绕所确定的安全分析项目对工艺过程或操作进行分析,鼓励每个分析人员对假定的故障问题发表不同看法。如果分析人员富有经验,则该方法是一种强有力的分析方法;否则,其结果可能是不完整的。对一个相对简单的系统,故障假设分析只需要一两个分析人员就能进行;对复杂系统则需要组织较大规模的分析组,需较长时间或多次会议才能完成。

故障假设分析的目的是识别危险性、危险情况或可能产生的意想不到的结果的事故事件。通常由经验丰富的人员识别可能发生的事故的情况、结果,提出降低危险性的安全措施。该方法包括检查设计、安装、技改或操作过程中可能产生的偏差。要求评价人员对工艺规程熟知,并对可能导致事故的设计偏差进行整合。

4.5.1 故障假设分析法的特点与适用性

故障假设分析法的特点在于负责人的经验十分丰富,分析过程按部就班进行,较好完成任务;参加评价人员选择合理,人员水平较高,分析组不是把所有的问题都解决,而是有重点。其优点为:

(1) 不受行业和评价类型的限制;

(2) 故障假设分析的创造性和基于经验的安全检查表分析的完整性,弥补了各自单独使用时的不足;

(3) 故障假设分析利用分析组的创造性和经验最大限度地考虑到可能的事故情况,分析系统完整,操作简单方便。

其缺点为:

(1) 只能定性不能定量评价;

(2) 故障假设分析法很少单独使用,一般需要和检查表结合使用以弥补不足。

故障假设分析法适用范围很广,可用于设备设计和操作的各个方面(如建筑物、动力系统、原料、中间体、产品、仓库储存、物料的装卸与运输、工厂环境、操作方法与规程、安全管理规程、装置的安全保卫等)。

故障假设分析法鼓励思考潜在的事故和可能导致的后果,它弥补了基于经验的安全检查表编制时经验的不足,但是,检查表可以使故障假设分析法更系统化,因此出现了安全检查表分析与故障假设分析组合在一起的分析方法,互相取长补短,弥补各自单独使用时的不足。

4.5.2　故障假设分析法实施步骤

故障假设分析法由三个步骤组成,即分析准备、完成分析、编制分析结果文件。

(1) 分析准备。分析准备的内容包括:

1) 人员组成。进行这项分析应由 2~3 名专业人员组成小组。小组成员要熟悉生产工艺,有评价危险性的经验并了解分析结果的意义,最好有现场班组长和工程技术人员参加。

2) 确定分析目标。首先要考虑以取得什么样的结果作为目标,对目标又可进一步加以限定。目标确定之后就要确定分析哪些系统,如物料系统、生产工艺等。分析某一系统时应注意与其他系统的相互作用,避免漏掉危险性。如果是对正在运行的装置进行分析,应与操作、维修、公用系统或其他服务系统的负责人座谈。此外,如果分析会议讨论设备的布置问题,还应当到现场掌握系统的布置、安装及操作情况。因此,在分析开始之前,应拟定访问现场以及和有关人员座谈的日程。

3) 准备资料。故障假设分析法所需资料见表 4-15。危险分析组最好在分析会议开始之前得到这些资料。

表 4-15　故障假设分析法所需资料

资料大类	详 细 资 料
工艺流程及其说明	1. 生产条件;工艺中涉及的物料及其理化性质;物料平衡及热平衡 2. 设备说明书
工厂平面布置图	
工艺流程及仪表控制 和管路图	1. 控制(连续监测装置,报警系统功能) 2. 仪表(仪表控制图,监测方式)
操作规程	1. 岗位职责 2. 通讯联络方式 3. 操作内容(预防性维修、动火作业规定、容器内作业规定、切断措施、应急措施)

4) 准备基本问题。它们是分析会议的"种子"。如果以前进行过故障假设分析,或者是对装置改造后的分析,则可以使用以前分析报告中所列的问题。对新的装置或第一次进行故障假设分析的装置,分析组成员在会议之前应当拟定一些基本的问题,其他各种危险分析方法对原因和后果的分析也可以作为故障假设分析的问题。

(2) 完成分析。完成分析的内容包括:

1) 了解情况,准备故障假设问题。分析会议一开始,应该首先由熟悉整个装置和工艺的人员阐述生产情况和工艺过程,包括原有的安全设备及措施。这些人员主要是分析组所分析区域的有关专业人员。分析人员还应说明装置的安全防范、安全设备、卫生控制规程。

分析人员要向现场操作人员提问,然后对所分析的工艺过程提出有关安全方面的问题。但是分析人员不应受所准备的故障假设问题的限制或者仅局限于对这些问题的回答,而是应当利用他们的综合专业知识和分析组的相互启发,提出他们认为必须分析的问题,以保证分析的完整。分析进度不能太快也不能太慢,每天最好不要超过 4~6 h,连续分析不要超过一周。

　　分析过程有两种会议方式可采用。一种方式是列出所有的安全项目和问题,然后进行分析;另一种方式是提出一个问题讨论一个问题,即对所提出的某个问题的各个方面进行分析后再对分析组提出的下一个问题(分析对象)进行讨论。两种方式都可以,但通常最好是在分析之前列出所有的问题,以免打断分析组的创造性思维。如果过程比较复杂,可以分成几部分,这样不至于让分析组花上几天时间来列出所有问题。

　　2)按照准备好的问题,从工艺进料开始,一直进行到成品产出为止,逐一提出如果发生某种情况,操作人员应该怎么办的问题,分别得出正确答案,填入分析表中,常见的故障假设分析法分析表形式如表4-16所示。

　　3)将提出的问题及正确答案加以整理,找出危险、可能产生的后果、已有安全保护装置和措施、可能的解决方法等汇总后报相关部门,以便采取相应措施。在分析过程中,可以补充任何新的故障假设问题。

　　(3)编制分析结果文件。编制分析结果文件是将分析人员的发现变为消除或减少危险的措施的关键。4.5.4节中的表4-18即是一份故障假设分析结果报告式样,读者可参考。分析组还应根据分析结果提出提高过程安全性的建议。根据对象的不同要求可对表格内容进行调整。

4.5.3　故障假设分析法的常见分析表格

　　故障假设分析法的常见分析表格形式如表4-16所示。

表4-16　故障假设分析法分析表

如果……怎么办?	危险性/结果	建议/措施

4.5.4　故障假设分析法应用示例

　　用故障假设分析法,对磷酸氢二铵(DAP)系统的反应工段进行分析。表4-17列出了将在分析会议上讨论的问题。

表4-17　对生产DAP的过程进行故障假设分析所提的问题

提问方式	提问内容
如果……将会发生什么情况?	1. 原料磷酸中含有其他杂质
	2. 原料中磷酸浓度太低,不符合原设计要求
	3. 反应器中氨含量过高
	4. 阀门B关闭或堵塞
	5. 阀门C关闭或堵塞
	6. 搅拌器停止搅拌

　　对第一个问题,分析人员需要考虑哪些物质与氨混合可发生危险。如果清楚是哪种物质,就要注意是装置中存在该物质,还是原料供应商提供的原料本来就有问题(也可能是原料标签有误)。如果物料的错误搭配对操作人员和环境有危害,分析人员要识别这种危害,并且还应分析已有的安全保护措施是否能避免这种危害的发生。建议原料分析中心在磷酸送入装置前对其进

行分析检验。分析人员按照这种方式逐一分析、回答其他问题并记录下来。表 4-18 列出了本例的结果分析文件。

表 4-18　DAP 工艺过程的故障假设结果分析文件

工艺过程：DAP 反应器		分析人员：由安全、操作、设计等方面人员组成	
分析主题：有毒、有害物质释放		日期：日/月/年	
故障假设分析问题	危险/后果	已有安全保护	建　议
原料磷酸中含有杂质	杂质与磷酸或氨反应可能产生危险，或产品不符合要求	供应商可靠，对反应器进料有严格的规定	采取措施保证物料管理规定严格执行
进料中磷酸浓度太低，不符合原设计规定	过量且未反应的氨经过 DAP 储槽释放到工作区	供应商可靠，已安装有氨检测与报警装置	严格分析检测原料站送来的磷酸的浓度
反应器中氨含量过高	未反应的氨进入 DAP 储槽并释放到工作区，恶化环境	氨水管线上装有流量计、氨检测报警器	通过阀 B 的流量较小时，氨报警器启动或关闭阀 A
阀门 B 关闭或堵塞	大量未反应的氨进入 DAP 储槽并释放到工作区，恶化环境	定期维修，安装有氨检测与报警装置，磷酸管线上装有流量计	通过阀 B 的流量较小时，阀 A 关闭或氨报警启动
搅拌器停止搅拌	物料不均匀，局部反应剧烈，易发生危险		关闭阀 A、阀 B 备用搅拌器

4.6　故障类型和影响分析法

　　故障类型和影响分析法（FMEA）是安全系统工程中重要的分析方法之一。这种方法是由可靠性技术发展起来的，只是分析目标有了变化。前者分析系统的可靠性，后者分析哪些故障类型会引起人的伤亡和财产损失。

　　故障类型和影响分析法是一种归纳分析法，主要是对系统的各个组成部分，即元件、组件、子系统等进行分析，找出它们所能产生的故障及其类型，查明每种故障对系统安全所带来的影响，以便采取相应的防治措施，提高系统的安全性。FMEA 也是一种自下而上的分析方法。在进行故障类型和影响分析时，人们往往对某些可能造成特别严重后果的故障类型单独进行分析，使其成为一种分析方法，即致命度分析（CA）方法。FMEA 与 CA 合称为 FMEACA。

　　与故障类型和影响分析法相关的基本定义如下：

　　（1）功能件。由几个到成百个零件组成，具有独立的功能。

　　（2）组件。两个以上的零部件构成组件，在子系统中保持特定的性能。

　　（3）零件（元件）。不能进一步分解的单个部件，具有设计规定的性能。

　　（4）故障。元件、子系统、系统在运行时，不能达到设计要求，因而不能够完成规定的任务或完成得不好，就是系统出现了故障。这些故障会造成事故，但并不是所有故障都会造成严重后果，只是其中有一些故障会影响系统完不成任务或造成事故损失。由元件、子系统的单元或组合件构成系统，这些构成要素都有其各自的功能和作用。

　　（5）故障类型。系统、子系统或元件发生的每一种故障的形式称为故障类型。例如，一个阀门故障可以有四种故障类型：内漏、外漏、打不开、关不严。一个元件发生故障，其表现形式可能不止一种，如变形、裂纹、破损、弹性不稳定、磨损、腐蚀表面损伤、松动、摇晃、脱落、咬紧、烧伤、杂物、弄脏、泄漏、渗漏、侵蚀、变质、开路、短路、杂音、漂移等，都是故障类型中的一种。

　　（6）故障等级。根据故障类型对系统或子系统影响的程度不同而划分的等级称为故障等级（见表 4-19）。评价过程中，列出设备的所有故障类型对一个系统或装置的影响因素，这些故障模式对设备故障进行描述(开启、关闭、开、关、泄漏等),故障类型的影响由设备故障对系统的影响确定。

表 4-19 故障类型等级划分

故障等级	影响程度	可能造成的损失
I	致命性	可造成死亡或系统毁坏
II	严重性	可造成严重伤害、严重职业病或主系统损坏
III	临界性	可造成轻伤、轻职业病或次要系统损坏
IV	可忽略性	不会造成伤害和职业病,系统不会受到损坏

4.6.1 故障类型和影响分析所需资料

使用 FMEA 方法需要如下资料:

(1) 系统或装置的 P&IDS;

(2) 设备、配件一览表;

(3) 设备功能和故障模式方面的知识;

(4) 系统或装置功能及对设备故障处理方法知识。

FMEA 方法可由单个分析人员完成,但需要其他人进行审查,以保证完整性。对评价人员的要求随着评价的设备项目大小和尺度有所不同。所有的 FMEA 评价人员都应对设备功能及故障模式熟悉,并了解这些故障模式如何影响系统或装置的其他部分。

4.6.2 故障类型和影响分析法的特点与适应性

故障类型和影响分析法的特点是从元件、器件的故障开始,逐步分析其影响及应用采取的对策。在 FMEA 中不直接确定人的影响因素,但人失误操作影响通常作为一设备故障模式表示出来。故障类型和影响分析法常与其他方法结合起来用在事故调查分析阶段。该方法的优点:从部件分析到故障,侧重于建立上、下级逻辑关系,容易掌握,有针对性,实用性强;此法是一种定性评价方法,便于理解,对设备等硬件设施分析能力较强。缺点为:所有的 FMEA 评价人员都应对设备功能及故障模式熟悉,并了解这些故障模式如何影响系统或装置的其他部分;此方法需要具有专业背景的人员进行评价;方法使用有局限性。

起初,这种方法主要用于设计阶段。目前,在核电站、化工、机械、电子及仪表工业中都广泛使用这种方法。在安全评价工作中也常用此方法对设备、硬件和装置进行分析和评价。

4.6.3 故障类型和影响分析法实施步骤

故障类型和影响分析的基本内容是找出系统的各个子系统或元件可能发生的故障和故障出现的状态(即故障类型)以及他们对整个系统造成的影响。进行 FMEA 时,需按照下述步骤,见图 4-6。

(1) 明确系统本身的情况。分析时首先要熟悉有关资料,从设计说明书等资料中了解系统的组成、任务等情况,查出系统含有多少子系统,各个子系统又含有多少单元或元件,了解它们之间如何接合,熟悉它们之间的相互关系、相互干扰以及输入和输出等情况。

(2) 确定分析程度和水平。分析时,一开始便要根据所了解的系统情况,决定分析到什么水平,这是一个很重要的问题。如果分析程度太浅,就会漏掉重要的故障类型,得不到有用的数据;如果分析的程度过深,一切都分析到元件甚至零部件,则会造成手续复杂,制定措施也很难。一般来讲,经过对系统的初步了解后,就会知道哪些子系统比较关键,哪些是次要的。对关键的子系统可以分析得深一些,不重要的分析得浅一些,甚至可以不进行分析。对于一些功能像继电器、开关、阀门、储罐、泵等都可当作元件对待,不必进一步分析。

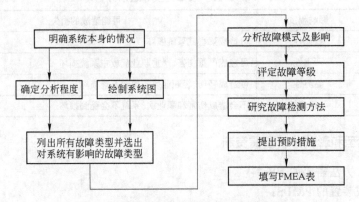

图 4-6   故障类型和影响分析法实施步骤

（3）绘制系统图和可靠性框图。一个系统可以由若干个功能不同的子系统组成,如动力、设备、结构、燃料供应、控制仪表、信息网络系统等,其中还有各种接合面。为了便于分析,对复杂系统可以绘制各功能子系统相结合的系统图以表示各子系统间的关系。对简单系统可以用流程图代替系统图。

从系统图可以继续画出可靠性框图,它表示各元件是串联的或并联的以及输入输出情况。由几个元件共同完成一项功能时用串联连接,元件有备品时则用并联连接,可靠性框图内容应和相应的系统图一致。

（4）列出所有故障类型并选出对系统有影响的故障类型。按照可靠性框图,根据过去的经验和有关的故障资料,列举出所有的故障类型,填入 FMEA 表格内。然后从其中选出对子系统以至系统有影响的故障类型,深入分析其影响后果、故障等级及应采取的措施。

如果经验不足,考虑得不周到,将会给分析带来影响。因此,这是一件技术性较强的工作,最好由评价人员、安技人员、生产人员和工人结合进行。

（5）列出造成故障的原因并列表。造成故障的原因可以根据以往经验进行判断。将上述步骤及内容列入一定格式的表格中,便于分析和查阅。

4.6.4 故障类型和影响分析法常用表格

FMEA 通常按预定的分析表逐项进行,由于表格便于编码、分类、查阅、保存,所以很多部门根据自己情况拟出不同表格（见表 4-20～表 4-22）,但基本内容相似。评价中最常用的格式为表 4-20。

表 4-20   故障类型和影响分析表之一

系　统 子系统		故障类型和影响分析						日期 制表 主管	
编号	子系统项目	元件名称	故障类型	推断原因	对子系统影响	对系统影响	故障等级	措施	备注

表4-21 故障类型和影响分析表之二

系　统 子系统 组　件			故障类型和影响分析						日期 主管	制表 审核		
分析项目				功能	故障类型及 造成原因	任务 阶段	故障影响			故障检测 方法	改正处理 所需时间	故障 等级	修改
名称	项目号	图纸号	框图号				组件	子系统	系统 （任务）				

表4-22 故障类型和影响分析表之三

系　统 子系统		故障类型和影响分析						日期 主管	制表 审核	
项目号	分析项目	功能	故障类型	推断原因	影响		故障检测 方法	故障等级	备注
					子系统	系统			

4.6.5 故障类型和影响分析法应用示例

例如,某企业对压缩空气供应系统进行故障类型和影响分析,压缩空气供应系统基本概况为:其功能是提供生产和仪表用压缩空气;其组成主要包括空压机、储气罐和压缩空气管路以及干燥和滤油装置。

该企业压缩空气供应系统故障类型和影响分析,具体见表4-23。

表4-23 企业压缩机空气供应系统故障类型和影响分析表

序号	元件名称	故障类型	发生原因	影响分析	安全技术措施
1	空压机	误动作	开车时没有将旁路阀和出口阀完全开启	可能引致空压机汽缸超压爆炸	① 严格按操作规程作业; ② 定期培训作业人员
		安全阀失效	质量差;没有定期检测	如空压机因误操作、过热、异常等引致压力过高时,可能引致超压爆炸	① 选用质量合格的产品; ② 定期对安全阀进行检测、校核
		输出压力低	① 空压机老化磨损,汽缸严密性差; ② 电压不稳定; ③ 润滑不良; ④ 进气通道受阻	输出压力过低,可能是气动机械和仪表因动力不足而发生误操作或不动作,从而可能引发机械伤害或火灾事故	① 定期对空压机进行检查保养; ② 严格按操作规程作业; ③ 保障供电电压稳定; ④ 进行压力检测
		输出压力高	① 供电电压过高; ② 管道阻塞,产生憋压	压力过大,可能导致管路超压破裂	
2	储气罐	泄漏或破裂	① 选用材料不良,质量差; ② 腐蚀; ③ 安全阀失效; ④ 供气压力过高	① 泄漏使压缩空气压力降低,可能导致气动执行机构不动作或误动作; ② 储气罐破裂,可能伤及周围人员,并中断压缩空气供应,可能导致次生灾害	① 选用有资质厂商提供的合格氮气罐; ② 做好防腐工作; ③ 定期对氮气罐及其安全附件进行检查和测试

压缩空气供应系统故障类型和影响分析表

序号	元件名称	故障类型	发生原因	影响分析	安全技术措施
3	压缩空气管路	泄漏	① 选用材料不良,质量差;② 腐蚀	泄漏使压缩空气压力降低,可能导致气动执行机构不动作或误动作	① 严格监控施工质量,验收合格方能使用;② 对管路进行定期保养、检测
		断裂	① 严重腐蚀;② 机械碰撞、损伤	中断部分设备的压缩空气供应,可能导致气动装置突然失压产生误动作而引发次生灾害	① 设计时应充分考虑管路与机动设备、天车等移动机械的安全距离;② 对管路进行定期保养、检测
		压缩空气含水	① 干燥装置故障失效或容量不够;② 没有及时排水排污	加剧管路,特别是气动设备和气动仪表的锈蚀,导致其可靠性下降	① 为空压机配备质量合格、容量足够的干燥设备;② 定期对干燥装置进行保养、维护;③ 及时排水排污
		压缩空气含油	① 油滤装置故障失效或容量不够;② 没有及时排油排污	① 压缩空气含油超标,可导致气动设备和气动仪表严重积油,造成其可靠性下降;② 管路积油,增大管路火灾危险,特别是在检修作业时	① 为空压机配备质量合格、容量足够的油滤设备;② 定期对油滤装置进行保养、维护;③ 及时排油排污

4.7　作业条件危险性评价法

作业条件的危险性评价法(格雷厄姆-金尼法)是作业人员在具有潜在危险性环境中进行作业时的一种危险性半定量评价方法。它是由美国人格雷厄姆(Graham)和金尼(Kinney)提出的,他们认为影响作业条件危险性的因素是 L(事故发生的可能性)、E(人员暴露于危险环境的频繁程度)和 C(一旦发生事故可能造成的后果)。

4.7.1　作业条件危险性评价法的特点与适应性

作业条件危险性评价法评价人们在某种具有潜在危险的作业环境中进行作业的危险程度,该方法简单易行,危险程度级别划分比较清楚、醒目。此方法只能定性不能定量,方法中影响危险性因素的分数值主要是根据经验来确定的,因此具有一定的主观性和局限性。

该方法一般用于企业作业现场的局部性评价(如员工抱怨作业环境差),不能普遍适用于整体、系统的完整的评价。

4.7.2　作业条件危险性评价法实施步骤

作业条件危险性评价法的实施步骤如下:

(1) 以类比作业条件比较为基础,由熟悉类比条件的设备、生产、安技人员组成专家组。

(2) 对于一个具有潜在危险性的作业条件,确定事故的类型,找出影响危险性的主要因素:发生事故的可能性大小;人体暴露在这种危险环境中的频繁程度;一旦发生事故可能会造成的损失后果。

(3) 由专家组成员按规定标准对 L、E、C 分别评分,取分值集的平均值作为 L、E、C 的计算分值,用计算的危险性分值(D)来评价作业条件的危险性等级。用公式来表示,则为:

$$D = L \times E \times C$$

式中　L——发生事故的可能性大小,取值见表 4-24;

　　　E——人员暴露于危险环境中的频繁程度,取值见表 4-25;

　　　C——发生事故产生的后果,取值见表 4-26;

　　　D——风险值,确定危险等级的划分标准,见表 4-27。

表 4-24　事故发生的可能性分值 L

分数值	10	6	3	1	0.5	0.2	0.1
事故发生的可能性	完全会被预料到	相当可能	可能,但不经常	完全意外,很少可能	可以设想,很少可能	极不可能	实际上不可能

表 4-25　暴露于危险环境的频繁程度分值 E

分数值	10	6	3	2	1	0.5
暴露于危险环境的频繁程度	连续暴露	每天工作时间内暴露	每周一次或偶然暴露	每月暴露一次	每年几次暴露	非常罕见暴露

表 4-26　事故造成的后果分值 C

分数值	100	40	15	7	3	1
事故造成的后果	十人以上死亡	数人死亡	一人死亡	严重伤残	有伤残	轻伤,需救护

表 4-27　危险性等级划分标准

危险性分值 D	≥320	≥160~320	≥70~160	≥20~70	<20
危险程度	极度危险,不能继续作业	高度危险,需要整改	显著危险,需要整改	比较危险,需要注意	稍有危险,可以接受

一般情况下,事故发生的可能性越大,风险越大;暴露于危险环境的频繁程度越大,风险越大;事故产生的后果越大,风险越大。运用作业条件危险性评价法进行分析时,危险等级为 1 级、2 级的,可确定为属于可接受的风险;危险等级为 3 级、4 级、5 级的,则确定为属于不可接受的风险。

4.7.3　作业条件危险性评价法应用示例

例如,根据格雷厄姆-金尼法采用的评价程序和原则以及各生产装置的具体情况,对某工厂各单元作业及安装、维修、高处等 12 个具有潜在危险性的作业进行综合评价,评价结果见表 4-28。

表 4-28　作业条件危险性评价结果汇总

序号	作 业 名 称	L	E	C	$D = L \times E \times C$	危险等级
1	搅拌	1	6	7	42	比较危险
2	研磨分散	1	6	7	42	比较危险
3	包装	1	6	7	42	比较危险
4	原料库	1	6	7	42	比较危险
5	成品库	1	6	7	42	比较危险
6	检、维修中起重吊装作业	3	2	7	42	比较危险

序 号	作 业 名 称	L	E	C	D=L×E×C	危险等级
7	管、架、桥、电缆线检查、保养作业	3	2	7	42	比较危险
8	电器设备、电缆安装、维修作业	3	2	7	42	比较危险
9	管道、设备维修作业	3	2	7	42	比较危险
10	建、构筑物维修作业	3	0.5	7	10.5	稍有危险
11	焊割作业	3	2	7	42	比较危险
12	原料等车辆运输作业	1	6	7	42	比较危险

习题和思考题

4-1　阐述安全检查表方法的优缺点及适用范围。

4-2　说明预先危险性分析步骤。

4-3　叙述常用 HAZOP 分析术语及其定义。

4-4　简述故障类型等级的划分。

4-5　简述作业条件危险性评价法。

5 危险指数评价法

危险指数评价法是通过评价人员对几种工艺现状及运行的固有属性(以作业现场危险度、事故概率和事故严重度为基础,对不同作业现场的危险性进行鉴别)进行比较计算,确定工艺危险特性重要性大小,进而对工艺的风险进行评价。

危险指数评价可以运用在工程项目的各个阶段(可行性研究、设计、运行等),或在详细的设计方案完成之前,或在现有装置危险分析计划制定之前。当然它也可用于在役装置,作为确定工艺操作危险性的依据。

目前已有多种成熟的危险指数方法得到广泛的应用。这些方法使用起来可繁可简,形式多样,既可定性、又可定量进行评价。例如,评价者可依据作业现场危险度、事故概率、事故严重度的定性评估,对现场进行简单分级。或者,较为复杂的,通过对工艺特性赋予一定的数值组成数值图表,可用此表计算数值化的分级因子。常用评价方法有如下几种:

(1) 道化学火灾、爆炸危险指数评价法;

(2) ICI 公司研制的蒙德法;

(3) 易燃、易爆、有毒重大危险源评价法;

(4) 化工厂危险等级指数法;

(5) 危险度评价。

5.1 道化学火灾、爆炸危险指数评价法

美国道化学公司自 1964 年开发"火灾、爆炸危险指数评价法"以来,历经 29 年,不断修改完善;在 1993 年推出了第七版,以已往的事故统计资料及物质的潜在能量和现行安全措施为依据,定量地对工艺装置及所含物料的实际潜在火灾、爆炸和反应危险性进行分析评价,可以说更加完善、更趋成熟。其目的是:

(1) 量化潜在火灾、爆炸和反应性事故的预期损失;

(2) 确定可能引起事故发生或使事故扩大的装置;

(3) 向有关部门通报潜在的火灾、爆炸危险性;

(4) 使有关人员及工程技术人员了解到各工艺部门可能造成的损失,以此确定减轻事故严重性和总损失的有效、经济的途径。

5.1.1 评价计算程序

道化学火灾、爆炸危险指数评价法风险分析计算程序如图 5-1 所示。

5.1.2 确定评价单元

进行危险指数评价的第一步是确定评价单元。单元是装置的一个独立部分,与其他部分保持一定的距离,或用防火墙、防爆墙、防护堤等与其他部分隔开。通常,在不增加危险性潜能的情况下,可把危险性潜能类似的单元归并为一个较大的单元。

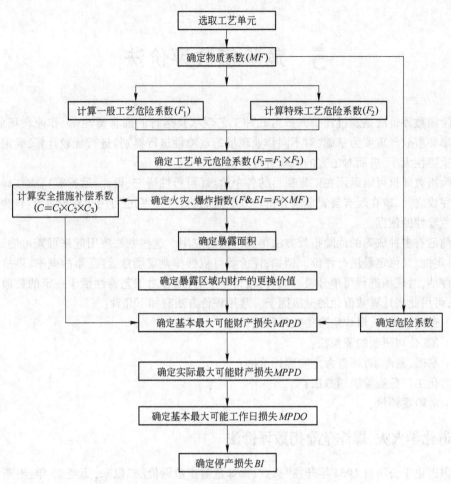

图 5-1　道化学火灾、爆炸危险指数评价法计算程序图

5.1.3　火灾、爆炸危险指数及补偿系数

火灾、爆炸危险指数及补偿系数见表 5-1、表 5-2。

表 5-1　火灾、爆炸指数（ $F\&EI$ ）表

地区/国家：		部门：		场所：		日期：
位置：		生产单元：			工艺单元：	
评价人：		审核人：(负责人)			建筑物：	
检查人：(管理部)		检查人：(技术中心)			检查人：	
工艺设备中的物料：						
操作状态：设计—开车—正常操作—停车					确定 MF 的物质	
操作温度：			物质系数（ MF ）：			
1. 一般工艺危险			危险系数范围		采用危险系数	
基本系数			1.00		1.00	
A. 放热化学反应			$0.3\sim1.25$			

地区/国家：		部门：		场所：		日期：	
位置：		生产单元：			工艺单元：		
评价人：		审核人：(负责人)			建筑物：		
检查人：(管理部)		检查人：(技术中心)			检查人：		
工艺设备中的物料：							
操作状态：设计—开车—正常操作—停车					确定 MF 的物质		
操作温度：		物质系数(MF)：					
B. 吸热反应		0.20~0.40					
C. 物料处理与输送		0.25~1.05					
D. 密闭式或室内工艺单元		0.25~0.90					
E. 通道		0.20~0.35					
F. 排放和泄漏控制		0.25~0.50					
一般工艺危险系数(F_1)							
2. 特殊工艺系数							
基本系数		1.00			1.00		
A. 毒性物质		0.20~0.80					
B. 负压(<66.661 kPa)		0.50					
C. 易燃范围内及接近易燃范围的操作:惰性化、未惰性化							
a. 罐装易燃液体		0.50					
b. 过程失常或吹扫故障		0.30					
c. 一直在燃烧范围内		0.80					
D. 粉尘爆炸		0.25~2.00					
E. 压力 操作压力/kPa(绝对压) 释放压力/kPa(绝对压)							
F. 低温		0.20~0.30					
G. 易燃及不稳定物质的质量/kg 物质燃烧热 H_c/J·kg^{-1}							
a. 工艺中的液体及气体							
b. 储存中的液体及气体							
c. 储存中的可燃固体及工艺中的粉尘							
H. 腐蚀与磨蚀		0.10~0.75					
I. 泄漏—接头和填料		0.10~1.15					
J. 使用明火设备							
K. 热油热交换系统		0.15~1.5					
L. 转动设备		0.50					
特殊工艺危险系数 F_2							
工艺单元危险系数 F_3							
火灾、爆炸危险指数 F&EI							

表 5-2　安全措施补偿系数表

项　目	补偿系数范围	采用补偿系数
1. 工艺控制安全补偿系数(C_1)		
a. 应急电源	0.98	
b. 冷却装置	0.97~0.99	
c. 抑爆装置	0.84~0.98	
d. 紧急切断装置	0.96~0.99	
e. 计算机控制	0.93~0.99	
f. 惰性气体保护	0.94~0.96	
g. 操作规程/程序	0.91~0.99	
h. 化学活性物质检查	0.91~0.98	
i. 其他工艺危险分析	0.91~0.98	
C_1		
2. 物质隔离安全补偿系数(C_2)		
a. 遥控阀	0.96~0.98	
b. 卸料/排空装置	0.96~0.98	
c. 排放系统	0.91~0.97	
d. 联锁装置	0.98	
C_2		
3. 防火设施安全补偿系数(C_3)		
a. 泄漏检测装置	0.94~0.98	
b. 结构钢	0.95~0.98	
c. 消防水供应系统	0.94~0.97	
d. 特殊灭火系统	0.91	
e. 洒水灭火系统	0.74~0.97	
f. 水幕	0.97~0.98	
g. 泡沫灭火系统	0.92~0.97	
h. 手提灭火系统	0.93~0.98	
i. 电缆防护	0.94~0.98	
C_3		
安全措施补偿系数 $C = C_1 \times C_2 \times C_3$		

5.1.4　火灾、爆炸危险指数等级

　　火灾、爆炸危险指数被用来估计生产事故可能造成的破坏。各种危险因素,如反应类型、操作温度、压力和可燃物的数量等,表征了事故发生概率、可燃物的潜能以及由工艺控制故障、设备故障、振动或应力疲劳等导致的潜能释放的大小。

　　根据直接原因,易燃物泄漏并点燃后引起的火灾或燃料混合物爆炸的破坏情况分为如下几类:

（1）冲击波或燃爆；

（2）初始泄漏引起的火灾暴露；

（3）容器爆炸引起的对管道与设备的撞击；

（4）引起二次事故——其他可燃物的释放。

随着单元危险系数和物质系数的增大，二次事故变得愈加严重。

火灾、爆炸危险指数（F&EI）是单元危险系数（F_3）和物质系数（MF）的乘积。表 5-3 是 F&EI 值与危险程度之间的关系，它使人们对火灾、爆炸的严重程度有一个相对的认识。

表 5-3 F&EI 及危险等级

F&EI 值	1~60	61~96	97~127	128~158	>158
危险等级	最轻	较轻	中等	很大	非常大

5.1.5 工艺单元危险分析汇总表

工艺单元危险分析汇总如表 5-4 所示。

表 5-4 工艺单元危险分析汇总表

序　号	内　　　容	单　位
1	火灾、爆炸危险指数（F&EI）	
2	危险等级	
3	暴露区域半径	m
4	暴露区域面积	m^2
5	暴露区域内财产价值	
6	破坏系数	
7	基本最大可能财产损失（基本 MPPD）	
8	安全措施补偿系数	
9	实际最大可能财产损失（实际 MPPD）	
10	最大可能停工天数（MPDO）	d
11	停产损失（BI）	

工艺单元危险分析汇总表汇集了所有重要的单元危险分析的资料。它首先列出了 F&EI 及由 F&EI 确定的数据、单元的安全补偿系数、暴露区域、破坏系数及停产总值等。工艺单元危险分析汇总表以及 F&EI 是用来制定生产单元风险管理程序的有效工具。

（1）计算火灾、爆炸危险指数。火灾、爆炸危险指数（F&EI）按下式计算：

$$F\&EI = F_3 \times MF$$

式中　F_3——工艺单元危险系数，$F_3 = F_1 F_2$，F_3 值的正常范围为 1~8，若大于 8，也按最大值 8 计；

　　MF——物质系数；

　　F_1——一般工艺危险系数；

　　F_2——特殊工艺危险系数。

（2）确定暴露区域半径。暴露区域半径 R(m) 按下式计算：

$$R = 0.84 \times 0.3048 \times (F\&EI)$$

该暴露半径表明了单元危险区域的平面分布，它是一个以工艺设备的关键部位为中心，以暴露半径为半径的圆。如果被评价工艺单元是一个小设备,就以该设备的中心为圆心,以暴露半径为半径画圆。如果设备较大,则应从设备表面向外量取暴露半径。

(3) 确定暴露区域面积。暴露半径决定了暴露区域的大小。

暴露区域面积(m^2):
$$S = \pi R^2$$

实际暴露区域面积:暴露区域面积+评价单元面积

暴露区域表示其内的设备将会暴露在本单元发生的火灾或爆炸环境中。因此,必须采取相应的对策措施。在实际情况下,暴露区域的中心常常是泄漏点,经常发生泄漏的点是排气(液)口、膨胀节、装卸料连接处等部位,它们均可作为暴露区域的圆心,要加强重点防范。

(4) 确定暴露区域财产价值。暴露区域内财产价值可由区域内含有的财产(包括在存物料)的更换价值来确定:

$$更换价值 = 原来成本 \times 0.82 \times 增长系数$$

式中,0.82 是考虑了场地平整、道路、地下管线、地基等在事故发生时不会遭到损失或无需更换的系数;增长系数由工程预算专家确定。

更换价值可按以下几种方法计算:

1) 采用暴露区域内设备的更换价值;

2) 用现行的工程成本来估算暴露区域内所有财产的更换价值(地基和其他受损失的项目除外);

3) 从整个装置的更换价值推算每平方米的设备费,再乘上暴露区域的面积,即为更换价值。对老厂最适用,其精确度差。

在计算暴露区域内财产的更换价值时,需计算在存物料及设备的价值。储罐的物料量可按其容量的80%计算;塔器、泵、反应器等计算在存量或与之相连的物料储罐物料量,亦可用 15 min 物流量或其有效容积计。

物料的价值要根据制造成本、可销售产品的销售价及废料的损失等来确定,要将暴露区内的所有物料包括在内。

在计算时,不重复计算两个暴露区域相交叠的部分。

(5) 确定破坏系数。破坏系数由单元危险系数(F_3)和物质系数 MF 按道化学火灾、爆炸危险指数评价法第七版中给定的图确定。它表示单元中的物料或反应能量释放所引起的火灾、爆炸事故的综合效应。

(6) 计算基本最大可能财产损失(基本 MPPD)。按下式计算:
$$基本最大可能财产损失 = 暴露区域面积 \times 暴露区域财产价值$$

此公式是在假定没有任何一种安全措施来降低损失的情况下得出。

(7) 安全措施补偿系数。安全措施补偿系数是若干项目的乘积,即
$$C = C_1 \times C_2 \times C_3$$

(8) 实际最大可能财产损失(实际 MPPD)。按下式计算:
$$实际最大可能财产损失 = 基本最大可能财产损失 \times 安全措施补偿系数$$

它表示在采取适当的防护措施后,事故造成的财产损失。

(9) 计算最大可能工作日损失(MPDO)。估算最大可能工作日损失是评价停产损失(BI)的必经步骤,根据物料储量和产品需求的不同状况,停产损失往往等于或超过财产损失。

最大可能工作日损失可以根据实际最大可能财产损失按道化学火灾、爆炸危险指数评价法第七版中给定的图查取。

(10) 计算停产损失(BI)。停产损失(以美元计)按下式计算:
$$BI = MPDO/30 \times VPM \times 0.70$$

式中,*VPM* 为每月产值。

5.1.6 生产单元危险分析汇总表

生产单元危险分析汇总如表 5-5 所示。

表 5-5 生产单元危险分析汇总表

地区/国家		部门		场所	
位置		生产单元		操作类型	
评价人		生产单元总替换价值		日期	
工艺单元主要物质	物质系数	火灾、爆炸指数(*F&EI*)	影响区内财产价值	基本 *MPPD*	实际 *MPPD*	最大可能工作日损失 *MPDO*	停产损失 *BI*

5.1.7 道化学火灾、爆炸危险指数评价法应用示例

5.1.7.1 评价项目概述

选取某化学工业公司年产 12 万吨聚苯乙烯项目作为评价对象,该公司的 12 万吨聚苯乙烯项目由三套聚苯乙烯生产装置组成。聚苯乙烯生产工艺流程包括配料、预聚合、聚合、脱挥、造粒等工序和循环真空、导热油等辅助系统。

聚苯乙烯工艺流程示意图如图 5-2 所示。

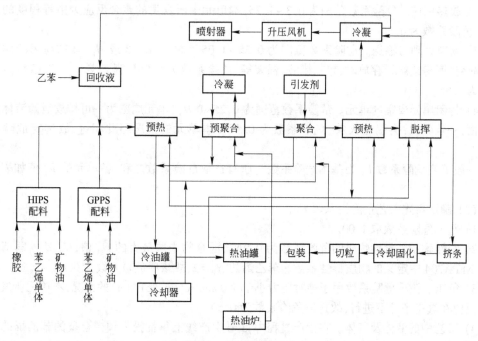

图 5-2 聚苯乙烯工艺

5.1.7.2 选择评价单元

该公司主要分为生产区和储罐区两大部分,现有的 12 万吨聚苯乙烯项目共有 3 条生产线,

每条生产线均由多个工艺系统组成,包括配料、聚合、脱挥、循环回收、真空、造粒和粉末脱除等部分。依据对聚苯乙烯生产工艺过程的分析,可初步确定苯乙烯聚合阶段是整个生产过程中最具危险性的阶段,因此,生产主装置区应选取预聚合车间为代表性工艺单元。此外,苯乙烯罐区和日用罐区也是该公司内主要的火灾、爆炸危险场所,应以此为危险单元进行事故后果评价。各评价单元基本情况如下:

(1) 聚苯乙烯生产装置区。由于3条生产线的布置相对独立,可选取其中一条生产线为代表性评价单元,本处选取3号生产线进行评价。评价时考虑苯乙烯(SM)进入预聚釜进行聚合的情况。

(2) 储罐区。该公司球罐区有两组储罐,其中一组包含2个6000 m³的液化石油气球罐、1个600 m³的柴油储罐和1个864 m³的矿物油储罐;另一组为2个1000 m³的乙二醇储罐,两组储罐用防火墙隔开。罐区的火灾、爆炸危险主要来自苯乙烯,故选取苯乙烯罐组为单元进行评价,考虑罐内填充系数为0.85时的情况。

(3) 日用罐区。罐区内的主要危险物质是苯乙烯,一般存放量约为150 t。

5.1.7.3　火灾、爆炸危险指数的确定

(1) 物质系数的确定。以生产装置区为例,单元内存在的物质有苯乙烯、矿物油、聚丁二烯橡胶和抗氧剂等。根据评价指南的规定,应选取火灾危险性较大或储运量较大的物质作为代表性物质,故代表物选定为苯乙烯,其物质系数为24。考虑苯乙烯进入预聚合釜聚合时的温度为90~200℃,远超过其闪点(32℃)温度,应进行温度修正,所得物质系数仍为24。

(2) 确定一般工艺危险系数 F_1。

1) 基本危险系数。给定值为1.00。

2) 放热反应。危险系数范围为0.3~1.25,本单元中所发生的聚合反应为中等程度的放热反应,危险系数为0.5。

3) 物料处理与输送。危险系数范围为0.25~1.05,“对于 $N_F = 3$ 或 $N_F = 4$ 的易燃液体或气体,储存在库房或露天存放时,包括罐装、桶装等,危险系数为0.85”,苯乙烯 $N_F = 3$,故危险系数选定为0.85。

4) 封闭单元或室内单元。危险系数范围为0.25~0.9,“单元周围为一可排放泄漏液体的平坦地面,一旦失火,会引起火灾,危险系数为0.5”。本单元的情况与此相符,故选定危险系数为0.5。

一般工艺危险系数 F_1 为基本危险系数与所有选取危险系数之和,各单元的 F_1 值如表5-6所示。

(3) 确定特殊工艺危险性系数 F_2。

1) 基本危险系数取1.00。

2) 毒性物质。毒性物质的危险系数为 $0.2N_H$,混合物中取最大的 N_H 值,N_H 是美国消防协会在NFPA704中定义的物质毒性系数。苯乙烯的 $N_H = 2$,故该项危险系数为0.4。

3) 负压。该项危险系数用于绝对压力小于500 mmHg(66.661 kPa)的情况,本单元所发生的聚合反应在真空条件下进行,故选取危险系数为0.50。

4) 工艺中的液体及气体。在生产过程中,3号生产线上每批投入预聚合釜的苯乙烯的数量为35 t,其总能量 $= 35 \times 10^3 \times 17.4 \times 10^3 / 0.454 = 1.341 \times 10^9$ Btu(1.41×10^{12} J),对照相应的曲线,得出危险系数为1.66。

5) 储存中的液体和气体。在生产区内有一组配料罐,配料罐组内的最危险物质是苯乙烯,按每批配料约1000 t计,其总能量 $= 1000 \times 10^3 \times 17.4 \times 10^3 / 0.454 = 38.33 \times 10^9$ Btu($4.04 \times$

10^{13} J),对照曲线查图,得出危险系数为 1.00。

6)腐蚀。危险系数范围为 0.10~0.75。本工程尽管在设计中已考虑了腐蚀余量,但因腐蚀引起的事故仍有可能发生。依据指南中"腐蚀速率(包括点腐蚀和局部腐蚀)小于 0.5 mm/年时危险系数为 0.10",该单元应选取危险系数为 0.10。

7)泄漏—连接头和填料处。危险系数范围为 0.10~1.50。指南中规定"泵和压盖密封处可能产生轻微泄漏时,危险系数为 0.10",本单元符合这一情形,危险系数选取为 0.10。

8)热油交换系统。在本单元中,热油交换系统内为柴油,其闪点约为 43℃,而热油使用温度在 90~200℃ 范围内,超过柴油的闪点温度,应对照指南选取危险系数。本单元内热油总量约为 40/0.8 = 50 m;应选取危险系数为 0.50。

9)转动设备。本单元中使用了多台压缩机和多种类型的泵,这些转动设备有的使用功率超过了指南中的规定,应选取危险系数为 0.50。

特殊工艺危险系数 F_2 等于基本危险系数与各项选取危险系数之和,各单元的 F_2 值如表 5-6 所示。

(4)计算单元工艺危险系数 F_3。单元工艺危险系数 F_3 是一般工艺危险系数 F_1 和特殊工艺危险系数 F_2 的乘积,即 $F_3 = F_1 \cdot F_2$,各单元的 F_3 值如表 5-6 所示。

(5)计算火灾、爆炸指数 F&EI。火灾、爆炸指数用来估计生产过程中事故可能造成的破坏程度,该指数是单元工艺危险系数 F_3 和物质系数 MF 的乘积,即 $F\&EI = F_3 \cdot MF$。表 5-6 中给出了各单元的火灾、爆炸指数。

表 5-6 各单元火灾、爆炸指数

地点:聚苯乙烯生产与储罐区域		单 元		
评价人:		聚苯乙烯生产装置区	苯乙烯储罐区	日用罐区
1. 物质系数 MF(选取物质为苯乙烯)		24	24	24
2. 一般工艺危险性	危险系数范围	危险系数		
基本系数	1.00	1.00	1.00	1.00
A. 放热化学反应	0.3~1.25	0.30		
B. 吸热反应	0.20~0.40			
C. 物料处理与输送	0.25~1.05	0.85	0.85	0.85
D. 密闭式或室内工艺单元	0.25~0.90	0.45		
E. 通道	0.20~0.35			
F. 排放和泄漏控制	0.25~0.50	0.50	0.5	0.5
一般工艺危险系数(F_1)		3.10	2.35	2.35
3. 特殊工艺危险性	危险系数范围	危险系数		
基本系数	1.00	1.00	1.00	1.00
A. 毒性物质	0.20~0.80	0.40	0.4	0.4
B. 负压(<66.661 kPa)	0.50	0.50		
C. 易燃范围内及接近易燃范围的操作				
惰性化/未惰性化				
a. 罐装易燃液体	0.50	0.50		
b. 过程失常或吹扫故障	0.30	0.30	0.30	0.30

| 地点:聚苯乙烯生产与储罐区域 | | 单　　元 | | |
评价人:		聚苯乙烯生产装置区	苯乙烯储罐区	日用罐区
c. 一直在燃烧范围内	0.80			
D. 粉尘爆炸	0.25～2.00			
E. 压力				
F. 低温	0.20～0.30			
G. 易燃及不稳定物质的重量				
a. 工艺中的液体及气体		1.66		
b. 储存中的液体及气体		1.0	1.0	0.7
c. 储存中的可燃固体及工艺中的粉尘				
H. 腐蚀与磨蚀	0.10～0.75	0.10	0.10	0.10
I. 泄漏—接头和填料	0.10～1.50	0.10	0.10	0.10
J. 使用明火设备				
K. 热油热交换系统	0.15～1.15	0.50		
L. 转动设备	0.50	0.50		
特殊工艺危险系数(F_2)		5.76	2.90	2.60
工艺单元危险系数($F_1 \times F_2 = F_3$)		17.86	6.82	6.11
火灾、爆炸指数($F_3 \times MF = F\&EI$)		428.64	163.68	146.64
火灾、爆炸危险等级		高	高	高

5.1.7.4　确定安全措施补偿系数

建立任何一个化工装置(或化工厂)时,应该考虑一些基本设计要点,符合各种规范,除此以外,有效的安全措施,不仅能预防严重事故的发生,也能降低事故的发生概率和危害。安全措施可以分为以下 3 类:

C_1:工艺控制;C_2:物质隔离;C_3:防火措施

安全措施补偿系数按下列程序进行计算并汇总于安全措施补偿系数表中,见表5-7。

(1) 直接把合适的安全措施补偿系数填入该安全措施的右边;

(2) 没有采取的安全措施,补偿系数记为1;

(3) 每一类安全措施的补偿系数是该类别中所有补偿系数的乘积;

(4) 计算 C_1、C_2、C_3 乘积,便得到总补偿系数;

(5) 将补偿系数填入单元危险分析汇总表中,见表5-8。

表5-7　各单元安全措施补偿系数表

单　　元		聚苯乙烯生产装置区	苯乙烯储罐区	日用罐区
1. 工艺控制安全补偿系数	补偿系数范围	补偿系数		
A. 应急电源	0.98	0.98	0.98	0.98
B. 冷却装置	0.97～0.99	0.97	0.97	0.97
C. 易爆装置	0.84～0.98	0.98		
D. 紧急切断装置	0.96～0.99	0.98	0.98	0.98

单 元		聚苯乙烯生产装置区	苯乙烯储罐区	日用罐区
E. 计算机控制	0.93~0.99	0.93	0.99	0.99
F. 惰性气体保护	0.94~0.96	0.94	0.96	0.96
G. 操作规程/程序	0.91~0.99	0.93	0.93	0.93
H. 化学活泼性物质检查	0.91~0.98			
I. 其他工艺危险性	0.91~0.98			
工艺控制安全补偿系数 C_1 值		0.75	0.81	0.81
2. 物质隔离安全补偿系数	补偿系数范围		补偿系数	
A. 遥控阀	0.96~0.98	0.98	0.98	0.98
B. 卸料/排空装置	0.96~0.98	0.98	0.98	0.98
C. 排放系统	0.91~0.97	0.97	0.97	0.97
D. 联锁装置	0.98	0.98	0.98	0.98
物质隔离安全补偿系数 C_2 值		0.92	0.92	0.92
3. 防火设施安全补偿系数	补偿系数范围		补偿系数	
A. 泄漏检测装置	0.94~0.98	0.94	0.94	0.94
B. 钢结构	0.95~0.98	0.98	0.95	0.98
C. 消防水供应系统	0.94~0.97	0.97	0.97	0.97
D. 特殊灭火系统	0.91	0.91	0.91	0.91
E. 洒水灭火系统	0.74~0.97		0.97	
F. 水幕	0.97~0.98			
G. 泡沫灭火装置	0.92~0.97		0.94	
H. 手提式灭火器材/喷水枪	0.93~0.98	0.98	0.95	0.95
I. 电缆防护	0.94~0.98	0.94	0.94	0.94
防火设施安全补偿系数 C_3 值		0.75	0.65	0.73
安全措施总补偿系数 $C=C_1\times C_2\times C_3$		0.52	0.51	0.55

5.1.7.5 各工艺单元危险分析汇总

单元危害系数的确定是由物质系数 MF 和单元工艺危害系数 F_3 决定的,它代表了单元中燃料泄漏或反应能量释放所引起的火灾、爆炸事故的综合效应,即危害系数。其值由 F_3 值和物质系数查图5-3求取。

各单元的危害系数值列于单元危害分析汇总表中,如表5-8所示。

表5-8 各工艺单元危害分析汇总表

项 目	聚苯乙烯生产装置区	苯乙烯储罐区	日用罐区
物质系数 MF	24	24	24
火灾、爆炸指数 $F\&EI$	428.64	163.68	146.64
暴露半径/m	111.5	42.56	38.2
暴露区域财产值/万元	6823.43	7123.1	224.93

项 目	聚苯乙烯生产装置区	苯乙烯储罐区	日用罐区
危害系数 DF	0.88	0.86	0.84
基本最大可能财产损失,基本 $MPPD$/万元	6004.2	6125.84	188.95
安全措施补偿系数	0.52	0.51	0.55
实际最大可能财产损失,实际 $MPPD$/万元	3122.41	3124.18	104
最大可能停工天数/d	76	78	10

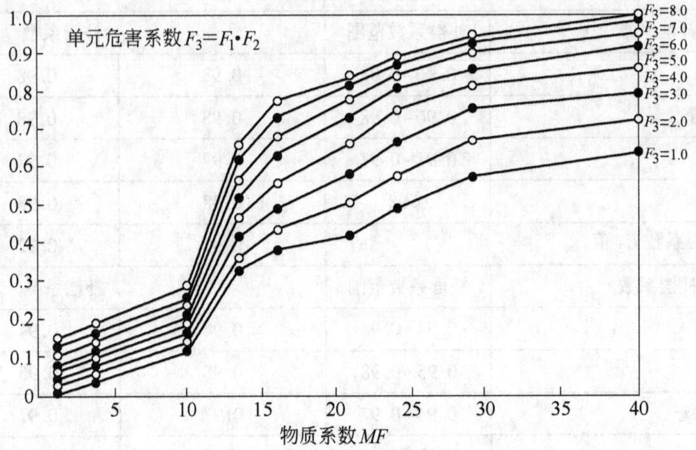

图 5-3 单元危害系数计算图

（1）确定暴露半径。暴露半径在一定程度上表明了影响区域的大小,在这个区域内的设施、设备会在火灾、爆炸中受到破坏。火灾、爆炸事故视为全方位扩散的立体圆柱形破坏。根据 $F\&EI$ 计算暴露半径。暴露半径从评价单元的中心位置算起,各单元的暴露半径填入表 5-8 中。

（2）计算暴露区域内的财产损失。暴露区域内的财产损失可由区域内含有的财产（包括在线物料）的更换价值确定,但事故发生时有些成本不会遭受损失或无需更换,如场地平整、道路、地下管线和地基、工程费等。

1）3 号苯乙烯生产装置。

更换价值:聚苯乙烯生产区的固定资产为 1000 万美元,其更换价值计算如下:

$$更换价值 = 1000 \times 0.82 = 820 \; 万美元$$

折合人民币 6808 万元（按 1 美元兑换 8.3 元人民币计算）。上式中的系数 0.82 是考虑到事故发生时有些成本不会遭受损失或无需更换,如场地平整、道路、地下管线和地基、工程费等。

在线物料价值:在 3 号生产线上,每批间歇生产投料 35t SM,按 SM 的市场价为 4980 元/t 计算,其价值为 17.43 万元。

以上两项合计为 6823.43 万元。

2）苯乙烯罐区。

更换价值:整个罐区的财产价值约为 321 万美元,其中苯乙烯储罐区内主要有 2 个 6000 m³ 苯乙烯储罐,1 个 600 m³ 柴油罐和 1 个 964 m³ 矿物油罐,约价值 250 万美元,折合人民币 2077.5 万元。

储存物料价值:苯乙烯、柴油和矿物油的市场价格分别为 4980 元/t、2200 元/t 和 6600 元/t,

按填充系数为0.85计算,其价值为:

SM:2×6000 m³×0.85×0.9059 t/m³×4980 元/t=4600 万元

柴油:600 m³×0.85×0.8 t/m³×2200 元/t=89.8 万元

矿物油:864 m³×0.85×0.8 t/m³×6600 元/t=365 万元

合计5054万元。

两项合计7131.5万元,将上述各单元影响区域内财产价值估算结果填入表5-8中。

(3) 计算基本最大可能财产损失(基本MPPD)。各单元最大可能财产损失为影响区域财产价值数与该单元危害系数DF的乘积,即

$$基本 MPPD=暴露区域内财产损失×DF$$

按照上述计算,将结果填入表5-8中。

(4) 计算实际最大可能财产损失(实际MPPD)。基本最大可能财产损失与安全措施补偿系数C的乘积就是实际最大可能财产损失,用公式表示为:

$$实际 MPPD=基本 MPPD×C$$

它表示在采取适当的防护措施后事故造成的财产损失。各单元的实际最大可能财产损失的计算结果填入单元分析评价汇总表中,如表5-8所示。

(5) 确定最大可能工作日损失MPDO。估算最大可能工作日损失MPDO是评价停产损失BI必需的一个步骤,停产损失常常至于或超过财产损失,这取决于物料储量和产品的需求状况。最大可能工作日损失可根据实际MPPD查图5-4得到或根据公式求得。各单元的最大可能工作日损失的结果填入分析评价汇总表中,如表5-8所示。

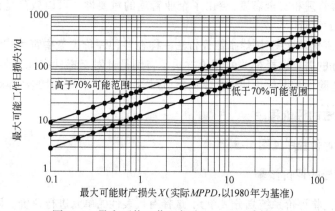

图5-4 最大可能工作日损失(MPDO)计算图

(6) 停产损失BI。工程资料所限,难以对各单元的停产损失进行计算,而且,一般来说,因事故而导致的停产损失相对于财产损失而言,通常小得多。各单元火灾、爆炸所造成的经济损失主要是财产损失,故本处不对停产损失进行估算。

5.2 ICI蒙德火灾、爆炸、毒性指标评价法

道化学指数法是以物质系数为基础,并对特殊物质、一般工艺及特殊工艺的危险性进行修正求出火灾、爆炸的危险指数,再根据指数大小分成5个等级,按等级要求采取相应对策的一种评价法。其计算方法、评价程序等已在上节作了介绍。1974年英国帝国化学工业公司(ICI)蒙德(Mond)部在道化学指数评价方法的基础上引进了毒性概念,并发展了某些补偿系数,提出了"蒙德火灾、爆炸、毒性指标评价法",以下称"蒙德法"。

ICI蒙德法在现有装置及计划建设装置的危险性研究中,作为总体研究的一部分,认为道化学公司方法在工程设计的初步阶段,对装置潜在的危险性评价是相当有意义的。试验验证了用该方法评价新设计项目的潜在危险性时,有必要在几方面作重要的改进和补充。其中最重要的有两个方面:

第一,引进了毒性的概念,将道化学公司的"火灾、爆炸指数"扩展到包括物质毒性在内的"火灾、爆炸、毒性指标"的初期评价,使表示装置潜在危险性的初期评价更切合实际。

第二,发展了某些补偿系数(补偿系数小于1),进行装置现实危险性水平再评价。即采取安全对策措施加以补偿后进行最终评价,从而使评价较为恰当,也使预测定量化更具有实用意义。

主要扩充如下:

(1) 可对较广范围的工程及设备进行研究;

(2) 包括了具有爆炸性的化学物质的使用管理;

(3) 根据对事故案例的研究,考虑了对危险度有相当影响的几种特殊工艺类型的危险性;

(4) 采用了毒性的观点;

(5) 为装置的良好设计管理、安全仪表控制系统发展了某些补偿系数项目水平之下的装置,可进行单元设备现实的危险度评价。

5.2.1　ICI蒙德法的特点和适用范围

ICI蒙德法突出了毒性对评价单元的影响,在考虑火灾、爆炸、毒性危险方面的影响范围及安全补偿措施等方面都较道化学公司(DOW)火灾、爆炸危险指数评价法更为全面,在安全措施补偿方面强调了工程管理和安全态度,突出了企业管理的重要性。可以较广范围地进行全面、有效、更为接近实际的评价。

ICI蒙德法与道化学火灾、爆炸指数评价法一样在各种评价类型中都可以使用,评价人员可以根据经验和实际的需要选择相关的评价方法。特别是针对有毒性指标的装置,应用ICI蒙德法对装置潜在的危险性初期评价比道化学火灾、爆炸指数评价法更加切合实际。

5.2.2　ICI蒙德法的评价程序

ICI蒙德法的评价程序见图5-5。

5.2.3　ICI蒙德法的评价步骤

ICI蒙德法首先将评价系统划分成单元,选择有代表性的单元进行评价。评价过程分两个阶段,第一阶段是初期危险度评价,第二阶段是最终危险度评价。

5.2.3.1　评价单元的确定

"单元"是装置的一个独立部分。布置上的独立性(相互间有一定的安全距离或由防火墙或防火堤隔开)和工艺上的不同性,是将装置分割成评价单元的两个基本原则。装置中具有代表性的单元类型有:原料储区、反应区、产品蒸馏区、吸收或洗涤区、中间产品储区、产品储区、运输装卸区、催化剂处理区、副产品处理区、废液处理区、通入装置区的主要配管桥区。此外,还有过滤、干燥、固体处理、气体压缩等,合适时也常常作为单元处理。

将装置划分为不同类型的单元,就能对装置的不同单元的不同危险性特点分别进行评价。根据评价结果,可以有针对性地采取不同的安全对策措施,否则,整个装置或装置的大部分就会带有装置中最危险单元的特征。为了降低它们的危险性,就必须增加安全设施,其结果是投资增大。当然,在不增加单元危险性潜能的情况下,也可将具有类似危险潜能的单元合并为一个较大的单元。

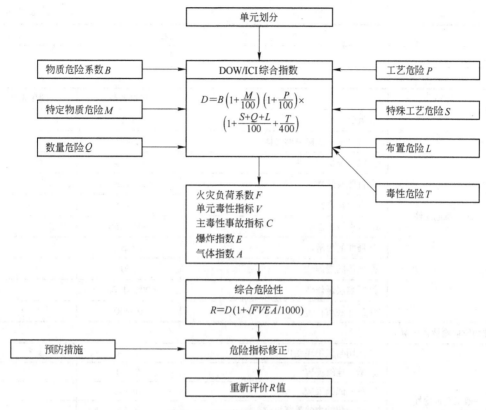

图5-5 ICI蒙德法的评价程序

评价储存区时,单元通常由一个堤坝和共同堤坝内的全部储罐等组成。其他堤坝分开的区域,如液化气、高着火性液体和有自聚危险性、可能产生过氧化物、有凝聚相爆炸危险等特殊危险物质,可作为不同单元处理,以便能正确识别其相对危险性。

装置区中主要配管桥,不同于装置工艺或储存单元,应作为一个单元考虑。其危险性主要是支柱或架设在架台间的管桥长度及在其上支撑的钢管。

5.2.3.2 初期危险度评价

初期危险度评价是不考虑任何安全措施,评价单元潜在危险性的大小。评价的项目包括:物质系数 B、特殊物质危险性 M、一般工艺危险性 P、特殊工艺危险性 S、量的危险性 Q、配置危险性 L、毒性危险性 T。在每个项目中又包括一些要考虑的要素,见表5-9。将各项危险系数汇总填入表中,计算出各项的合计值,得到下列几项初期评价结果。

表5-9 初期危险度评价项目及各项要考虑的要素

场所:		装置:	
单元:		物质:	
反应:			
指标项	指标内容	建议系数	使用系数
物质系数	燃烧热 $\Delta H_c/\mathrm{kJ \cdot kg^{-1}}$		
	物质系数 $B(B=\Delta H_c \times 1.8/100)$		

场所：		装置：	
单元：		物质：	
反应：			

指标项	指标内容		建议系数	使用系数
特殊物质危险性	① 氧化性物质		0~20	
	② 与水反应生成可燃气体		0~30	
	③ 混合及扩散特性		-60~60	
	④ 自然发热性		30~250	
	⑤ 自然聚合性		25~75	
	⑥ 着火敏感性		-75~150	
	⑦ 爆炸的分解性		125	
	⑧ 气体的爆炸性		150	
	⑨ 凝缩层爆炸性		200~1500	
	⑩ 其他性质		0~150	

特殊物质危险性合计 $M=$

指标项	指标内容		建议系数	使用系数
一般工艺危险性	① 适用与仅物理变化		10~50	
	② 单一连续反应		0~50	
	③ 单一间断反应		10~60	
	④ 同一装置内的重复反应		0~75	
	⑤ 物质移动		0~75	
	⑥ 可能输送的容器		10~100	

一般工艺危险性合计 $P=$

指标项	指标内容		建议系数	使用系数
特殊工艺危险性	① 低压(<103 kPa 绝对压力)		0~100	
	② 高压		0~150	
	③ 低温	a. 炭钢-10~10℃	15	
		b. 炭钢低于-10℃	30~100	
		c. 其他物质	0~100	
	④ 高温	a. 引火性	0~40	
		b. 构造物质	0~25	
	⑤ 腐蚀与侵蚀		0~150	
	⑥ 接头与垫圈泄漏		0~60	
	⑦ 振动负荷、循环等		0~50	
	⑧ 难控制的工程或反应		20~300	
	⑨ 在燃烧范围或其附近条件下操作		0~150	

特殊工艺危险性合计 $S=$

指标项	指标内容	建议系数	使用系数
量的危险性	物质合计/m^3		
	密度/$kg \cdot m^{-3}$		
	量系数	1~1000	

场所：		装置：	
单元：		物质：	
反应：			

指标项	指标内容		建议系数	使用系数
量的危险性合计 $Q=$				
配置危险性	单元详细配置			
	高度 H/m			
	通常作业区域/m^2			
	① 构造设计		$0\sim200$	
	② 多米诺效应		$0\sim250$	
	③ 地下		$0\sim150$	
	④ 地面排水沟		$0\sim100$	
	⑤ 其他		$0\sim250$	
配置危险性合计 $L=$				
毒性危险性	① TLV 值		$0\sim300$	
	② 物质类型		$25\sim200$	
	③ 短期暴露危险性		$100\sim150$	
	④ 皮肤吸收		$0\sim300$	
	⑤ 物理性因素		$0\sim50$	
毒性危险性合计 $T=$				

（1）道氏综合指数 D。D 值用来表示火灾、爆炸潜在危险性的大小，D 按下式计算：

$$D=B\left(1+\frac{M}{100}\right)\left(1+\frac{P}{100}\right)\left(1+\frac{S+Q+L}{100}+\frac{T}{100}\right)$$

根据计算结果，将道氏综合指数 D 划分为 9 个等级，见表 5-10。

表 5-10　道氏综合指数 D 等级划分

D 的范围	等　级	D 的范围	等　级	D 的范围	等　级
$0\sim20$	缓和的	$60\sim75$	稍重的	$115\sim150$	非常极端的
$20\sim40$	轻度的	$75\sim90$	重　的	$150\sim200$	潜在灾难性的
$40\sim60$	中等的	$90\sim115$	极端的	>200	高度灾难性的

（2）火灾负荷系数 F。F 表示火灾的潜在危险性，是单位面积内的燃烧热值。根据其值的大小可以预测发生火灾时火灾的持续时间。发生火灾时，单元内全部可燃物料燃烧是罕见的，考虑有 10% 的物料燃烧是比较接近实际的。火灾负荷系数 F 用下式计算：

$$F=B\times\frac{K}{N}\times20500$$

式中　K——单元中可燃物料的总量，t；

　　　　N——单元的通常作业区域，m^2。

根据计算结果,将火灾负荷系数 F 分为 8 个等级,见表 5-11。

表 5-11 火灾负荷等级

火灾负荷系数 $F/\text{Btu} \cdot \text{ft}^{-2}$	等 级	预计火灾持续时间/h	备 注
$0 \sim 5 \times 10^4$	轻	$1/4 \sim 1/2$	
$5 \times 10^4 \sim 1 \times 10^5$	低	$1/2 \sim 1$	
$1 \times 10^5 \sim 2 \times 10^5$	中等	$1 \sim 2$	住宅
$2 \times 10^5 \sim 4 \times 10^5$	高	$2 \sim 4$	工厂
$4 \times 10^5 \sim 1 \times 10^6$	非常高	$4 \sim 10$	工厂
$1 \times 10^6 \sim 2 \times 10^6$	强的	$10 \sim 20$	对使用建筑物最大
$2 \times 10^6 \sim 5 \times 10^6$	极端的	$20 \sim 50$	橡胶仓库
$5 \times 10^6 \sim 1 \times 10^7$	非常极端的	$50 \sim 100$	

注:1 Btu/ft² = 11.356 kJ/m²。

(3) 装置内部爆炸指标 E。装置内部爆炸的危险性与装置内物料的危险性和工艺条件有关,故指标 E 计算式为:

$$E = 1 + \frac{M+P+S}{100}$$

根据计算结果,将装置内部爆炸危险性分成 5 个等级,见表 5-12。

表 5-12 装置内部爆炸危险性等级

装置内部爆炸指标 E	等 级	装置内部爆炸指标 E	等 级
$0 \sim 1$	轻微	$4 \sim 6$	高
$1 \sim 2.5$	低	>6	非常高
$2.5 \sim 4$	中等		

(4) 环境气体爆炸指标 A。环境气体爆炸指标 A 的计算式为:

$$A = B\left(1 + \frac{m}{100}\right) \times QHE \frac{T}{100} \times \left(1 + \frac{P}{1000}\right)$$

式中　m——物质的混合与扩散特性系数;

　　　H——单元高度;

　　　T——工程温度(绝对温度),K。

将计算结果按表 5-13 分成 5 个等级。

表 5-13 环境气体爆炸指标等级

环境气体爆炸指标 A	等 级	环境气体爆炸指标 A	等 级
$0 \sim 10$	轻	$100 \sim 500$	高
$10 \sim 30$	低	>500	非常高
$30 \sim 100$	中等		

(5) 单元毒性指标 U。单元毒性指标 U 按下式计算:

$$U = \frac{TE}{100}$$

将计算结果按表5-14分成5个等级。

表5-14 单元毒性指标等级

单元毒性指标 U	等 级	单元毒性指标 U	等 级
0~1	轻	6~10	高
1~3	低	>10	非常高
3~5	中等		

(6) 主毒性事故指标 C。主毒性事故指标 C 按下式计算：

$$C = Q \times U$$

将计算结果按表5-15分成5个等级。

表5-15 主毒性事故指标等级

主毒性事故指标 C	等 级	主毒性事故指标 C	等 级
0~20	轻	200~500	高
20~50	低	>500	非常高
50~200	中等		

(7) 综合危险性评分 R。综合危险性评分是以道氏综合指数 D 为主，并考虑火灾负荷系数 F、单元毒性指标 U、装置内部爆炸指标 E 和环境气体爆炸指标 A 的强烈影响而提出的，其计算式如下：

$$R = D\left(1 + \frac{\sqrt{FUEA}}{1000}\right)$$

式中，F、U、E、A 的最小值为1。

将计算结果按表5-16分成8个等级。

表5-16 综合危险性评价等级

综合危险性评分	等 级	综合危险性评分	等 级
0~20	缓和	1100~2500	高(2类)
20~100	低	2500~12500	非常高
100~500	中等	12500~65000	极端
500~1100	高(1类)	>65000	非常极端

可以接受的危险度很难有一个统一的标准，往往与所使用的物质类型(如毒性、腐蚀性等)和工厂周围的环境(如距居民区、学校、医院的距离等)有关。通常情况下，总危险性评分 R 值在100以下是能够接受的，而 R 值在100~1100之间视为可以有条件地接受，对于 R 值在1100以上的单元，必须考虑采取安全对策措施，并进一步做安全对策措施的补偿计算。

5.2.3.3 最终危险度评价

初期危险度评价主要是了解单元潜在危险的程度。评价单元潜在的危险性一般都比较高，因此需要采取安全措施,降低危险性,使之达到人们可以接受的水平。ICI 蒙德法将实际生产过程中采取的安全措施分为两个方面:一方面是降低事故发生的频率,即预防事故的发生;另一方面是减小事故的规模,即事故发生后,将其影响控制在最小限度。降低事故频率的安全措施包括容器(K_1)、管理(K_2)、安全态度(K_3)3 类。减小事故规模的安全措施包括防火(K_4)、物质隔离(K_5)、消防活动(K_6)3 类。这 6 类安全措施每类又包括数项安全措施,每项安全措施根据其在降低危险的过程中所起的作用给予一个小于 1 的补偿系数。各类安全措施总的补偿系数等于该类安全措施各项系数取值之积。各类安全措施的具体内容见表 5-17。

表 5-17　安全措施补偿系数

措施项	措施内容		补偿系数
容器系统	① 压力容器		
	② 非压力立式储罐		
	③ 输送配管	a. 设计应变	
		b. 接头与垫圈	
	④ 附加的容器及防护堤		
	⑤ 泄漏检测与响应		
	⑥ 排放的废弃物质		
容器系统补偿系数之积 K_1 =			
工艺管理	① 压力容器		
	② 非压力立式储罐		
	③ 工程冷却系统		
	④ 惰性气体系统		
	⑤ 危险性研究活动		
	⑥ 安全停止系统		
	⑦ 计算机管理		
	⑧ 爆炸及不正常反应的预防		
	⑨ 操作指南		
	⑩ 装置监督		
管理补偿系数之积 K_2 =			
安全态度	① 管理者参加		
	② 安全训练		
	③ 维修及安全程序		
安全态度补偿系数之积 K_3 =			
防火	① 检测结构的防火		
	② 防火墙、障壁等		
	③ 装置火灾的预防		
防火补偿系数之积 K_4 =			
物质隔离	① 阀门系统		
	② 通风		

措　施　项	措　施　内　容	补　偿　系　数
物质隔离补偿系数之积 $K_5 =$		
消防活动	① 压力容器	
	② 非压力立式储罐	
	③ 工程冷却系统	
	④ 惰性气体系统	
	⑤ 危险性研究活动	
	⑥ 安全停止系统	
	⑦ 计算机管理	
	⑧ 爆炸及不正常反应的预防	
消防活动补偿系数之积 $K_6 =$		

将各项补偿系数汇总填入表中,并计算出各项补偿系数之积,得到各类安全措施的补偿系数。根据补偿系数,可以求出补偿后的评价结果,它表示实际生产过程中的危险程度。

补偿后评价结果的计算式如下:

(1) 补偿火灾负荷系数 F_2:

$$F_2 = F \times K_1 \times K_4 \times K_5$$

(2) 补偿装置内部爆炸指标 E_2:

$$E_2 = E \times K_2 \times K_3$$

(3) 补偿环境气体爆炸指标 A_2:

$$A_2 = A \times K_1 \times K_5 \times K_6$$

(4) 补偿综合危险性评分 R_2:

$$R_2 = R \times K_1 \times K_2 \times K_3 \times K_4 \times K_5 \times K_6$$

补偿后的评价结果,如果评价单元的危险性降低到可以接受的程度,则评价工作可以继续下去;否则,就要更改设计或增加安全措施,然后重新进行评价计算,直至符合安全要求为止。

5.2.4　ICI 蒙德法应用示例

应用 ICI 蒙德法对某煤气发生系统进行安全评价。

(1) 单元主要已知参数:

评价单元:造气车间的煤气发生系统(包括煤气炉、集气罐等);

单元内主要物质:一氧化碳(CO);

煤气炉发生气量:492 kg;

煤气炉内压力、温度:700~800 Pa,800℃;

评价单元高度:15 m;

单元作业区域:1200 m²。

(2) 评价计算结果。煤气发生系统评价计算结果见表 5-18。

表 5-18　煤气发生系统蒙德法评价结果一览表

单元:煤气发生系统		装置:煤气发生炉、集气罐	
主要物质:CO		反应:$C+H_2O=CO+H_2$	
指标项目	指标内容	使用系数	危险性合计
物质系数		2.12	$B=2.12$
特殊物质系数	① 混合及扩散特性	−5	$M=220$
	② 着火敏感性	75	
	③ 气体的爆轰性	150	
一般工艺过程危险性	① 单一连续反应		$P=100$
	② 物质移动		
特殊工艺过程危险性	① 高温	75	$S=210$
	② 高温、引火性	35	
	③ 接头与垫圈泄漏	20	
	④ 烟雾危险性	60	
	⑤ 工艺着火敏感度	20	
量系数			$Q=3$
配置危险性	① 高度 $H=15$ m		$L=85$
	② 通常作业区 $N=1200$ m^2		
	③ 构造设计	10	
	④ 多米诺效应	25	
	⑤ 其他	50	
毒性危险性	① TLV 值	100	$T=225$
	② 物质类型	75	
	③ 短期暴露危险	50	

评价结果：　DOW/ICI 总指数 D：　　61.63　　　稍重

火灾负荷系数 F：　　17.8　　　轻

单元毒性指标 U：　　14.18　　　非常高

主毒性事故指标 C：　　42.54　　　低

装置内爆炸指标 E：　　6.30　　　非常高

环境气体爆炸指标 A：　　206.25　　　高

综合危险评分 R：　　96.72　　　低

（3）结论。采取补偿措施后，该评价单元的火灾负荷系数 F、装置内部爆炸指标 E、环境气体爆炸指标 A 及综合危险性评分 R 等项安全指标值都有所下降，说明该单元的危险性降到了较安全的级别。

5.3　易燃、易爆、有毒重大危险源评价法

　　易燃、易爆、有毒重大危险源评价方法是"八五"国家科技攻关专题"易燃、易爆、有毒重大危险源辨识评价技术研究"提出的风险评价方法。它在大量重大火灾、爆炸、毒物泄漏中毒事故资料的统计分析基础上，从物质危险性、工艺危险性入手，分析重大事故发生的原因、条件，评价事

故的影响范围、伤亡人数、经济损失和应采取的预防、控制措施。

重大危险源是指长期地或临时地生产、加工、搬运、使用或储存危险物质,且危险物质的数量等于或超过临界量的单元。单元指一个(套)生产装置、设施或场所,或同属一个工厂且边缘距离小于500 m的几个(套)生产装置、设施或场所。在安全评价过程中,评价人员可以根据实际评价工作的需要用易燃、易爆、有毒重大危险源评价法对企业辨识出的重大危险源进行量化的评价。

5.3.1　易燃、易爆、有毒重大危险源评价法的特点与适应性

易燃、易爆、有毒重大危险源评价法是一种定量的评价方法,能较准确地评价出系统内危险物质、工艺过程的危险程度、危险性等级,较精确地计算出事故后果的严重程度(危险区域范围、人员伤亡和经济损失),提出工艺设备、人员素质以及安全管理三方面的107个指标组成的评价指标集。但该方法需要人员具有较高的综合能力,方法程序操作复杂,需要确定的参数指标较多。

该方法适用于各类安全评价及安全评价过程中对重大危险源的评价。

5.3.2　易燃、易爆、有毒重大危险源评价法的步骤

(1) 评价单元的划分。一般把装置的一个独立部分称为单元,并以此来划分单元。重大危险源评价以单元作为评价对象,每个单元都有一定的功能特点,例如原料供应区、反应区、产品蒸馏区、吸收或洗涤区、成品或半成品储存区、运输装卸区、催化剂处理区、副产品处理区、废液处理区、配管桥区等。在一个共同厂房内的装置可以划分为一个单元;在一个共同堤坝内的全部储罐也可以划分为一个单元;散设地上的管道不作为独立的单元处理,但配管桥区例外。

(2) 评价模型的层次结构。根据安全工程学的一般原理,危险性定义为事故频率和事故后果严重程度的乘积,即危险性评价一方面取决于事故的易发性,另一方面取决于事故一旦发生后后果的严重性。现实的危险性不仅取决于由生产物质的特定物质危险性和生产工艺的特定工艺过程危险性所决定的生产单元的固有危险性,而且还同各种人为管理因素及防灾措施的综合效果有密切关系。

重大危险源的评价模型具有如图5-6所示的层次结构。

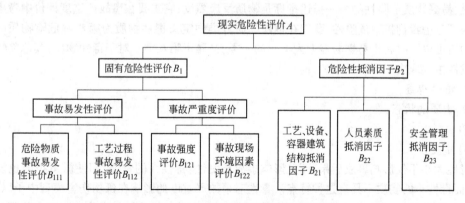

图5-6　重大危险源评价指标体系框图

(3) 评价的数学模型。重大危险源的评价分为固有危险性评价与现实危险性评价,后者是在前者的基础上考虑各种危险性的抵消因子,它们反映了人在控制事故发生和控制事故后果扩

大方面的主观能动作用。固有危险性评价主要反映了物质的固有特性、危险物质生产过程的特点和危险单元内部、外部环境状况。

固有危险性评价分为事故易发性评价和事故严重度评价。事故易发性取决于危险物质事故易发性与工艺过程危险性的耦合。

评价的数学模型如下：

$$A = \left\{ \sum_{i=1}^{n} \sum_{j=1}^{m} (B_{111})_i W_{ij} (B_{112})_j \right\} \times B_{12} \times \prod_{k=1}^{3} (1 - B_{2k})$$

式中　$(B_{111})_i$——第 i 种物质危险性的评价值；

$(B_{112})_j$——第 j 种工艺危险性的评价值；

W_{ij}——第 j 项工艺与第 i 种物质危险性的相关系数；

B_{12}——事故严重度评价值；

B_{21}——工艺、设备、容器、建筑结构抵消因子；

B_{22}——人员素质抵消因子；

B_{23}——安全管理抵消因子。

1) 危险物质事故易发性 B_{111} 的评价。参照联合国专家委员会的建议书及我国 GB6944—1986 分类标准,具有燃烧爆炸性质的危险物质可分为七大类：

① 爆炸性物质；

② 气体燃烧性物质；

③ 液体燃烧性物质；

④ 固体燃烧性物质；

⑤ 自燃物质；

⑥ 遇水易燃物质；

⑦ 氧化性物质。

每类物质根据其总体危险感度给出权重分；每种物质根据其与反应感度有关的理化参数值给出状态分；每一大类物质下面分若干小类,共计 19 个子类。对每一大类或子类,分别给出状态分的评价标准。权重分与状态分的乘积即为该类物质危险感度的评价值,亦即危险物质事故易发性的评分值。权重分的确定参考了全国化工行业和兵器行业 218 起重大事故的统计资料。关于易燃、易爆物质危险性的另一描述指标是物质反应烈度,它主要在事故严重度评价中考虑。

为了考虑毒物扩散危险性,我们在危险物质分类中定义毒性物质为第八种危险物质。一种危险物质可以同时属于易燃易爆七大类中的一类,又属于第八类。对于毒性物质,其危险物质事故易发性主要取决于下列 4 个参数：

① 毒性等级；

② 物质的状态；

③ 气味；

④ 重度。

毒性大小不仅影响事故后果,而且影响事故易发性；毒性大的物质,即使微量扩散也能酿成事故,而毒性小的物质不具有这种特点。毒性对事故严重度的影响在毒物伤害模型中予以考虑。对不同的物质状态,毒物泄漏和扩散的难易程度有很大不同,显然气相毒物比液相毒物更容易酿成事故；重度大的毒物泄漏后不易向上扩散,因而容易造成中毒事故。物质危险性的最大分值定为 100 分。

2) 工艺过程事故易发性 B_{112} 的评价。工艺过程事故易发性的影响因素确定为 21 项。参考了道化学公司的方法、英国帝国化学公司蒙德分部的蒙德法和我国国内研制出的《光气及光气化产品生产装置安全评价通则》以及《建筑设计防火规范》、《化学危险物品安全管理条例》、《爆炸和火灾危险场所电力装置设计规范》等国家标准和一些防火防爆的国内外著作。

21 种工艺影响因素是:放热反应;吸热反应;物料处理;物料储存;操作方式;粉尘生成;低温条件;高温条件;高压条件;特殊的操作条件;腐蚀;泄漏;设备因素;密闭单元;工艺布置;明火;摩擦与冲击;高温体;电器火花;静电;毒物出料及输送。最后一种工艺因素仅与含毒性物质有相关关系。

每种因素区别若干状态。各种因素的权重分值与因素中的各个状态分值合并在一起考虑。状态分值的确定参考了一些已知评价方法中有关项目危险性大小的对比值以及大量火灾、爆炸原因分析的统计资料,如日本消防厅《火灾年报》公布的数据和我国石化行业发生的一些重大事故。

3) 工艺、物质危险性相关系数 W_{ij} 的确定。同一种工艺条件对于不同类的危险物质所体现的危险程度是各不相同的,因此必须确定相关系数。W_{ij} 可以分为以下 5 级:

① A 级 关系密切,$W_{ij} = 0.9$;

② B 级 关系大,$W_{ij} = 0.7$;

③ C 级 关系一般,$W_{ij} = 0.55$;

④ D 级 关系小,$W_{ij} = 0.2$;

⑤ E 级 没有关系,$W_{ij} = 0$。

W_{ij} 定级根据专家的咨询意见,15 位专家的 380 个系数的平均方差为 0.06,最大均方差为 0.14。

4) 事故严重度 B_{12} 的评价。事故严重度用事故后果的经济损失(万元)表示。事故后果系指事故中人员伤亡以及房屋、设备、物资等的财产损失,不考虑停工损失。人员伤亡区分人员死亡数、重伤数、轻伤数。财产损失严格讲应分若干个破坏等级,在不同等级破坏区破坏程度是不相同的,总损失为全部破坏区损失的总和。在危险性评估中为了简化方法,用一个统一的财产损失区来描述,假定财产损失区内财产全部破坏,在损失区外全不受损,即认为财产损失区内未受损失部分的财产同损失区外受损失的财产相互抵消。死亡、重伤、轻伤、财产损失各自都用一当量圆半径描述。对于单纯毒物泄漏事故仅考虑人员伤亡,暂不考虑动植物死亡和生态破坏所受到的损失。

对几种常见的火灾、爆炸事故进行了全面的研究,建立了 6 种伤害模型,它们分别是:

① 凝聚相含能材料爆炸;

② 蒸气云爆炸;

③ 沸腾液体扩展为蒸气云爆炸;

④ 池火灾;

⑤ 固体和粉尘火灾;

⑥ 室内火灾。

不同类物质往往具有不同的事故形态,但即使是同一类物质,甚至同一种物质,在不同的环境条件下也可能表现出不同的事故形态。

为了对各种不同类的危险物质可能出现的事故严重度进行评价,有关人员根据下面两个原则建立了物质子类别同事故形态之间的对应关系,每种事故形态用一种伤害模型来描述。这两个原则如下:

① 最大危险原则。如果一种危险物具有多种事故形态,且它们的事故后果相差悬殊,则按

后果最严重的事故形态考虑。

② 概率求和原则。如果一种危险物具有多种事故形态，且它们的事故后果相差不悬殊，则按统计平均原理估计事故后果。

根据泄漏物状态(液化气、液化液、冷冻液化气、冷冻液化液、液体)和储罐压力、泄漏的方式(爆炸型的瞬时泄漏或持续 10 min 以上的连续泄漏)建立了 9 种毒物扩散伤害模型，这 9 种模型分别是：源抬升模型、气体泄放速度模型、液体泄放速度模型、高斯烟羽模型、烟团模型、烟团积分模型、闪蒸模型、绝热扩散模型和重气扩散模型。毒物泄漏伤害严重程度与毒物泄漏量以及环境大气参数(温度、湿度、风向、风力、大气稳定度等)都有密切关系。若在测算中遇到事先评价所无法定量预见的条件时，则按较严重的条件进行评估。当一种物质既具有燃爆特性，又具有毒性时，则人员伤亡按两者中较重的情况进行测算，财产损失按燃烧燃爆伤害模型进行测算。毒物泄漏伤害区也分死亡区、重伤区、轻伤区，轻度中毒而无需住院治疗即可在短时间内康复的一般吸入反应不算轻伤。各种等级的毒物泄漏伤害区呈纺锤形，为了测算方便，同样将它们简化成等面积的当量圆，但当量圆的圆心不在单元中心处，而在各伤害区的面心上。

为了测算财产损失与人员伤亡数，需要在各级伤害区内对财产分布函数与人员损失函数进行积分。为了便于采样，人员和财产分布函数各分为三个区域，即单元区、厂区与居民区，在每一区域内假定人员分布与财产分布都是均匀的，但各区之间是不同的。为了简化采样，单元区面积简化为当量圆，厂区面积当长宽比大于 2 时简化为矩形，否则简化为当量圆。各种类型的伤害区覆盖单元区、厂区和居民区的各部分面积通过几何关系算出。

因为不可能对居民区的财产分布状态进行直接采样，因此特别建立了一个专门的评估模型，用于评估居民区的财产分布密度。在该模型中，居民财产分布密度看成是人口密度、人均的月生活费用支出水平、人均住房面积和单位面积房价的函数。

为了使单元之间事故严重度的评估结果具有可比性，需要对不同种的伤害用某种标度进行折算再作叠加。如果把人员伤亡和财产损失在数学上看成是不同方向的矢量，其实所谓"折算"就是选择一个共同的矢量基，将和矢量在矢量基上投影。不同的矢量基对应不同的折算。折算方法的选择同一个国家的国情及政府的管理行为有关。我们参考我国政府部门的一些有关规定，在本评价方法中使用了以下折算公式：

$$S = C + 20 \times \left(\frac{N_1 + 0.5N_2 + 105N_3}{6000} \right)$$

式中 C——事故中财产损失的评估值，万元；

N_1, N_2, N_3——事故中人员死亡、重伤、轻伤人数的评估值。

5) 危险性的抵消因子 B_2 的确定。尽管单元的固有危险性是由物质的危险性和工艺的危险性所决定的，但是工艺、设备、容器、建筑结构上的各种用于防范和减轻事故后果的各种设施，危险岗位上操作人员的良好素质，严格的安全管理制度能够大大抵消单元内的现实危险性。

在本评价方法中，工艺、设备、容器和建筑结构抵消因子由 23 个指标组成评价指标集；安全管理状况由 11 类 72 个指标组成评价指标集；危险岗位操作人员素质由 4 项指标组成评价指标集。

大量事故统计表明，工艺设备故障、人的误操作和生产安全管理上的缺陷是引发事故发生的三大原因，因而对工艺设备危险进行有效监控，提高操作人员基本素质和提高安全管理的有效性，能大大减少事故的发生。但是大量的事故统计事实同样表明，上述三种因素在许多情况下并不相互独立，而是耦合在一起发生作用的，如果只控制其中一种或两种是不可能完全杜绝事故发生的，甚至当上述三种因素都得到充分控制以后，只要有固有危险性存在，现实危险性不可能抵消至零，这是因为还有很少一部分事故是由上述三种原因以外的原因(例如自然灾害或其他单元事故牵连)引发的。因此一种因素在控制事故发生中的作用是同另外两种因素的受控程度密切相关的。每种因素都是在其他两种因素控制得越好时，发挥出来的控制效率越大。根据对1991个火灾、爆炸事故的统计资料，用条件概率方法和模糊数学隶属度算法，给出了各种控制因素的最大事故抵消率关联算法以及综合抵消因子的算法。

5.3.3　易燃、易爆、有毒重大危险源评价法应用示例

例如，在某煤化工企业安全现状评价中对甲醇储罐重大危险源(见表5-19)进行安全评价。

表 5-19　甲醇罐区的重大危险源

物质名称	甲　醇
GB 编号	22058
相对分子质量	32.04
液体密度/kg·m^{-3}	0.79
沸点/℃	64.8
燃点/℃	385
闪点/℃	11
蒸气压/kPa	13.33(21.2℃)
爆炸上限 V/%	44
爆炸下限 V/%	5.5
临界温度/℃	240
临界压力/MPa	7.95
燃烧热/kJ·mol^{-1}	727

(1) 危险物质事故易发性评价。根据《常用危险化学品的分类及标志》GB13690—1992 和《石油化工企业设计防火规范》GB50160—1992(1999 版)，甲醇属于中闪点易燃液体，为甲 B 类火灾危险性物质，则甲醇物质事故易发性：

$$B_{111} = 0.9 \times 60 = 54$$

(2) 工艺过程事故易发性评价。甲醇反应区间：放热反应系数$(B_{112})_1$取50；吸热反应系数$(B_{112})_2$取40；物料处理系数$(B_{112})_3$取10；高温系数$(B_{112})_8$取25；高压系数$(B_{112})_{10}$，取$(B_{112})_{10} = 90 \times 1.3 = 117$；腐蚀系数$(B_{112})_{12}$取10；泄漏系数$(B_{112})_{13}$取20；工艺布置系数$(B_{112})_{16}$取30；静电系数$(B_{112})_{21}$取30。

(3) 评价单元的事故易发性。由于同种工艺条件对于不同类危险物质所体现的危险程度是各不相同的，因此必须确定相关系数。W_{ij}分为 5 级，见表5-20。

表 5-20　工艺-物质危险性相关系数的分级

级　别	相关性	工艺-物质危险性相关系数 W_{ij}
A 级	关系密切	0.9
B 级	关系大	0.7
C 级	关系一般	0.5
D 级	关系小	0.2
E 级	没有关系	0

甲醇反应区间:放热反应系数$(B_{112})_1$、吸热反应系数$(B_{112})_2$、物料处理系数$(B_{112})_3$、高温系数$(B_{112})_8$、高压系数$(B_{112})_{10}$、腐蚀系数$(B_{112})_{12}$、泄漏系数$(B_{112})_{13}$、工艺布置系数$(B_{112})_{16}$、静电系数$(B_{112})_{21}$与甲醇的相关系数分别为0.7、0.5、0.7、0.7、0.7、0.7、0.7、0.7、0.7。

事故易发性B_{11}为:

$$B_{11} = \sum_{i=1}^{n} \sum_{j=1}^{m} (B_{111}) W_{ij} (B_{112})_j$$

$$= 54 \times (50 \times 0.7 + 40 \times 0.5 + 10 \times 0.7 + 25 \times 0.7 + 117 \times 0.7 + 10 \times 0.7 +$$

$$20 \times 0.7 + 30 \times 0.7 + 30 \times 0.7)$$

$$= 12117.6$$

(4) 甲醇生产区的伤害模型及伤害/破坏半径。甲醇生产厂区最大火灾爆炸风险是生产过程和甲醇罐发生泄漏等原因引起的燃烧爆炸,其伤害模型有两种:蒸气云爆炸(VEC)模型;沸腾液体扩展为蒸气爆炸(BLEVE)模型。前者属于爆炸型,后者属于火灾型。

1) 甲醇蒸气云爆炸(VEC)。甲醇有两个储罐,形式是立式拱顶,储存容量8000 m³;储存天数为18.5 d,充装系数为0.8,材质为CS。

最大储存量为 $W_f = (8000+8000) \times 790 = 12640000$ kg

TNT当量计算公式为:

$$W_{TNT} = \frac{1.8 \alpha W_f Q_f}{Q_{TNT}}$$

式中　1.8——地面爆炸系数;

　　　α——蒸气云当量系数,$\alpha = 0.04$;

　　　Q_f——甲醇的爆炸热量,$Q_f = 22690.39$ kJ/kg;

　　　Q_{TNT}——TNT的爆炸热量,取$Q_{TNT} = 4520$ kJ/kg。

甲醇的TNT当量为:

$$W_{TNT} = 1.8 \times 0.04 \times 12640000 \times 22690.39 \div 4520 = 4568599.6 \text{ kg}$$

死亡半径R_1为:

$$R_1 = 13.6 (W_{TNT}/1000)^{0.37} = 307.4 \text{ m}$$

重伤半径R_2为:

$$\Delta p_s = 0.137 Z^{-3} + 0.119 Z^{-2} + 0.269 Z^{-1} - 0.019$$

$$Z = \frac{R_2}{\left(\frac{E}{P_0}\right)^{\frac{1}{3}}} = 0.001679 R_2$$

$$\Delta p_s = \frac{44000}{p_0} = 0.4344$$

解得　　　　　　　　　　　　　$R_2 = 641.7$ m

轻伤半径R_3为:

$$\Delta p_3 = 0.137 Z^{-3} + 0.119 Z^{-2} + 0.269 Z^{-1} - 0.019$$

$$Z = \frac{R_3}{\left(\frac{E}{P_0}\right)^{\frac{1}{3}}} = 0.001697 R_3$$

$$\Delta p_3 = \frac{17000}{p_0} = 0.1678$$

解得　　　　　　　　　　　　　$R_3 = 1153.2$ m

对于爆炸型破坏,财产损失半径 R_{cai} 的计算公式为:

$$R_{cai} = \frac{K_{\Pi} W_{TNT}^{\frac{1}{3}}}{\left[1 + \left(\frac{3175}{W_{TNT}} \right)^2 \right]^{\frac{1}{6}}}$$

式中 K_{Π}——二级破坏系数,$K_{\Pi} = 5.6$。
计算得: $R_{cai} = 929.2$ m
全部计算结果见表5-21。

表5-21 蒸气云爆炸伤害

蒸气云爆炸伤害	死亡半径	重伤半径	轻伤半径	破坏半径
破坏半径/m	307.4	641.7	1153.2	929.2

2) 甲醇扩展蒸气爆炸(BLEVE)。甲醇用两个罐储存,取 $W = 0.7 \times 12640000 = 8848000$(kg)。
火球半径 R 和火球持续时间 t 按以下公式进行计算:

$$火球半径 \ R = 2.9W^{1/3} = 599.8 \ m$$
$$火球持续时间 \ t = 0.45W^{1/3} = 93 \ s$$

当伤害概率 $P_r = 5$ 时,伤害百分数 $D = \int_{-\infty}^{P_r - 5} e^{-\frac{\mu^2}{2}} = 50\%$,死亡、一度、二度烧伤及烧毁财物,都以 $D = 50\%$ 定义。

下面求不同伤害、破坏时的热辐射通量。
死亡计算公式为:

$$P_r = -37.23 + 2.56\ln(tq_1^{\frac{4}{3}})$$

式中,P_r 取5;火球持续时间 t 为93 s,则 $q_1 = 7884.2$ W/m²。
二度烧伤(重伤)计算公式为:

$$P_r = -43.14 + 3.0188\ln(tq_2^{\frac{4}{3}})$$

则 $q_2 = 5221.8$ W/m²。
一度烧伤(轻伤)计算公式为:

$$P_r = -39.83 + 3.0186\ln(tq_3^{\frac{4}{3}})$$

则 $q_3 = 2294.5$ W/m²。
财产损失计算公式为:

$$q_4 = 6730^{4/5} + 25400 = 25579.2 \ \ W/m^2$$

按上述 q_1、q_2、q_3、q_4 热辐射通量值,计算伤害/破坏半径。热辐射通量计算公式为:

$$q_i = \frac{q_0 R^2 R_i (1 - 0.058\ln R_i)}{(R^2 + R_i^2)^{\frac{3}{2}}}$$

式中,R 为火球半径,取 $R = 599.8$ m;q_i 为不同状态下的热辐射通量值,i 取1、2、3、4;R_i 为相应状态下的伤害/破坏半径;q_0 为圆柱罐,取 $q_0 = 270000$ W。
已知火球半径 $R = 599.8$ m,伤害/破坏半径应有 $R_i > R$,求解为:
① 按死亡热通量 $q_1 = 7884.2$ W/m²,计算扩散蒸气爆炸的死亡半径 $R_1 = 2485.7$ m。
② 按重伤(二度烧伤)热通量 $q_2 = 5221.8$ W/m²,计算扩展蒸气爆炸时的重伤(二度烧伤)半径 $R_2 = 3065.2$ m。
③ 由轻伤(一度烧伤)热通量 $q_3 = 2294.5$ W/m²,计算轻伤(一度烧伤)半径 $R_3 = 4592.1$ m。

④ 由财产烧毁热通量 $q_4 = 25579.2\ \text{W/m}^2$，用上述同样办法计算得到扩展蒸气爆炸的财产破坏半径 $R_4 = 1285.6\ \text{m}$。

综合各项，得扩散蒸气爆炸伤害/破坏半径如表 5-22 所示。

表 5-22　沸腾液体扩散蒸气爆炸伤害/破坏半径　　　　　　　　　（m）

死亡半径	重伤半径(二度烧伤)	轻伤半径(一度烧伤)	财产破坏半径
2485.7	3065.2	4592.1	1285.6

显然，如果甲醇罐发生扩展蒸气爆炸，火球半径 $R = 599.8\ \text{m}$，使整个原料罐区成为一片火海，全部吞没；由于死亡半径 $R_1 = 2485.7\ \text{m}$，财产损失半径 $R_4 = 1285.6\ \text{m}$，使得罐区一旦发生扩展蒸气爆炸，厂区内的人员难以幸免，而且会殃及四邻。

（5）事故严重度 B_{12} 的估计（见表 5-23）。事故严重度 B_{12} 用符号 S 表示，其反映发生事故所造成的经济损失大小。事故严重度包括人员伤害和财产损失两个方面，并把人的伤害也折算成财产损失(万元)。

表 5-23　甲醇生产区爆炸事故严重度

事故模型		死　亡		重伤(二度烧伤)		轻伤(一度烧伤)		财产损失	
		半径/m	波及范围暴露人员	半径/m	波及范围暴露人员	半径/m	波及范围暴露人员	半径/m	波及范围暴露人员
储罐爆炸	蒸气云爆炸	307.4		641.7		1153.2		929.2	
	扩散蒸气爆炸	2485.7	厂区全部人员	3065.2		4592.1		1285.6	全部财产

可用下式表示总损失值：

$$S = C + 20 \times \left(\frac{N_1 + 0.5 N_2 + 105 N_3}{6000} \right)$$

式中　N_1, N_2, N_3——事故中死亡、重伤、轻伤人数；

　　　　C——财产破坏价值，万元。

事故严重度 B_{12} 取决于伤害/破坏半径构成圆面积中财产价值和死亡人数。由于甲醇罐区爆炸伤害模型是两个，即蒸气云爆炸和扩展蒸气爆炸，并可能同时发生，则储罐爆炸事故严重度应是两种严重度加权求和：

$$S = \alpha S_1 + (1 - \alpha) S_2$$

式中　S_1, S_2——分别为两种爆炸事故后果；

　　　　$\alpha, 1 - \alpha$——分别为两种爆炸发生的概率，$\alpha = 0.9, 1 - \alpha = 0.1$。

蒸气云爆炸的可能性远大于扩展蒸气爆炸，蒸气云爆炸是主要的。

事故严重度计算结果为：

$$S = \alpha S_1 + (1 - \alpha) S_2 = 0.9 \times 113931 = 102537.9\ \text{万元}$$

（6）固有危险性 B_1 及危险性等级。

原料灌区的固有危险性为：

$$B_1 = B_{11} B_{12} = 12117.6 \times 102537.6 = 1242513257.04\ \text{万元}$$

危险等级为：

$$A = \lg \left(\frac{B_1}{10^5} \right) = 9.09$$

因此,甲醇罐区为一级重大危险源。

5.4　化工厂危险程度分级评价法

原化工部劳动保护研究所在吸收道化学公司火灾、爆炸危险指数评价法的基础上提出化工厂危险程度分级评价法,通过计算物质系数、物量指数和工艺系数、设备系数、厂房系数、安全系数、环境系数等,得出工厂固有危险系数,以此进行固有危险性分级,用工厂管理等级修正工厂固有危险等级后,得出工厂危险等级。

5.4.1　化工厂危险程度分级评价法的特点与适应性

该评价方法是以化工生产、储存过程中的物质、物量指数为基础,用工艺、设备房、安全装置、环境、工厂安全管理等系统系数修正后,得出工厂的实际危险等级。

该评价方法主要适用于评价化工生产、储存过程中的各种风险,并能定量地分析工厂的实际危险等级,是一种综合性的安全评价模式。

5.4.2　化工厂危险程度分级评价法评价程序

化工厂危险程度分级评价法评价程序如图 5-7 所示。

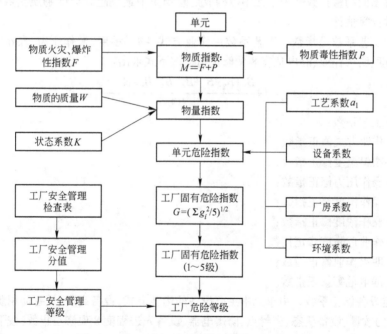

图 5-7　化工厂危险程度分级评价法评价程序

(1) 确定物质指数。将工厂按工艺过程或装置布置分成若干单元,先查出单元内危险物质的火灾、爆炸性指数 F、毒性指数 P,然后求出物质指数 M。物质指数按下式计算:

$$M = F + P$$

(2) 确定物质毒性指数 P。按《职业接触毒物危害程度分级》(GB5044—1985)中的规定分为 4 级:极度危害、高度危害、中毒危害和轻度危害,其分值分别为 30、16、8、3。

物质的毒性指数可根据表 5-24 确定。

表 5-24　物质的毒性指数表

毒性指数	危 害 程 度			
	极度危害	高度危害	中度危害	轻度危害
吸入 LC_{50}	<100	100~<2000	2000~<20000	20000~200000
经皮 LD_{50}			100~<500	500~2500
经口 LD_{50}			<25	25~500
毒性指数	30	16	8	3

（3）确定物量指数 WF。单元物质的物量指数是由物质指数、物质的质量和状态系数按下式求出：

$$WF = \left(\sum M_i^3 \cdot K_i \cdot W_i \right)^{1/3}$$

式中　WF——物量指数；

　　　M_i——物质指数；

　　　K_i——物质状态系数；

　　　W_i——物质的质量，t；

　　　i——第 i 项。

经计算得出的物量指数低于单元中可构成危险物质中最危险物质的物质指数时，则按该物质的物质指数计算值计。

（4）确定工艺系数量指数。工艺系数由作业方式、物料温度、操作压力、操作温度、操作浓度、作业危险度、明火作业、静电危害 8 项修正指数按下式求出：

$$a_1 = 1 + \frac{B_1+B_2+B_3+B_4+B_5+B_6+B_7+B_8}{100}$$

式中　a_1——工艺系数；

　　　B_1——作业方式修正指数；

　　　B_2——物料温度修正指数；

　　　B_3——操作压力修正指数；

　　　B_4——操作温度修正指数；

　　　B_5——操作浓度修正指数；

　　　B_6——作业危险度修正指数；

　　　B_7——明火作业修正指数；

　　　B_8——静电危害修正指数。

（5）确定设备修正系数。由单元中主要设备的运转方式、设备高度、设备使用脆性材料的程度、检测装置的数量、设备状态、密封点、防爆电器、设备先进程度 8 项修正指数，按下式求出：

$$a_2 = 1 + \frac{C_1+C_2+C_3+C_4+C_5+C_6+C_7+C_8}{100}$$

式中　a_2——设备修正系数；

　　　C_1——运转方式修正指数；

　　　C_2——设备高度修正指数；

　　　C_3——脆性材料修正指数；

　　　C_4——检测装置修正指数；

　　　C_5——设备状态修正指数；

C_6——密封点修正指数；

C_7——防爆电器修正指数；

C_8——设备先进程度修正指数。

（6）确定厂房修正系数。厂房修正系数由厂房结构形式、防火间距、建筑耐火等级、厂房泄压面积、安全疏散距离 5 项修正指数，用下式求出：

$$a_3 = 1 + \frac{D_1 + D_2 + D_3 + D_4 + D_5}{100}$$

式中　a_3——厂房修正系数；

D_1——厂房结构形式修正指数；

D_2——防火间距修正指数；

D_3——建筑物耐火等级修正指数；

D_4——厂房泄压面积修正指数；

D_5——安全疏散距离修正指数。

（7）确定安全设施修正系数。可降低评价单元危险程度的安全设施修正系数用下式求出：

$$a_4 = 1 + \sum E_i / 100$$

式中　a_4——安全设施修正系数；

E_i——安全装置修正指数；

i——安全装置项数。

（8）确定环境系数。环境系数按单元边界向外界延伸区域的特性，分为 5 级，见表 5-25。

表 5-25　环境系数

单元环境	系　数
山野、田园	0.5
点在型	1.0
密集型	1.3
一般居民区	1.7
商业区或人员高密区	2.0

（9）确定工厂固有危险指数。工厂固有危险指数用工厂最高危险 5 个单元危险指数的均方根求出：

$$G = \left(\sum g_i^2 / 5 \right)^{1/2}$$

式中　G——工厂固有危险指数；

g_i——单元危险指数；

i——单元项数。

（10）确定工厂固有危险等级。工厂固有危险等级根据工厂固有危险指数分为 5 级，见表 5-26。

表 5-26　工厂固有危险等级划分

工厂固有危险指数	工厂固有危险等级
>1500	一级
1000~1500	二级
500~1000	三级
200~500	四级
<200	五级

（11）确定工厂安全管理等级：

1）工厂安全管理检查表（略）；

2）工厂安全管理等级的求取。

工厂安全管理等级根据工厂安全管理检查表求出的安全管理分值，划分为 3 个等级，见表 5-27。

表 5-27　工厂安全管理等级划分

工厂安全管理分值	安全管理等级
>800	优
600~800	一般
<600	差

（12）确定工厂实际危险等级。工厂实际危险等级，是将工厂固有危险等级用工厂安全管理等级进行修正后求取的，见表 5-28。

表 5-28　工厂实际危险等级求取表

工厂安全管理等级	工厂固有危险等级				
	一	二	三	四	五
	工厂实际危险等级				
Ⅰ	高度	中度	低度	最低度	最低度
Ⅱ	最高度	高度	中度	低度	最低度
Ⅲ	最高度	最高度	高度	中度	低度

5.5　危险度评价法

5.5.1　危险度评价法概述

危险度评价法是借鉴日本劳动省"六阶段"的定量评价表，结合我国国家标准 GB 50160—1992《石油化工防火设计规范》（1999 修订版）、《压力容器中化学介质毒性危害和爆炸危险度评价分类》（HG20660—1991）等技术规范标准，编制了危险度评价取值表（见表 5-29），规定了危险度由物质、容量、温度、压力和操作 5 个项目共同确定，其危险度分别按 $A = 10$ 分，$B = 5$ 分，$C = 2$ 分，$D = 0$ 分赋值计分，由累计分值确定单元危险度。危险度分级图如图 5-8 所示，分级表见表 5-30。

表 5-29　危险度评价取值表

项目 ＼ 分值	10分（A）	5分（B）	2分（C）	0分（D）
物质（系指原材料中间体或产品中危险程度最大的物质）	1. 甲类可燃气体； 2. 甲 A 及液态烃类； 3. 甲类固体； 4. 极度危害介质	1. 乙类可燃气体； 2. 甲 B、乙 A 及液态烃类； 3. 乙类固体； 4. 高度危害介质	1. 乙 B、丙 A、丙 B 类可燃液体； 2. 丙类固体； 3. 中、轻度危害介质	不属 A ~ C 项物质

续表 5-29

项目＼分值	10分(A)	5分(B)	2分(C)	0分(D)
容　量	1. 气体 1000 m³ 以上； 2. 液体 100 m³ 以上； （1）有触媒的反应，应去掉触媒层所占空间； （2）气液混合反应应按照其反应的形态选择上述规定	1. 气体 500~1000 m³； 2. 液体 50~100 m³	1. 气体 100~500 m³； 2. 液体 10~50 m³	气体<100 m³； 液体<10 m³
温　度	1000℃ 以上使用，其操作温度在燃点以上	1. 1000℃ 以上使用，但操作温度在燃点以下； 2. 在 250~1000℃ 使用，其操作温度在燃点以上	1. 在 250~1000℃ 使用，但操作温度在燃点以下； 2. 在低于 250℃ 使用，操作温度在燃点以上	在低于 250℃ 使用，操作温度在燃点之下
压　力	100 MPa 以上	20~100 MPa	1~20 MPa	1 MPa 以下
操　作	1. 临界放热和特别剧烈的放热反应操作； 2. 在爆炸极限范围内或其附近的操作	1. 中等放热反应（如烷基化、酯化、加成、氧化、聚合、缩合等反应）操作； 2. 系统进入空气中的不纯物质，可能发生危险的操作； 3. 使用粉状或雾状物质，有可能发生粉尘爆炸； 4. 单批式操作	1. 轻微放热反应（如加氢、水解、异构化、磺化、中和等反应）操作； 2. 精制操作中伴有的化学反应； 3. 单批式，但开始用机械等手段进行程序操作； 4. 有一定危险的操作	无危险的操作

表 5-30　危险度分级

总分值	≥16分	11~15分	≤10分
等　级	Ⅰ	Ⅱ	Ⅲ
危险程度	高度危险	中度危险	低度危险

$$\left\{\begin{matrix}物质\\0\sim10\end{matrix}\right\}+\left\{\begin{matrix}容量\\0\sim10\end{matrix}\right\}+\left\{\begin{matrix}温度\\0\sim10\end{matrix}\right\}+\left\{\begin{matrix}压力\\0\sim10\end{matrix}\right\}+\left\{\begin{matrix}操作\\0\sim10\end{matrix}\right\}=\left\{\begin{matrix}16\ 分以下\\11\sim15\ 分\\1\sim10\ 分\end{matrix}\right\}$$

图 5-8　危险度分级图

　　图 5-8 中，16 分以上为 1 级，属高度危险；11~15 分为 2 级，需同周围情况用其他设备联系起来进行评价；1~10 分为 3 级，属低度危险。

　　物质指物质本身固有的点火性、可燃性和爆炸性的程度；容量指单元中处理的物料量；温度指运行温度和点火温度的关系；压力指运行压力（超高压、高压、中压、低压）；操作指运行条件引起爆炸或异常反应的可能性。

5.5.2　危险度评价法应用示例

例如,对某工厂的生产装置各单元按"危险度评价法"逐个进行评价,评价结果以表格形式给出,各单元危险度评价情况见表5-31。

表5-31　生产装置各单元危险度评价

序号	单元名称	物质名称	物质评分	容量评分	温度评分	压力评分	操作评分	总分	等级
1	搅　拌	溶剂、树脂、助剂、色料	5	0	0	0	2	7	Ⅲ
2	研磨分散	印墨(半成品)	5	0	0	0	2	7	Ⅲ
3	包　装	印墨(成品)	5	0	0	0	2	7	Ⅲ
4	原料库	溶剂(甲苯、二甲苯等)	5	2	0	0	0	7	Ⅲ
5	成品库	印　墨	5	2	0	0	0	7	Ⅲ

习题和思考题

5-1　试画出道化学公司火灾、爆炸危险指数评价法计算程序图。

5-2　简述 ICI 蒙德法特点和适用范围。

5-3　简述危险源评价指标体系。

5-4　简述危险源评价数学模型。

5-5　简述化工厂危险程度分级评价法评价程序。

6 概率风险评价法

概率风险评价法是根据事故的基本致因因素的事故发生概率,应用数理统计中的概率分析方法,求取事故基本致因因素的关联度(或重要度)或整个评价系统的事故发生概率的安全评价方法。故障类型及影响分析、故障树分析、逻辑树分析、概率理论分析、马尔柯夫模型分析、模糊矩阵法、统计图表分析法等,都可以用基本致因因素的事故发生概率来计算整个评价系统的事故发生概率。

概率风险评价法是建立在大量的实验数据和事故统计分析基础之上的,因此评价结果的可信程度较高。由于能够直接给出系统的事故发生概率,因此便于各系统可能性大小的比较。特别是对于同一个系统,概率风险评价法可以给出发生不同事故的概率、不同事故致因因素的重要度,便于不同事故可能性和不同致因因素重要性的比较。但该类评价方法要求数据准确、充分,分析过程完整,判断和假设合理,特别是需要准确地给出基本致因因素的事故发生概率,显然这对一些复杂、存在不确定因素的系统是十分困难的。因此该类评价方法不适合基本致因因素不确定或基本致因因素事故概率不能给出的系统。但是,随着计算机、模糊数学理论、灰色系统理论和神经网络理论在安全评价中的应用,弥补了该类评价方法的一些不足,扩大了应用范围。

6.1 故障树分析法

故障树分析法(FTA)是美国贝尔电话实验室于 1962 年开发的。故障树分析法采用逻辑方法进行危险分析,将事故的因果关系形象地描述为一种有方向的"树",以系统可能发生或已发生的事故(称为顶事件)作为分析起点,将导致事故发生的原因事件按因果逻辑关系逐层列出,用树形图表示出来,构成一种逻辑模型,然后定性或定量地分析事件发生的各种可能途径及发生的概率,找出避免事故发生的各种方案并选出最佳安全对策。FTA 法形象、清晰,逻辑性强,它能对各种系统的危险性进行识别评价,既能进行定性分析,又能进行定量分析。

顶事件通常是由故障假设、HAZOP 等危险分析方法识别出来的。故障树模型是原因事件(即故障)的组合(称为故障模式或失效模式),这种组合导致顶事件发生。这些故障模式称为割集,最小的割集是原因事件的最小组合。要使顶事件发生,最小割集中的所有事件必须全部发生。例如,如果割集中"无燃料"和"挡风玻璃损坏"全部发生,顶事件"汽车不能启动"才能发生。

6.1.1 故障树分析法术语与符号

6.1.1.1 事件

在故障树分析中,各种故障状态或不正常情况皆称为故障事件;各种完好状态或正常情况皆称为成功事件。两者均可简称为事件。事件可分为以下几种类型:

(1)底事件。底事件是故障树分析中仅导致其他事件的原因事件。底事件位于所讨论的故障树底端,总是某个逻辑门的输入事件而不是输出事件。底事件分为基本事件与未探明事件。

1)基本事件是在特定的故障树分析中无需探明其发生原因的底事件。

2)未探明事件是原则上应进一步探明但暂时不必或者暂时不能探明其原因的底事件。

(2)结果事件。结果事件是故障树分析中由其他事件或事件组合所导致的事件。结果事件总位于某个逻辑门的输出端。结果事件又分为顶事件与中间事件。

1) 顶事件是故障树分析中所关心的结果事件。顶事件位于故障树的顶端,总是所讨论故障树中逻辑门的输出事件而不是输入事件。

2) 中间事件是位于底事件和顶事件之间的结果事件。中间事件既是某个逻辑门的输出事件,同时又是别的逻辑门的输入事件。

(3) 特殊事件。特殊事件是指在故障树分析中需用特殊符号表明其特殊性或引起注意的事件。特殊事件分为开关事件和条件事件。

1) 开关事件是在正常工作条件下必然发生或者必然不发生的特殊事件。

2) 条件事件是使逻辑门起作用的具有限制作用的特殊事件。

6.1.1.2　逻辑门及符号

在故障树分析中逻辑门只描述事件间的逻辑因果关系,主要分为以下几种:

(1) 与门。表示仅当所有输入事件发生时,输出事件才发生。

(2) 或门。表示只要有一个输入事件发生,输出事件就发生。

(3) 非门。表示输出事件是输入事件的对立事件。

另外还有以下几种特殊门:

(1) 顺序与门。表示仅当输入事件按规定的顺序发生时,输出事件才发生。

(2) 表决门。表示仅当几个输入事件中2个或2个以上的事件发生时,输出事件才发生。

(3) 异或门。表示仅当单个输入事件发生时,输出事件才发生。

(4) 禁门。表示仅当条件事件发生时,输入事件的发生方导致输出事件的发生。

各种逻辑门的符号及定义见表6-1。

6.1.1.3　转移符号

转移符号有相同转移符号和相似转移符号两种,表示转移到或来自于另一个子(故障)树,用三角形表示,其符号及定义见表6-1。

表 6-1　故障树分析相关名词术语的符号及定义

符　号	名词术语	定　义	符　号	名词术语	定　义
○	基本事件	在特定的故障树分析中无需探明其发生原因的底事件	+	或门	只要有一个输入事件发生,输出事件就发生
◇	未探明事件	原则上应进一步探明其原因但暂时不必或者暂时不能探明其原因的底事件	·	与门	仅当所有输入事件发生时,输出事件才发生
▭	结果事件中间事件	故障树分析中由其他事件或事件组合所导致的事件	～	非门	输出事件是输入事件的对立事件
⬠	开关事件	正常工作条件下必然发生或者必然不发生的特殊事件	· 顺序条件	顺序与门	仅当所有输入事件按规定的顺序发生时,输出事件才发生
▭	条件事件	使逻辑门起作用的具有限制作用的特殊事件	+ 不同时发生	异或门	仅当单个输入事件发生时输出事件才发生

符 号	名词术语	定 义	符 号	名词术语	定 义
禁门打开的条件	禁门	仅当条件事件发生时,输入事件的发生方导致输出事件的发生	(a)相似转向 相似的子树代号	相似转移符号	转到结构相似而事件标号不同的子树中去
子树代号字母数字	相同转移符号	在三角形上标出向何处转移	(b)相似转化 子树代号		从子树与此处子树相似但事件标号不同处转入
子树代号字母数字		在三角形上标出由何处转入	不同的事件标号 XXXX		

6.1.1.4 故障树

故障树是一种特殊的倒立树状逻辑因果关系图。它用表 6-1 所示的事件符号、逻辑门符号和转移符号描述系统各种事件的因果关系,逻辑门的输入事件是输出事件的"因",输出事件是输入事件的"果"。故障树可分为以下几种类型。

(1) 二状态故障树。如果故障树的底事件刻画一种状态,而其对立事件也只刻画一种状态,则称为二状态故障树。

(2) 多状态故障树。若故障树的底事件有 3 种以上互不相容的状态,则称为多状态故障树。

(3) 规范化故障树。将画好的故障树中各种特殊事件与特殊门进行转换或删减,变成仅含有底事件、结果事件以及与、或、非 3 种逻辑门的故障树,这种故障树称为规范化故障树。

(4) 正规故障树。仅含故障事件以及与门、或门的故障树称为正规故障树。

(5) 非正规故障树。含有成功事件或者非门的故障树称为非正规故障树。

(6) 对偶故障树。将二状态故障树中的与门换为或门,或门换为与门,而其余不变,这样得到的故障树称为原故障树的对偶故障树。

(7) 成功树。除将二状态故障树中的与门换为或门、或门换为与门外,还将底事件与结果事件换为相应的对立事件,这样所得到的树称为原故障树对应的成功树。

6.1.2 故障树分析法的特点与适应性

故障树分析法的优点有:

(1) 它能识别导致事故的基本事件(基本的设备故障)与人为失误的组合,可为人们提供设法避免或减少导致事故发生的基本事件,从而降低事故发生的可能性。

(2) 能对导致灾害事故的各种因素及逻辑关系作出全面、简洁和形象的描述。

(3) 便于查明系统内固有的或潜在的各种危险因素,为设计、施工和管理提供科学依据。

(4) 使有关人员、作业人员全面了解和掌握各项防灾要点。

（5）便于进行逻辑运算,进行定性、定量分析和系统评价。

故障树分析法的缺点:此法步骤较多,计算也较复杂;在国内数据较少,进行定量分析还需要做大量工作。

故障树分析法的应用范围:故障树分析法应用比较广,不仅能分析出事故的直接原因,而且能深入提示事故的潜在原因,因此在评价项目的各阶段,都可以使用 FTA 对它们的安全性进行评价。

6.1.3 故障树分析法程序

FTA 方法基本程序如图 6-1 所示。首先详细了解系统状态及各种参数,绘出工艺流程图或平面布置图。其次,收集事故案例(国内外同行业、同类装置曾经发生的),从中找出后果严重且较易发生的事故作为顶事件。根据经验教训和事故案例,经统计分析后,求解事故发生的概率(频率),确定要控制的事故目标值。然后从顶事件起按其逻辑关系构建故障树。最后作定性分析,确定各基本事件的结构重要度,求出概率,再作定量分析。如果故障树规模很大,可借助计算机进行。目前我国故障树分析法一般都进行到定性分析为止。

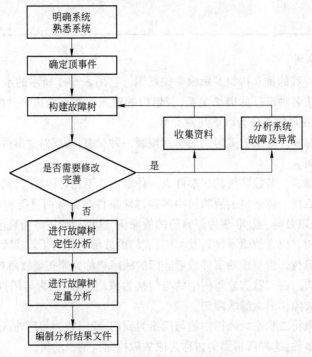

图 6-1   故障树分析法基本程序

6.1.4 故障树的构建

故障树的构建从顶事件开始,用演绎和推理的方法确定导致顶事件的直接的、间接的、必然的、充分的原因。通常这些原因不是基本事件,而是需进一步发展的中间事件。为了保证故障树的系统性和完整性,构建故障树须遵循几条基本规则,具体内容见表 6-2。故障树结构图如图 6-2 所示。

表 6-2　故障树构建规则

规　　则	具 体 内 容
故障事件陈述	把故障的陈述写入事件框(中间事件)和事件圆圈(基本事件)内。要准确说明各部分的故障模式,让这些陈述尽可能地准确是完整说明故障树所必需的。"在什么地方"和"是什么"确定了设备和它的失效状态,"为什么"说明按照这样的设备状态系统处于怎样的状态,从而说明为什么把该设备状态作为一个故障;这些陈述要尽可能地完整,在故障树构建过程中分析人员不应当用简略语或缩写
故障树分析	当对某个故障事件进行分析时,应该提出这样的问题:"该故障是由设备故障造成的吗?"如果回答"是",则该故障事件作为设备故障;如回答"不是",则该故障作为系统故障。对于设备故障,用或门去找出所有可能导致该设备故障的故障事件;对于系统故障则要找出该故障事件发生的原因
无奇迹发生	永远不要假设发生奇迹,不要假设设备的所有不希望故障不会发生,或者即使发生也可避免事故
完成每个逻辑门	某特定逻辑门的所有输入在进行进一步分析前必须准确定义。对简单的模型,应该一层一层地完成故障树,每一层完成之后再进行下一层的分析。然而,有经验的分析人员可能会发现,这条规则在构建较复杂或较大的故障树时不大适用
一个逻辑门不能直接连接到另一个逻辑门,逻辑门之间必须有故障事件	应当恰当地确定逻辑门故障事件的输入,即逻辑门不能与其他的逻辑门直接连接,否则将引起逻辑门的输出混淆

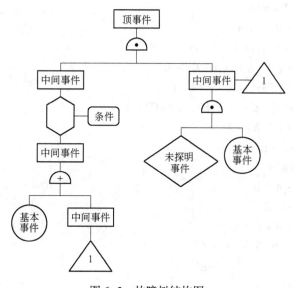

图 6-2　故障树结构图

6.1.5　故障树的定性分析

故障树的定性分析仅按故障树的结构和事故的因果关系进行。分析过程中不考虑各事件的发生概率,或认为各事件的发生概率相等。内容包括求基本事件的最小割集、最小径集及其结构重要度。求取方法有质数代入法、矩阵法、行列法、布尔代数法简法等。图 6-3 所示为故障树图例,下面结合图 6-3 介绍布尔代数法化简方法。

6.1.5.1　布尔代数主要运算法则

在故障树分析中常用逻辑运算符号"·"、"+"将 A、B、C 等各个事件连接起来,这些连接式称为布尔代数表达式。在求最小割集时要用布尔代数运算法则化简代数式。这些法则有：

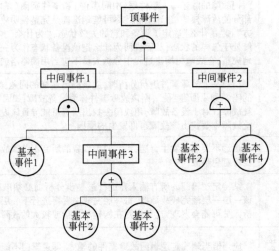

图 6-3 故障树图例

(1) 交换律： $A+B=B+A$

$A \cdot B=B \cdot A$

(2) 结合律： $A+(B+C)=(A+B)+C$

$A \cdot (B \cdot C)=(A \cdot B) \cdot C$

(3) 分配律： $A \cdot (B+C)=A \cdot B+A \cdot C$

$A+(B \cdot C)=(A+B) \cdot (A+C)$

(4) 吸收律： $A \cdot (A+B)=A$

$A+A \cdot B=A$

(5) 互补律： $A+A'=1$

$A \cdot A'=0$

(6) 幂等律： $A+A=A$

$A \cdot A=A$

(7) 狄摩根定律：$(A+B)'=A' \cdot B'$

$(A \cdot B)'=A'+B'$

(8) 对偶律： $(A')'=A$

(9) 重叠律： $A+A'B=A+B=B'+BA$

其中，A'、B'分别为事件 A 和事件 B 的逆事件(或称对偶事件)。

6.1.5.2 故障树的数学表达式——结构函数表达式

在进行故障树定性、定量分析时，需要写出故障树的数学表达式。把顶事件用布尔代数表现，并自上而下展开，即可得到故障树的布尔表达式，如图 6-4 所示。

图 6-4 为图 6-3 所示故障树的布尔表达式，其结构函数表达式为：

$$T=M_1 \cdot M_2=(X_1 \cdot M_3) \cdot (X_2+X_4)$$
$$=[X_1 \cdot (X_2+X_3)] \cdot (X_2+X_4)$$
$$=(X_1X_2+X_1X_3)(X_2+X_4) \tag{6-1}$$

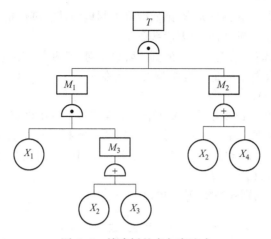

图 6-4　故障树的布尔表达式

6.1.5.3　割集与最小割集

（1）割集与最小割集的概念。故障树中某些基本事件组成集合,当集合中这些基本事件全都发生时,顶事件必然发生,这样的集合称为割集。如果某个割集中任意除去一个基本事件就不再是割集,则这样的割集称为最小割集,亦即导致顶事件发生的最低限度的基本事件的集合。

（2）最小割集的求法。最小割集的求法有布尔代数法和矩阵法。故障树经过布尔代数化简,得到若干交("与")集和并("或")集,每个交集实际就是一个最小割集。将式(6-1)展开并应用上述布尔代数有关运算法则归并、化简得:

$$T = X_1 X_2 X_2 + X_1 X_2 X_4 + X_1 X_2 X_3 + X_1 X_3 X_4$$
$$= X_1 X_2 + X_1 X_2 X_4 + X_1 X_2 X_3 + X_1 X_3 X_4$$
$$= X_1 X_2 + X_1 X_3 X_4 \tag{6-2}$$

得到两个最小割集:$T_1 = \{X_1, X_2\}$;$T_2 = \{X_1, X_3, X_4\}$。

最小割集表明系统的危险性,每个最小割集都是顶事件发生的一种可能渠道。最小割集的数目越多,系统越危险。最小割集的作用如下:

1）最小割集表示顶事件发生的原因。事故的发生必然是某个最小割集中几个事件同时存在的结果。求出故障树全部最小割集就可掌握事故发生的各种可能,对掌握事故的发生规律、查明原因大有帮助。

2）每一个最小割集都是顶事件发生的一种可能模式。根据最小割集可以发现系统中最薄弱的环节,直观判断出哪种模式最危险,哪些次之,以及如何采取安全措施减少事故发生等。

3）可以用最小割集判断基本事件的结构重要度,计算顶事件概率。

6.1.5.4　结构重要度分析

从故障树结构上分析各基本事件的重要度,即分析各基本事件的发生对顶事件发生的影响程度,称为结构重要度分析。利用最小割集分析判断结构重要度有以下几个原则。

（1）单事件最小割集(一阶)中的基本事件的结构重要度系数 $I(i)$ 大于所有高阶最小割集中基本事件的结构重要度系数。如在 $T_1 = \{X_1\}$,$T_2 = \{X_2, X_3\}$,$T_3 = \{X_4, X_5, X_6\}$ 三个最小割集中,$I(1)$ 最大。

（2）在同一最小割集中出现的所有基本事件,结构重要度系数相等(在其他割集中不再出现)。如在 $T_1 = \{X_1, X_2\}$,$T_2 = \{X_3, X_4, X_5\}$,$T_3 = \{X_7, X_8, X_9\}$ 中,$I(1) = I(2)$,$I(3) = I(4) = I(5)$ 等。

（3）几个最小割集均不含共同元素，则低阶最小割集中基本事件重要度系数大于高阶割集中基本事件重要度系数。阶数相同，重要度系数相同。

（4）比较两个基本事件，若与之相关的割集阶数相同，则两事件结构重要度系数大小由它们出现的次数决定，出现次数多的重要度系数大。如在 $T_1=\{X_1,X_2,X_3\}$，$T_2=\{X_1,X_2,X_3\}$，$T_3=\{X_1,X_5,X_6\}$ 中，$I(1)>I(2)$。

（5）相比较的两事件仅出现在基本事件个数不等的若干最小割集中，若它们重复在各最小割集中出现次数相等，则在少事件最小割集中出现的基本事件结构重要度系数大。如在 $T_1=\{X_1,X_3\}$，$T_2=\{X_2,X_3,X_5\}$，$T_3=\{X_1,X_4\}$，$T_4=\{X_2,X_4,X_5\}$ 中，X_1 出现两次，X_2 也出现两次，但 X_1 位于少事件割集中，所以 $I(1)>I(2)$。

此外，还可以用近似判别式判断，其公式为：

$$I(i)=\sum_{K_i}\frac{1}{2^{n_i-1}} \tag{6-3}$$

式中　$I(i)$——基本事件 X_i 的结构重要度系数近似判断值；

　　　K_i——包含 X_i 的所有最小割集；

　　　n_i——包含 X_i 的最小割集中的基本事件个数。

由式（6-3）表示的两个最小割集中各基本事件的结构重要度系数分别为：

$$I(1)=\frac{1}{2^{2-1}}+\frac{1}{2^{3-1}}=3/4$$

$$I(2)=\frac{1}{2^{2-1}}=1/2$$

$$I(3)=\frac{1}{2^{3-1}}=1/4$$

$$I(4)=\frac{1}{2^{3-1}}=1/4$$

6.1.5.5　径集、最小径集及等效故障树

当故障树中某些基本事件集合中的基本事件全都不发生时，顶事件必然不发生，这样的集合称为径集。若在某个径集中任意除去一个基本事件就不再是径集，则这样的径集称为最小径集，亦即导致顶事件不能发生的最低限度的基本事件的集合。

（1）最小径集求法。先将故障树化为对偶的成功树（只需将或门换成与门，与门换成或门，将事件化为其对偶事件即可）；写出成功树的结构函数；化简得到由最小割集表示的成功树的结构函数；再求补得到若干并集的交集，每一个并集实际上就是一个最小径集。

图6-4所示故障树对应的成功树见图6-5，其结构函数为：

$$T'=M'_1+M'_2=(X'_1+M'_3)+(X'_2\cdot X'_4)=X'_1+(X'_2\cdot X'_3)+(X'_2\cdot X'_4)$$
$$=X'_1+X'_2\cdot X'_3+X'_2\cdot X'_4 \tag{6-4}$$

利用狄摩根定律求补得：

$$(T')'=(X'_1+X'_2X'_3+X'_2X'_4)'=(X'_1)'\cdot(X'_2X'_3)'\cdot(X'_2X'_4)'$$
$$=X_1\cdot(X_2+X_3)\cdot(X_2+X_4) \tag{6-5}$$

得到三个最小径集：$P_1=\{X_1\}$，$P_2=\{X_2,X_3\}$，$P_3=\{X_2,X_4\}$。

（2）画出等效故障树。由式（6-5）知：

$$T=X_1\cdot(X_2+X_3)\cdot(X_2+X_4)$$

用最小径集表示的等效故障树见图6-6。

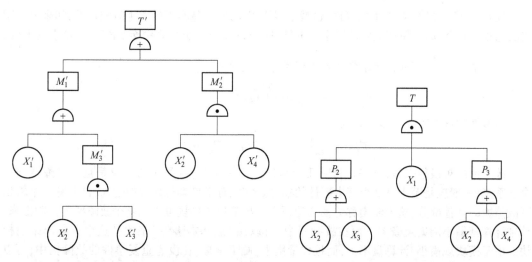

图 6-5　图 6-4 所对应的成功树布尔表达式　　　　图 6-6　等效故障树

用最小径集判别基本事件结构重要度顺序与用最小割集判别结果一样;凡对最小割集适用的原则,对最小径集都适用。

6.1.6　故障树的定量分析

故障树定量分析的目的在于计算顶上事件的发生概率,以它来评价系统的安全可靠性。将计算顶上事件的发生概率与预定目标值进行比较,如果超出目标值,就要采取必要的系统改进措施,使其降至目标值以下。

6.1.6.1　顶上事件发生概率

有了各基本事件发生的发生概率,就可以计算顶上事件的发生概率。

关于顶上事件发生概率的方法,可以根据故障树的结构函数和各种基本事件的发生概率 q_i 求得。在这里仅介绍两种方法:直接分步算法和以最小割集为基础利用计算机的算法。

(1) 直接分布算法。这种方法适用于树的规模不大,不需要进行布尔代数化简时使用。它是从底部的门事件算起,逐次向上推移计算到顶上事件。

对于"或门"连接的事件,其计算公式为:

$$P_0 = 1 - \prod_{i=1}^{n}(1 - q_i)$$

式中　P_0——或门事件的概率;

　　　q_i——第 i 个事件的概率;

　　　n——输入事件数。

对于"与门"连接的事件,其计算公式为:

$$P_A = \prod_{i=1}^{n} q_i$$

(2) 以最小割集求概率算法。这种方法是根据故障树的顶上事件与最小割集的关系来进行计算的,具有以下的特性:

1) 顶上事件 T 与最小割集的事件 E_i 之间是用"或门"连接的。

2) 每个最小割集与它所包含的基本事件 y_i 之间是用"与门"连接的。

也就是说,顶上事件的发生概率等于各个最小割集的概率和。

设 E_i 为最小割集 K_i 发生的事件，也就是属于 K_i 的所有基本事件发生时的事件，如果最小割集的总数有 k 个，那么使顶上事件发生的事件，应该是 k 个最小割集中至少有一个发生的事件，可以用 $\bigcup\limits_{i=1}^{k}E_i$ 表示。因而顶上事件的发生概率 g 可表示为：

$$g=p\left(\bigcup_{i=1}^{k}E_i\right)$$

而事件的概率若以 F_1 表示，则：

$$F_1=\sum_{1\leqslant i_1<i_2<\cdots<i_s}\{E_{i_1}\bigcap E_{i_2}\bigcap\cdots E_{i_s}\}$$

故障树的规模很大时，可将它分成几个部分，即"模块"。故障树的模块是整个故障树的一个子系统，一般应是至少有 2 个基本事件的集合。它没有来自其他部分的输入，且只有一个输出到故障树的其他部分，这个输出称为模块的顶点。故障树的模块可以从整个故障树中分割出来，单独计算其最小割集及概率。而在故障树中，可以用"准基本事件"来代替这个分解出来的模块。由于模块规模小，计算量不大，而且数量集中，便于掌握，在没有重复事件的故障树中，可以任意分解模块来减少计算的规模。

6.1.6.2　概率重要度分析

结构重要度分析是从故障树的结构上，分析各基本事件的重要程度。如果进一步考虑基本事件发生概率的变化会给顶上事件发生概率以多大影响，就要分析基本事件的概率重要度。利用顶上事件发生概率 Q 函数是一个多重线性函数这一性质，只要对自变量 q_i 求一次偏导数，就可得出该基本事件的概率重要度系数。其表达式为：

$$I_Q(i)=\frac{\partial Q}{\partial q_i}$$

当利用上式求出各基本事件的概率重要度系数后，就可以了解诸多基本事件，减少哪个基本事件的发生概率可以有效地降低顶上事件的发生概率。这一点，可以通过下例看出。

例如：设故障树最小割集为 $\{X_1,X_3\}$，$\{X_1,X_5\}$，$\{X_3,X_4\}$，$\{X_2,X_4,X_5\}$。各基本事件概率分别为 $q_1=0.01$，$q_2=0.02$，$q_3=0.03$，$q_4=0.04$，$q_5=0.05$，求各基本事件概率重要度系数。

解：顶上事件发生概率 Q 用近似方法计算时，其表达式为：

$$\begin{aligned}Q&=qk_1+qk_2+qk_3+qk_4\\&=q_1q_3+q_1q_5+q_3q_4+q_2q_4q_5\\&=0.01\times0.03+0.01\times0.05+0.03\times0.04+0.02\times0.04\times0.05\\&=0.002\end{aligned}$$

各个基本事件的概率重要度系数为：

$$I_Q(1)=\frac{\partial Q}{\partial q_1}=q_3+q_5=0.08$$

$$I_Q(2)=\frac{\partial Q}{\partial q_2}=q_4q_5=0.002$$

$$I_Q(3)=\frac{\partial Q}{\partial q_3}=q_1+q_4=0.05$$

$$I_Q(4)=\frac{\partial Q}{\partial q_4}=q_3+q_2q_5=0.031$$

$$I_Q(5)=\frac{\partial Q}{\partial q_5}=q_1+q_2q_4=0.0108$$

这样，就可以按概率重要度系数的大小排出各基本事件的概率重要度顺序：

$$I_Q(1)>I_Q(3)>I_Q(4)>I_Q(5)>I_Q(2)$$

这就是说,减小基本事件 X_1 的发生概率能使顶上事件的发生概率迅速降下来,它比按同样数值减小其他任何基本事件的发生概率都有效。其次是基本事件 X_3,X_4,X_5,最不敏感的是基本事件 X_2。

从概率重要度系数的算法可以看出这样的事实:一个基本事件的概率重要度如何,并不取决于其本身的概率值大小,而取决于它所在最小割集中其他基本事件概率积的大小及它在各个最小割集中重复出现的次数。

6.1.6.3　临界重要度分析

一般情况,减少概率大的基本事件的概率要比减少概率小的容易,而概率重要度系数并未反映这一事实。因此,它不是从本质上反映各基本事件在故障树中的重要程度。而临界重要度系数 C_i,则是从敏感度和概率双重角度衡量各基本事件的重要度标准,其定义式为:

$$C_i=\frac{\partial \ln Q}{\partial \ln q_i}$$

临界重要度系数与概率重要度系数的关系为:

$$C_i=\frac{q_i}{Q}I_Q(i)$$

上面例子得到的某故障树顶上事件概率为 0.002,各基本事件的概率重要度系数分别为: $I_Q(1)=0.08,I_Q(2)=0.002,I_Q(3)=0.05,I_Q(4)=0.031,I_Q(5)=0.0108$。

则各基本事件的临界重要度系数为

$$C_1=\frac{q_1}{Q}I_Q(1)=\frac{0.01}{0.002}\times0.08=0.4$$

$$C_2=\frac{q_2}{Q}I_Q(2)=\frac{0.02}{0.002}\times0.002=0.02$$

$$C_3=\frac{q_3}{Q}I_Q(3)=\frac{0.03}{0.002}\times0.05=0.75$$

$$C_4=\frac{q_4}{Q}I_Q(4)=\frac{0.04}{0.002}\times0.031=0.62$$

$$C_5=\frac{q_5}{Q}I_Q(5)=\frac{0.05}{0.002}\times0.0108=0.27$$

因此,得到一个按临界重要度系数的大小排列的各基本事件重要程度的顺序为:

$$C_3>C_4>C_1>C_5>C_2$$

与概率重要度相比,基本事件 X_1 的重要程度下降了,这是因为它的发生概率最低。基本事件 X_3 最重要,这不仅是因为其敏感度最大,而且其本身的概率值也较大。

6.1.7　故障树分析法应用示例

在建筑施工过程中,高处坠落事故是高层建筑施工中经常发生的事故,以高处坠落事故为例进行故障树分析,了解高处坠落事故的原因和预防措施。

按 FTA 方法分析步骤画出故障树如图 6-7 所示。

(1) 进行定性分析。如图 6-7 所示,对故障 A_1 进行定性分析。A_1 最小割集有 45 个,比最小径集(只有 4 个)多,所以用最小径集分析比较方便,因此,作出图 6-8 所示的成功树,由图可得:

$$A'_1=B'_1+B'_2=C'_1C'_2+C'_3C'_4=X'_1X'_2X'_3X'_4X'_5+(D'_1+D'_2)X'_{11}X'_{12}$$

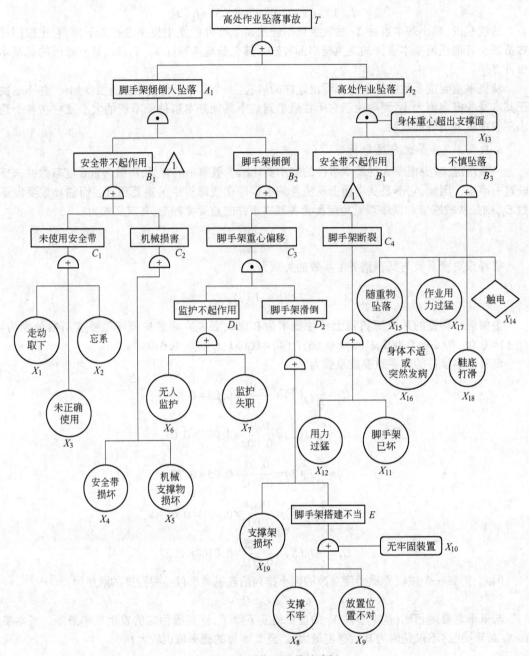

图 6-7　高处作业坠落故障树

求出 4 个最小径集为：

$$P_1 = \{X_1, X_2, X_3, X_4, X_5\}, P_2 = \{X_6, X_7, X_{11}, X_{12}\}$$
$$P_3 = \{X_8, X_9, X_{11}, X_{12}, X_{19}\}, P_4 = \{X_{10}, X_{11}, X_{12}, X_{19}\}$$

对故障 A_2 进行分析，同样在故障 A_2 中，A_2 最小割集最多有 25 个，比最小径集（只有 3 个）多，所以用最小径集分析比较方便，因此，做出故障 A_2 的成功树如图 6-9 所示。由图可得：

$$P_1 = \{X_1, X_2, X_3, X_4, X_5\}, P_2 = \{X_{14}, X_{15}, X_{16}, X_{17}, X_{18}\}$$
$$P_3 = \{X_{13}\}$$

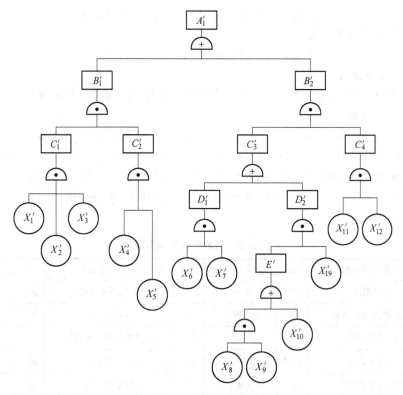

图 6-8 A_1 故障树的成功树

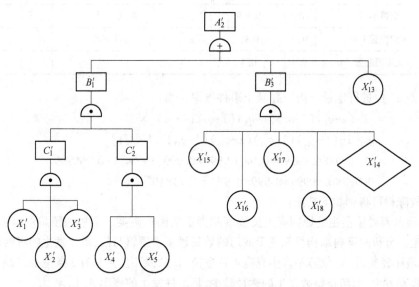

图 6-9 A_2 故障树的成功树

（2）进行结构重要度分析。结构重要度的分析有多种方法，这里采用排列法求解，求解结果排列如下：

故障 A_1 的结构重要度为：

$$I_{11} = I_{12} > I_{19} > I_6 = I_7 = I_{10} > I_1 = I_2 = I_3 = I_4 = I_5 = I_8 = I_9$$

故障 A_2 的结构重要度为：

$$I_{13} > I_1 = I_2 = I_3 = I_4 = I_5 = I_{14} = I_{15} = I_{16} = I_{17} = I_{18}$$

（3）进行定量分析。

1）对故障 A_1 进行定量分析。表 6-3 列出了图 6-7 中基本事件发生的概率，根据表中数据可求出 A_1 顶上事件概率 g 为：

$$g = [1-(1-q_1)(1-q_2)(1-q_3)(1-q_4)(1-q_5)][1-(1-q_6)(1-q_7)(1-q_{11})(1-q_{12})] \times$$
$$[1-(1-q_8)(1-q_9)(1-q_{11})(1-q_{12})(1-q_{19})][1-(1-q_{10})(1-q_{11})(1-q_{12})(1-q_{19})]$$
$$= [1-0.98 \times 0.99999 \times 0.9 \times 0.9999 \times 0.999] \times [1-0.9 \times 0.99 \times 0.99 \times 0.999] \times$$
$$[1-0.999 \times 0.99 \times 0.99 \times 0.999 \times 0.9999] \times [1-0.3 \times 0.99 \times 0.999 \times 0.9999]$$
$$= 2.18 \times 10^{-4}$$

表 6-3　基本事件发生概率

代号	基本事件名称	q_i	$1-q_i$	代号	基本事件名称	q_i	$1-q_i$
X_1	走动取下	0.02	0.98	X_{11}	使用的脚手架已坏	10^{-2}	0.99
X_2	未正确使用安全带	10^{-5}	0.99999	X_{12}	用力过猛	10^{-3}	0.999
X_3	忘系安全带	0.1	0.9	X_{13}	身体重心超出支撑面	10^{-2}	0.99
X_4	安全带损坏	10^{-4}	0.9999	X_{14}	触电	10^{-6}	0.999999
X_5	机械支撑物损坏	10^{-3}	0.999	X_{15}	随重物坠落	10^{-3}	0.999
X_6	无人监护	0.1	0.9	X_{16}	身体不适或突然发病	10^{-5}	0.99999
X_7	监护失职	10^{-2}	0.99	X_{17}	作业用力过猛	10^{-3}	0.999
X_8	支撑不牢	10^{-3}	0.999	X_{18}	鞋底打滑	10^{-2}	0.99
X_9	放置位置不对	10^{-2}	0.99	X_{19}	支撑架损坏	10^{-4}	0.9999
X_{10}	无牢固装置	0.7	0.3				

2）对故障 A_2 进行定量分析。A_2 顶上事件概率 g 为：

$$g = [1-(1-q_1)(1-q_2)(1-q_3)(1-q_4)(1-q_5)] \times$$
$$q_{13}[1-(1-q_{14})(1-q_{15})(1-q_{16})(1-q_{17})(1-q_{18})]$$
$$= [1-0.98 \times 0.99999 \times 0.9 \times 0.9999 \times 0.999]10^{-2} \times [1-0.999999 \times$$
$$0.999 \times 0.99999 \times 0.999 \times 0.99] = 1.43 \times 10^{-5}$$

分析故障树可得到如下结论：

① 人员从高处坠落主要原因有人员坠落和脚手架倒塌两类。事故的预防可以从这两方面来采取措施。分析故障树结构可知逻辑或门的数目远多于逻辑与门，事故发生的可能性很大。

② 从最小径集看，A_1 故障不发生只有 4 条途径，A_2 故障不发生只有 3 条途径，说明高处作业坠落事故容易发生，而防止事故发生的途径较少，且事件发生的概率 A_1 比 A_2 大。

③ 导致事故发生的基本事件共 19 个，其中 11 个与设备有关。所以在预防高处坠落事故中，安全防护设施是极其重要的，万万不可马虎。同时安全检查人员要密切注意工人使用安全防护用品的情况。

④ 从人的角度来考虑，应增强工人的危险预知能力及预防事故的能力。

6.2　事件树分析法

事件树分析法(event tree analysis,ETA)的理论基础是决策论。它与FTA法正好相反,是一种从原因到结果的自下而上的分析方法。从一个初始事件开始,交替考虑成功与失败的两种可能性,然后再以这两种可能性作为新的初始事件,如此继续分析下去,直至找到最后的结果。所以,ETA是一种归纳逻辑树图,能够看到事故的动态发展过程,提供事故后果。

事故的发生是若干事件按时间顺序相继出现产生的结果,每一个初始事件都可能导致灾难性的后果,但并不一定是必然的后果,因为事件向前发展的每一步都会受到安全防护措施、操作人员的工作方式、安全管理及其他条件的制约。所以事件发展的每一阶段都有两种可能性结果,即达到既定目标的"成功"和达不到既定目标的"失败"。

ETA从事故的初始事件(或诱发事件)开始,途经原因事件,到结果事件为止,对每一事件都按成功和失败两种状态进行分析。成功和失败的分叉称为歧点,用树枝的上分支作为成功事件,下分支作为失败事件,按事件的发展顺序延续分析,直至得到最后结果,最终形成一个在水平方向横向展开的树形图。显然,有 n 个阶段,就有 $n-1$ 个歧点。根据事件发展的不同情况,如已知每个歧点处成功或失败的概率,就可以算出各种不同结果的概率。

6.2.1　事件树分析法的特点与适应性

事件树分析法是一种图解形式,层次清楚。它既可对故障树分析法进行补充,又可以将严重事故的动态发展过程全部揭示出来,特别是可以对大规模系统的危险性及后果进行定性、定量的辨识,并分析其严重程度,可以对影响严重的事件进行定量分析。

事件树分析法的优点:各种事件发生的概率可以按照路径精确到节点;整个结果的范围可以在整个树中得到改善;事件树从原因到结果,概念上比较容易明白。

事件树分析法的缺点:事件树成长非常快,为了保持合理的大小,往往使分析必须非常粗;缺少像FTA中的数学混合应用。

事件树分析法在分析系统故障、设备失效、工艺异常、人员失误等方面应用比较广泛。

6.2.2　事件树分析法实施步骤

事件树分析法通常包括以下6个步骤:

(1)确定初始事件。初始事件的确定是事件树分析的重要一环,初始事件应当是系统故障、设备故障、人为失误或工艺异常,这主要取决于安全系统或操作人员对初始事件的反应。如果所确定的初始事件能直接导致一个具体事故,事件树就能较好地确定事故的原因。在绝大多数的事件树分析应用中,初始事件是预想的。

(2)明确消除初始事件的安全措施。初始事件做出响应的安全功能可被看成为防止初始事件造成后果的预防措施。安全功能措施通常包括:

1)系统自动对初始事件做出的响应(如自动停车系统);

2)当初始事件发生时,报警器向操作者发出警报;

3)操作工按设计要求或操作规程对警报做出响应;

4)启动冷却系统、压力释放系统,以减轻事故的严重程度;

5)设计对初始事件的影响起限制作用的围堤或封闭方法。

这些安全措施主要是减轻初始事件造成的后果,分析人员应该确定事件发展的顺序,确认在事件树中安全措施是否有效。

（3）编制事件树。事件树展开的是事故序列，由初始事件开始，再对控制系统和安全系统如何响应进行分析，其结果是确定出由初始事件引起的事故。分析人员按事件发生和发展的顺序列出安全措施，在估计安全系统对异常状况的响应时，分析人员应仔细考虑正常工艺控制系统对异常状况的响应。

1）编制事件树的第一步，是写出初始事件和要分析的安全措施，初始事件列在左边，安全措施写在顶格内。图6-10所示为编制常见事故事件树的第一步。初始事件后面的下边一条线，代表初始事件发生后，虽然采取安全措施，事故仍继续发展的那一支。

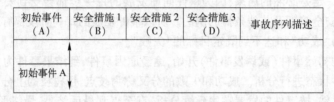

图6-10　编制事件树的第一步

2）第二步是评价安全措施。通常只考虑两种可能，即安全措施成功或者失败。假设初始事件已经发生，分析人员须确定所采用的安全措施成功或失败的判定标准。接着判断如果安全措施实施了，对事故的发生有什么影响。如果对事故有影响，则事件树要分成两支，分别代表安全措施成功和安全措施失败，一般把成功的一支放在上面，失败的一支放在下面。如果该安全措施对事故的发生没有什么影响，则不需分支，可进行下一项安全措施。用字母标明成功的安全措施（如A，B，C，D），用字母上面加一横代表失败的安全措施。就图6-10来说，设第一个安全措施对事故发生有影响，则在节点处分支，如图6-11所示。

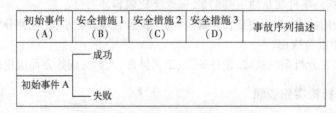

图6-11　第一项安全措施的展开

事件树展开的每一个分支都会发生新的事故，都必须对每一项安全措施依次进行评价。当评价某一事故支路的安全措施时，必须假定本支路前面的安全措施已经成功或失败，这一点可在所举的例子（评价第二项安全措施）中看出来（图6-12）。如果第一项安全措施是成功的，那么上面那一支需要有分支，因为第二项安全措施仍可能对事故发生产生影响。如果第一项安全措施失败了，则下面那一支路中第二项安全措施就不会有机会再去影响事故的发生了，故而下面那一支路可直接进入第三项安全措施的评价。

图6-13表示出例子的完整事件树。最上面那一支路对第三项安全措施没有分支，这是因为在本系统的设计中，第一、第二两项安全措施是成功的，所以不需要第三项安全措施，它对事故的出现没有影响。

（4）对所得事故序列的结果进行说明。这一步应说明由初始事件引起的一系列结果，其中某一序列或多个序列有可能表示安全恢复到正常状态或有序地停车。从安全角度看，其重要意义在于得到事故的结果。

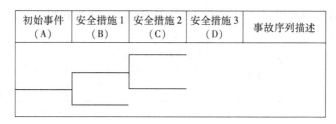

图 6-12 第二项安全措施的展开

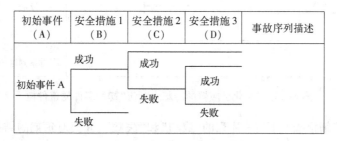

图 6-13 事件树编制

(5) 分析事故序列。这一步是用故障树分析法对事件树的事故序列加以分析,以便确定其最小割集。每一事故序列都由系列的成功和失败组成,并以"与门"逻辑与初始事件相关。这样,每一事故序列都可以看作是由"事故序列(结果)"作为顶事件,并用"与门"将初始事件和一系列安全措施与"事故序列(结果)"相连接的故障树。

(6) 编制分析结果文件。事件树的最后一步是将分析研究的结果汇总,分析人员应对初始事件、一系列的假设及事件树模式等进行分析,并列出事故的最小割集。列出得到的不同事故后果和从对事件树的分析中得出的建议措施。

6.2.3 事件树分析法应用示例

例如,将"氧化反应器的冷却水断流"作为初始事件,设计如下安全措施来应对初始事件:

(1) 氧化反应器高温报警,向操作工提示报警温度 t_1;

(2) 操作工重新向反应器通冷却水;

(3) 在温度达到 t_2 时,反应器自动停车。

这些安全措施是用来应对初始事件的发生的。报警和停车系统都有各自的传感器,温度报警仅仅是为了使操作工对这一问题(高温)引起注意。图 6-14 所示为"氧化反应器的冷却水断流"初始事件的事件树。

如果高温报警器运行正常,第一项安全措施(高温报警)就能通过向操作工发出警报而对事故的发生产生影响。第一项安全措施应该有一分支,因为操作工对高温报警可能做出反应,也可能不做出反应,所以在高温报警功能成功的那一支路上为第二项安全措施确定一个分支;若高温报警器没有工作,则操作工不可能对初始事件做出反应,所以,安全功能(高温报警)失败的那一支路上就不应该有第二项安全的分支,而应直接进行第三项安全措施的分析。最上面的一支路没有第三项安全措施(自动停车)的分支,这是因为报警器和操作工两者均成功了,第三项安全措施已没有必要。如果前两项安全措施(报警器和操作工)全都失败了,则需要编入第三项安全措施,下面的几支应该都有节点,因为停车系统对这几支的结果都有影响。

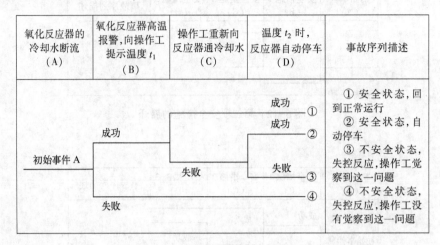

氧化反应器的冷却水断流(A)	氧化反应器高温报警,向操作工提示温度 t_1(B)	操作工重新向反应器通冷却水(C)	温度 t_2 时,反应器自动停车(D)	事故序列描述
初始事件 A	成功 / 失败	成功 / 失败	成功① 成功② 失败③ ④	① 安全状态,回到正常运行 ② 安全状态,自动停车 ③ 不安全状态,失控反应,操作工觉察到这一问题 ④ 不安全状态,失控反应,操作工没有觉察到这一问题

图 6-14　"氧化反应器的冷却水断流"初始事件的事件树

分析人员应仔细检验一下每一序列的"成功"和"失败",并要对预期的结果提供准确说明。该说明应尽可能详尽地对事故进行描述。

用一组字符表示一个由成功事件和可能导致事故的失败事件构成的故障序列。例如,在图 6-14 中,最上面的那个序列简化地用"某 D"表示,这个序列表示"初始事件发生—安全措施 B 和 C 运行成功"。

一旦事故序列描述完毕,分析人员就能按照事故类型和数目以及后果对事故进行排序。事件树的结构可清楚地显示事故的发展过程,可帮助分析人员判断哪些补充措施或安全系统对预防事故是有效的。

习题和思考题

6-1　什么是概率风险评价法?

6-2　简述故障树分析法的优点。

6-3　简述最小割集的求法与作用。

6-4　简述故障树与事件树的区别与联系。

6-5　简述事件树分析法的步骤。

7 安全评价报告编制

安全评价报告分为安全预评价报告、安全验收报告和安全现状评价报告,其撰写步骤中关键是评价数据的采集与处理、安全对策措施和安全评价结论。

7.1 评价数据采集与处理

7.1.1 评价数据采集原则

安全评价资料、数据的采集是进行安全评价必要的基础工作。预评价与验收评价资料以可行性研究报告及设计文件为主,同时要求提供下列资料:可类比的安全卫生技术资料及监测数据,适用的法规、标准、规范、安全卫生设施及其运行效果,安全卫生管理及其运行情况,安全、卫生、消防组织机构情况等等。安全现状评价所需的资料要比预评价与验收评价复杂得多,它重点要求厂方提供反映现实运行状况的各种资料与数据,而这类资料、数据往往由生产一线的车间人员,设备管理部门,安全、卫生、消防管理部门,技术检测部门等分别掌握,有些甚至还需要财务部门提供。

遵守各类安全评价导则的要求,结合我国对各类安全评价的具体情况,同时借鉴国外评价的经验,总结出在安全评价资料和数据采集方面应遵循的原则:首先应保证资料和数据全面、客观、具体、准确;其次应尽量避免不必要的资料索取,以免给企业带来不必要的负担。

7.1.2 评价数据采集

(1)数据收集。数据收集是进行安全评价最关键的基础性工作。所收集的数据要以满足安全评价的需要为前提,由于相关数据可能分别掌握在管理部门(设备、安全、卫生、消防、人事、劳动工资、财务等)、检测部门(质量科、技术科)以及生产车间,所以,进行数据收集时要做好协调工作,使收集到的数据尽量全面、客观、具体、准确。

(2)数据范围。收集数据的范围以已确定的评价边界为限,兼顾与评价项目相联系的接口。如对改造项目进行评价时,动力系统不属于改造范围,但动力系统的变化会导致被评价系统的变化,因此,数据收集时应该将动力系统的数据包括在内。

(3)数据内容。安全评价要求提供的数据内容一般分为:人力与管理数据、设备与设施数据、物料与材料数据、方法与工艺数据、环境与场所数据等。

(4)数据来源。安全评价数据的主要来源有:被评价单位提供的设计文件(可行性研究报告或初步设计)、生产系统实际运行状况和管理文件等;其他法定单位测量、检测、检验、鉴定、检定、判定或评价的结果和结论等;评价机构或其委托检测单位,通过对被评价项目或可类比项目进行实地检查、检测、检验得到的相关数据以及通过调查、取证得到的安全技术和管理数据;相关的法律法规、相关的标准规范、相关的事故案例、相关的材料或物性数据以及相关的救援知识等。

(5)数据的真实性和有效性控制。对收集到的安全评价资料数据,应确保其真实性和有效性,主要关注以下几个方面的问题:

1)收集的资料数据,要对其真实性和可信度进行评估,必要时可要求资料提供方以书面形式说明资料的来源;

2)对用作类比推理的资料要注意类比双方的相关程度和资料获得的条件;

3）代表性不强的资料（未按随机原则获取的资料）不能用于评价；

4）安全评价引用反映现状的资料必须在数据有效期限内。

（6）数据汇总及数理统计。通过现场检查、检测、检验及访问，得到大量数据资料，首先应将数据资料分类汇总，再对数据进行处理，保证其真实性、有效性和代表性，必要时可进行复测，经数理统计将数据整理成可以与相关标准比对的格式，采用能说明实际问题的评价方法，得出评价结果。

（7）数据分类。安全评价的数据主要分为以下六类：

1）定性检查结果。如符合、不符合、无此项或文字说明等。

2）定量检测结果。如 20 mg/m、30 mA、88 dB（A）、0.8 MPa 等带量纲的数据。

3）汇总数据。如起重机械 30 台（套），职工安全培训率 89% 等计数或比例数据。

4）检查记录。如易燃易爆物品储量 12 t、防爆电器合格证编号等。

5）照片、录像。如法兰间采用四氟乙烯垫片，反应釜设有防爆片和安全阀，用录像记录安全装置试验结果，特别是制作评价报告电子版本时，图像数据更为直观，效果更好。

6）其他数据类型，如连续波形对比数据、数据分布、线性回归、控制图等图表数据。

7.1.3　评价数据处理

（1）数据汇总。数据汇总应主要考虑处理的方便和可能，特别要注意数据的结构或格式，因此往往将安全评价的数据结构分为：

1）汇总类。如厂内车辆取证情况汇总、特种作业人员取证汇总等。

2）检查表类。如安全色与安全标志检查表。

3）定量数据消除量纲加权变成指数进行分级评价。如有毒作业分级。

4）定性数据通过因子加权赋值变成指数进行分级评价。如机械工厂安全评价。

5）引用类。如引用其他法定检测机构专项检测、检验得到的数据。

6）其他数据格式。如集合、关系、函数、矩阵、树（林、二叉树）、图（有向图、串）形式语言（群、环）、逻辑表达式、卡诺图等。

（2）数据整理原则。收集到的数据要经过筛选和整理，才能用于安全评价。对获得的数据进行处理，可消除或减弱不正常数据对检测结果的影响。整理后的数据应该满足：

1）来源可靠。对收集到的数据要经过鉴别，舍去不可靠的数据。

2）数据完整。凡安全评价中要使用的数据都应设法收集到。

3）取值合理。评价过程取值带有一定主观性，取值正确与否往往影响评价结果，若采用了无效或无代表性的数据，会造成检查、检测结果错误，得出不符合实际情况的评价结论。

（3）数据加工基本形式。数据整理和加工有三种基本形式：

1）按一定要求将原始数据进行分组，作出各种统计表及统计图；

2）将原始数据按从小到大的顺序排列，然后由原始数列得到递增数列；

3）按照统计推断的要求将原始数据归纳为一组或几组特征数据。

（4）提高数据的准确性。为了提高取值准确性，可从以下三方面着手：

1）严格按技术守则规定取值；

2）有一定范围的取值，可采用内插法提高精度；

3）较难把握的取值，可采用向专家咨询的方法，集思广益来解决。

7.1.4　不同特性数据处理

为了使样本的性质充分反映总体的性质，在样本的选取上应遵循随机化原则，即样本各个体选取要具有代表性,不得任意删留;样本各个个体选取必须是独立的,各次选取的结果互不影响。在处理数据时应注意数据的以下特性:

(1)概率。随机事件在若干次观测中出现的次数叫做频数,频数与总观测次数之比叫做频率。当检测次数逐渐增多时,某一检测数据出现的频率总是趋近于某一常数,此常数能表示现场出现此检测数据的可能性,这就是概率。在概率论中,把表示事件发生可能性的数称为概率。在实际工作中,我们常以频率近似地代替概率。

(2)显著性差异。概率是在0~1范围内波动。当概率为1时,此事件必然发生;当概率为0时,此事件必然不发生。数理统计中习惯上认为概率 $P < 0.05$ 为小概率,并以此作为事物间有无显著性差别的界限。

(3)检测数据质量控制。经常采用两种控制方式来保证数据的正确性:一是用线性回归方法对原来制作的标准线进行复核;二是核对精密度和准确度。

记录精密度和准确度最简便的方法是制作"休哈特控制图",通过控制图可以看出检测、检验是否在控制之中,有利于观察正、负偏差的发展趋势,及时发现异常,找出原因并采取措施。

(4)"异常值"的处理。"异常值"是指现场检测或实验室分析结果中偏离其他数据很远的个别极端值,极端值的存在导致数据分布范围变大。当发现极端值与实际情况明显不符时,首先要在检测条件中直接查找可能造成干扰的因素,以便使极端值的存在得到解释,并加以修正;若发现极端值属外来影响造成则应舍去;若查不出产生极端值的原因时,应对极端值进行合理判定再决定取舍。

(5)"未检出"的处理。在检测上,有时因采样设备和分析方法不够精密,会出现一些小于分析方法检出限的数据,在报告中称为"未检出"。这些"未检出"并不是真正的零值,而是处于零值与检出限之间的值,用"0"来代替不合理(会造成统计结果偏低)。"未检出"在实际工作中可用两种方法进行处理:一种是将"未检出"按标准的1/10加入统计数据;另一种是将"未检出"按分析方法最低检出限的1/2加入统计数据。总之,在统计分组时不要轻易将"未检出"舍掉。

7.2 安全对策措施

7.2.1 安全对策措施概述

安全对策措施是要求设计单位、生产单位、经营单位在建设项目设计、生产经营、管理中采取的消除或减弱危险、有害因素的技术措施和管理措施,是预防事故和保障整个生产、经营过程安全的对策措施。

安全对策措施的内容主要包括:厂址及厂区平面布局的对策措施;防火、防爆对策措施;电气安全对策措施;机械伤害对策措施;其他安全对策措施(包括高处坠落、物体打击、安全色、安全标志、特种设备等方面);有害因素控制对策措施(包括尘、毒、窒息、噪声和振动等有害因素的控制对策措施);安全管理对策措施。

(1)安全对策措施的基本要求。在考虑、提出安全对策措施时,应满足以下基本要求。

1)能消除或减弱生产过程中产生的危险、危害;

2)处置危险和有害物,并降低到国家规定的限值内;

3)预防生产装置失灵和操作失误产生的危险、危害;

4)能有效地预防重大事故和职业危害的发生;

5)发生意外事故时,能为遇险人员提供自救和互救条件。

(2)安全对策措施的适用性。安全对策措施的适用性包括针对性、可操作性、经济合理性及合法性。

1) 针对性是指针对不同行业的特点和通过评价得出的主要危险、有害因素及其后果,提出对策措施。一方面,由于危险、有害因素及其后果具有隐蔽性、随机性、交叉影响性;另一方面,对策措施既要针对某项危险、有害因素孤立地采取措施,又要使系统达到安全的目的,因此,应采取优化组合的综合措施。

2) 提出的对策措施是设计单位、建设单位、生产经营单位进行设计、生产、管理的重要依据,因而对策措施应在经济、技术、时间上是可行的,能够落实和实施的。此外,应尽可能具体指明对策措施所依据的法规、标准,说明应采取的具体的对策措施,以便应用和操作;不宜笼统地以"按某某标准有关规定执行"作为对策措施提出。

3) 经济合理性是指不应超越国家及建设项目、生产经营单位的经济、技术水平,按过高的安全要求提出安全对策措施,即在采用先进技术的基础上,考虑到进一步发展的需要,以安全法规、标准和规范为依据,结合评价对象的经济、技术状况,使安全技术装备水平与工艺装备水平相适应,求得经济、技术、安全的合理统一。

4) 合法性是指对策措施应符合国家有关法规、标准及设计规范的规定。在安全评价中,必须严格按国家法律法规的有关要求提出安全对策措施,保证所提出对策措施的合法性。

7.2.2　安全技术对策措施

7.2.2.1　安全技术措施概述

安全技术措施是指运用工程技术手段消除物的不安全因素,实现生产工艺和机械设备等生产条件本质安全的措施。

安全技术措施也可简称为安全技术,其最根本目的就是实现生产过程中的本质安全。即便是人的本身发生不安全行为而违章作业,或者由于个别部件发生了故障,都会因为安全的可靠性作用而避免事故的发生。为了达到这个目的,就要研制在各种生产环境下能确保安全的装置。实现生产过程的机械化与自动化,不仅是发展生产的重要手段,而且也是安全技术措施的奋斗方向,是安全技术首选的理想措施。凡是有条件的地方,都应优先选择这种方案。

7.2.2.2　安全技术措施的分类

(1) 按行业分类。按照行业可分为:煤矿安全技术措施、非煤矿山安全技术措施、石油化工安全技术措施、冶金安全技术措施、建筑安全技术措施、水利水电安全技术措施、旅游安全技术措施等。

(2) 按导致事故的原因分类。按照导致事故的原因可分为:防止事故发生的安全技术措施和减少事故损失的安全技术措施。防止事故发生的安全技术措施是指为了防止事故发生,采取的约束、限制能量或危险物质,防止其意外释放的安全技术措施。常用的预防事故发生的安全技术措施有:消除危险源、限制能量或危险物质、隔离、故障——安全设计、减少故障和失误。减少事故损失的安全技术措施是指防止意外释放的能量引起人的伤害或物的损坏,或减轻其对人的伤害或对物的破坏的技术措施。该类技术措施是在事故发生后,迅速控制局面,防止事故的扩大,避免引起二次事故的发生,从而减少事故造成的损失。常用的减少事故损失的安全技术措施有:隔离、设置薄弱环节、个体防护、避难与救援。

(3) 按危险、有害因素类别分类。按照危险、有害因素的类别可分为:防火防爆安全技术措施、锅炉与压力容器安全技术措施、机械安全技术措施、电气安全技术措施等。

(4) 按消除危险程度分类。按消除危险程度可以将安全技术措施分为:直接安全技术措施、间接安全技术措施、指示性安全技术措施和个人防护安全技术措施。

1）直接安全技术措施是指生产设备本身应具有本质安全性能,不出现任何事故和危害。

2）间接安全技术措施是指在不能或不完全能实现直接安全技术措施时,必须为生产设备设计出一种或多种安全防护装置(不得留给用户去承担),最大限度地预防、控制事故或危害的发生。

3）指示性安全技术措施是指在间接安全技术措施也无法实现或实施时,须采用检测报警装置、警示标志等措施,警告、提醒作业人员注意,以便采取相应的对策措施或紧急撤离危险场所。

4）个人防护安全技术措施是指在间接、指示性安全技术措施实施后,仍然不能避免事故、危害发生,则应采用个体防护安全技术措施,预防、减弱系统的危险、危害程度。

7.2.2.3 安全技术措施的实施原则

根据安全技术措施等级顺序的要求,应优先采用的顺序原则是消除、预防、减弱、隔离、联锁和警告。

（1）消除。通过合理的设计和科学的管理,尽可能从根本上消除危险、有害因素,如采用无害化工艺技术,生产中以无害物质代替有害物质,实现自动化、遥控作业等。

（2）预防。当消除危险、有害因素有困难时,可采取预防性技术措施预防危险、危害的发生,如使用安全阀、安全屏护、漏电保护装置、安全电压、熔断器、防爆膜、事故排放装置等。

（3）减弱。在无法消除危险、有害因素和难以预防的情况下,可采取降低危险、危害的措施,如加设局部通风排毒装置,生产中以低毒性物质代替高毒性物质,采取降温措施,设置避雷、消除静电、减振、消声等装置。

（4）隔离。在无法消除、预防、减弱的情况下,应将人员与危险、有害因素隔开和将不能共存的物质分开,如遥控作业,设安全罩、防护屏、隔离操作室、安全距离、事故发生时的自救装置(如防护服、各类防毒面具)等。

（5）联锁。当操作者失误或设备运行一旦达到危险状态时,应通过联锁装置终止危险、危害的发生。

（6）警告。在易发生故障和危险性较大的地方,应设置醒目的安全色、安全标志;必要时设置声、光或声光组合报警装置。

7.2.3 安全管理对策措施

（1）安全管理措施的定义。安全管理是以实现生产过程安全为目的的现代化、科学化的管理。其基本任务是按照国家有关安全生产的方针、政策、法律、法规的要求,从本企业实际出发,为构筑企业安全生产的长效机制,规范企业安全生产经营活动而采取相关的安全管理对策,科学有效地发现、分析和控制生产过程中的危险、有害因素,并制定相应的安全技术措施和安全管理规章制度,主动防范与控制事故或职业病的发生,避免或减少相关损失。

安全管理对策措施是通过一系列管理手段将人、设备、物质、环境等涉及安全生产工作的各个环节有机地结合起来,进行整合、完善、优化,以保证企业在生产经营活动全过程的职业安全和健康,使已经采取的安全技术对策能在制度上、组织上、管理上得到保证。

（2）安全管理对策措施的内容。各类危险、危害存在于生产经营活动之中,只要有生产经营活动就可能有事故发生。即使本质安全性能较高的自动化生产装置,也不可能彻底控制、预防所有的危险、有害因素(例如维修等辅助生产作业中存在的、生产过程中设备故障造成的危险、有害因素等)和作业人员的失误,必须采取有效的安全管理措施给予保证。因此,安全管理对策对于所有生产经营单位都是企业管理的重要组成部分,是保证安全生产必不可少的措施。

安全管理措施的内容较多,主要包括以下几方面:

1）建立各项安全管理制度。主要包括建立健全企业安全生产责任制,制定各项安全生产规章制度和操作规程。

2）安全管理机构和人员。主要包括安全管理机构和人员的配置;安全管理机构的主要职责和任务。

3）安全培训、教育和考核。主要包括单位主要负责人的安全培训教育;安全管理人员的安全培训教育;从业人员的安全培训教育,特种作业人员的安全培训教育。

4）安全投入与安全设施。主要内容包括满足安全生产条件所必需的安全投入、安全技术措施计划的制订和安全设施的配备。

5）安全生产的过程控制和管理。主要包括工艺操作过程控制、重要岗位、特种作业、特种设备、重大危险源、消防、防尘与防毒、物资储存、储罐区、电气安全、施工与检修、设备内作业、检修完工后的处理、动土作业、安全装置和防护用品(器具)、建设项目"三同时"等。其重点是对重大危险源、特种设备、特种作业和安全标志的控制与管理。

6）安全生产监督与检查。主要包括各种危险和隐患的督促整改;各项安全规章制度的监督实施。检查的主要形式包括职工自查、对口互查、综合检查、专业检查、季节性检查、节假日检查、夜间抽查和日常检查。

7.3　安全评价结论

7.3.1　安全评价结论编制步骤

安全评价结论应体现系统安全的概念,要阐述整个被评价系统的安全能否得到保障,系统客观存在的固有危险、有害因素在采取安全对策措施后能否得到控制及其受控的程度如何。

编制安全评价结论的一般工作步骤为:

（1）收集与评价相关的技术与管理资料;

（2）按评价方法从现场获得与各评价单元相关的基础数据;

（3）通过数据的处理得到单元评价结果;

（4）根据单元评价结果,整合成单元评价小结;

（5）根据各单元评价小结,整合成评价结论。

7.3.2　安全评价结论编制原则

对工程、系统进行安全评价时,通过分析和评价,将被评价单元和要素的评价结果汇总成各单元安全评价的小结,整个项目的评价结论应是各评价单元评价小结的高度概括,而不是将各评价单元的评价小结简单地罗列起来作为评价的结论。

评价结论的编制应着眼于整个被评价系统的安全状况,应遵循客观公正、观点明确的原则,做到概括性、条理性强且文字表达精练,具体的编制原则有以下几点:

（1）客观公正性。评价报告应客观地、公正地针对评价项目的实际情况,实事求是地给出评价结论。

1）对危险和危害性分类、分级的确定,如火灾危险性分类、防雷分类、重大危险源辨识、火灾危险环境和电力装置危险区域的划分、毒性分级等,应恰如其分,实事求是。

2）对定量评价的计算结果应进行认真的分析,看是否与实际情况相符,如果发现计算结果与实际情况出入较大,应认真分析所建立的数学模型或采用的定量计算式是否合理。

（2）观点明确。在评价结论中观点要明确,不能含糊其辞、模棱两可甚至自相矛盾。

（3）清晰准确。评价结论应是对评价报告的高度概括,层次要清楚,语言要精练,结论要准确,要符合客观实际,要有充足的理由。

7.3.3　安全评价结果与结论的关系

评价结果是指子系统或单元的各评价要素通过检查、检测、检验、分析、判断、计算、评价,汇总后得到的结果;评价结论是对整个被评价系统进行安全状况综合评判的结果,是评价结果的综合。

若简单地以各单元评价小结来代替评价结论,就不能得到整个系统的综合评价结论;就会忽略各评价单元之间的关联、影响和相互作用以及各评价单元对整个系统的影响。

评价结果与评价结论是输入与输出的关系,输入的评价结果按照一定的原则整合后,得到评价小结,各评价小结通过整合在输出端可以得到评价结论。整合的原则可以因评价对象的不同而不同,但其基本的原理是逻辑思维的理论。

安全评价报告中的结论是基于对评价对象的危险、有害因素的分析,运用评价方法进行评价、推理、判断;评价方法的选择、单元的确定,需要有充足的理由和依据;根据因果联系提出对策措施,将评价结果再综合起来做出评价结论;安全评价报告中的结论必须遵守内容、结论的同一性、不矛盾性,也不能模棱两可;结论的提出要进行充分的论证。在编写安全评价结论时应考虑逻辑思维方法中“逻辑规律”的运用,主要有同一律、不矛盾律、排中律、充足理由律等。

7.3.4　安全评价结果分析与归类

7.3.4.1　评价结果分析

评价结果应较全面地考虑评价项目各方面的安全状况,要从“人、机、料、法、环”理出评价结论的主线并进行分析。交代建设项目的安全卫生技术措施、安全设施上是否能满足系统安全的要求,安全验收评价还需考虑安全设施和技术措施的运行效果及可靠性。

（1）人力资源和管理制度方面。

1）人力资源。安全管理人员和生产人员是否经过安全培训,是否持证上岗等。

2）管理制度。是否建立安全管理体系,是否建立支持文件(管理制度)和程序文件(作业规程),设备装置运行是否建立台账,安全检查是否有记录,是否建立事故应急救援预案等。

（2）设备装置和附件设施方面。

1）设备装置。生产系统、设备和装置的本质安全程度是否达到要求,控制系统是否为故障保护型等。

2）附件设施。安全附件和安全设施配置是否合理,是否能起到安全保障作用,其有效性是否得到证实。

（3）物质物料和材质材料方面。

1）物质物料。危险化学品的安全技术说明书是否提供,其生产、储存是否构成重大危险源,燃爆和急性中毒是否得到有效控制。

2）材质材料。设备、装置及危险化学品的包装物的材质是否符合要求,材料是否采取防腐措施(如牺牲阳极法),测得的数据(测厚、探伤等)是否完整。

（4）工艺方法和作业操作方面。

1）工艺方法。生产过程工艺的本质安全程度、生产工艺条件正常和工艺条件发生变化时的适应能力。

2）作业操作。生产作业及操作控制是否按安全操作规程进行。

（5）生产环境和安全条件方面。

1) 生产环境。生产作业环境是否符合防火、防爆、防急性中毒的安全要求。

2) 安全条件。自然条件对评价对象的影响,周围环境对评价对象的影响,评价对象总图布置是否合理,物流路线是否安全和便捷,作业人员安全生产条件是否符合相关要求。

7.3.4.2　评价结果归类

由于系统内各单元评价结果之间存在关联,且各评价结果在重要性上不平衡,对安全评价结论的贡献有大有小,因此在编写评价结论之前最好对评价结果进行整理、分类并按严重度和发生频率将结果分别排序。

例如,按影响特别大的危险(群死群伤)或故障(或事故)频发的结果、影响重大的危险(个别伤亡)或故障(或事故)发生的结果、影响一般的危险(偶有伤亡)或故障(或事故)偶然发生的结果等将评价结果排序列出。

7.3.5　安全评价结论的主要内容

评价结论应较全面地考虑评价项目各方面的安全状况,要从"人、机、料、法、环"等几方面整理出评价结论的主线并进行分析;由于系统内各单元评价结果之间存在关联,且各单元评价结果在重要性上并不平衡,对安全评价结论的贡献有大有小,所以在编写评价结论之前要对单元评价结果进行整理、分类并按照严重程度和发生频率分别将结果排序列出。

安全评价结论的内容,因评价类型(安全预评价、安全验收评价、安全现状评价)的不同而各有差异。通常情况下,安全评价结论的主要内容应包括高度概括评价结论,从风险管理角度给出评价对象在评价时与国家有关安全生产的法律法规、标准、规章、规范的符合性结论,给出事故发生的可能性和严重程度的预测性结论以及采取安全对策措施后的安全状态。

通常情况下,安全评价结论的主要内容应包括结果分析、评价结论、持续改进方向三大部分。

(1) 结果分析:

1) 辨识结果分析。列出辨识出的危险源(第一类危险源的能量和危险物质,第二类危险源的人、机、环境因素),确定重大危险源和危险目标。

2) 评价结果分析。各评价单元评价结果概述、归类、事故后果分析、风险(危险度)排序等。

3) 控制结果分析。前馈控制(预防性、前瞻性的安全设施和安全管理)结果和后馈控制(事故应急救援预案)结果的分析。

(2) 评价结论:

1) 评价对象是否符合国家安全生产法规、标准要求。

2) 评价对象在采取所要求的安全对策措施后达到的安全程度。

3) 根据安全评价结果,做出可接受程度的结论。

(3) 持续改进方向:

1) 对受条件限制而遗留的问题提出改进方向和措施建议。

2) 对于评价结果可接受的项目,还应进一步提出要重点防范的危险、有害因素;对于评价结果不可接受的项目,要指出存在的问题,列出不可接受的充足理由。

3) 提出保持现有安全水平的要求(加强安全检查、保持日常维护等)。

4) 进一步提高安全水平的建议(冗余配置安全设施,采用先进工艺、方法、设备)。

5) 其他建设性的建议和希望。

7.4　安全预评价报告编制

安全预评价是在建设项目可行性研究阶段、工业园区规划阶段或生产经营活动组织实施之前,根据相关的基础资料,辨识与分析建设项目、工业园区、生产经营活动潜在的危险、有害因素,确定其与安全生产法律法规、标准、行政规章、规范的符合性,预测发生事故的可能性及其严重程度,提出科学、合理、可行的安全对策措施建议,做出安全评价结论的活动。

安全预评价的目的是贯彻"安全第一、预防为主"方针,为建设项目的初步设计提供科学依据,以利于提高建设项目本质安全程度。安全预评价报告应根据建设项目可行性研究报告内容,分析和预测该项目可能存在的危险、有害因素的种类和程度,提出合理可行的安全对策措施及建议。

7.4.1 安全预评价报告依据材料

为了保证预评价报告的顺利编制,新建和改扩建的不同建设单位应提供的相关资料主要是:新建项目或改建、扩建项目的可行性研究报告,包括建设单位概况、建设项目概况、建设工程总平面图、建设项目与周边环境位置关系图、建设项目工艺流程及物料平衡图、气象条件等;还有安全设施、设备、工艺、物料生产工艺中的工艺过程描述与说明,生产工艺中的安全系统描述与说明,生产系统中主要设施、设备和工艺数据表,原料、中间产品、产品及其他物料等;必要时还可以提供安全机构设置及人员配置、安全专项投资估算、历史性同类装备设施的监测数据和资料以及其他可用于建设项目安全评价的资料。

7.4.2 安全预评价报告格式

安全预评价报告书一般按下面的格式编写:

(1)封面。封面上应有建设单位名称、建设项目名称、评价报告(安全预评价报告)名称、预评价报告书的编号(与大纲编号相同)、安全评价机构名称、安全预评价机构资质证书编号及完成预评价报告书的日期(年、月)。

(2)安全预评价机构资质证书影印件。

(3)著录项。著录项包括:安全预评价机构法人代表、审核人员、评价课题组组长、主要评价人员、各类技术专家以及其他有关责任者名单(评价人员和技术专家均要手写签名);评价机构印章及报告完成日期。

(4)摘要。摘要包括:评价的目的、范围、内容简述;评价过程简要说明;危险、有害因素辨识结果;重大危险源辨识及评价结果;所采用的评价方法及划分的评价单元;获得的评价结果;主要安全对策措施及建议概述;最终评价结论。

摘要编写一定要重点突出、层次清楚、表述客观。

(5)目录。

(6)前言。

(7)正文。包括概述、生产工艺简介、主要危险、有害因素分析、评价方法的选择和评价单元划分、定性定量安全评价、安全对策措施及建议、预评价结论等。

(8)附件。一般包括安全现状评价委托书;安全现状评价承诺书;相关审批文件、证书证件等。

(9)附录。

7.4.3 安全预评价报告编制要点

安全预评价报告编制要点如下:

(1)结合评价对象的特点,阐述编制安全预评价报告的目的。

（2）列出有关的法律、法规、标准、规章、规范和评价对象被批准设立的相关文件及其他有关参考资料等安全预评价的依据。

（3）介绍评价对象的选址、总图及平面布置、水文情况、地质条件、工业园区规划、生产规模、工艺流程、功能分布、主要设施、设备、装置、主要原材料、产品（中间产品）、经济技术指标、公用工程及辅助设施、人流、物流等概况。

（4）列出辨识与分析危险、有害因素的依据，阐述辨识与分析危险、有害因素的过程。

（5）阐述划分评价单元的原则、分析过程等。

（6）列出选定的评价方法并作简单介绍，阐述选定方法的原因，详细列出定性、定量评价过程，明确重大危险源的分布、监控情况以及预防事故扩大的应急预案内容，给出相关的评价结果并对得出的评价结果进行分析。

（7）列出安全对策措施建议的依据、原则、内容。

（8）做出评价结论。简要列出主要危险、有害因素评价结果，指出评价对象应重点防范的重大危险、有害因素，明确应重视的安全对策措施建议，明确评价对象潜在的危险、有害因素在采取安全对策措施后，能否得到控制以及受控的程度如何。给出评价对象从安全生产角度是否更符合国家有关法律法规、标准、规章、规范的要求。

安全预评价报告编制具体流程见图7-1。

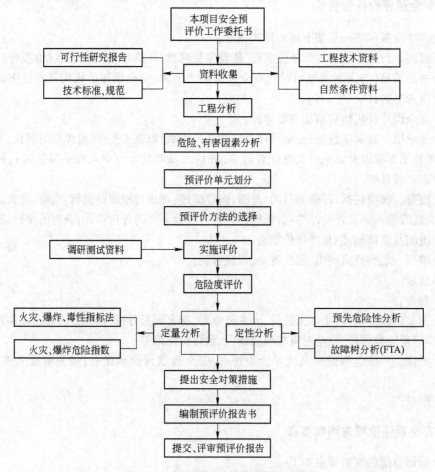

图7-1　安全预评价报告编制流程图

7.4.4 安全预评价报告的主要内容

安全预评价报告的主要内容包括概述,生产工艺简介,主要危险、有害因素分析,评价方法的选择和评价单元的划分,定性定量安全评价,安全对策措施及建议,评价结论。

(1)概述。概述包括编制预评价报告书的依据、建设单位简介、建设项目简介和评价范围等内容。

1)安全预评价的依据。安全预评价的依据包括有关的法律、法规、技术标准、建设项目(新建、改建、扩建工程项目)可行性研究报告、立项文件等相关文件和参考资料。

2)建设单位简介。建设单位简介包括单位性质、组织机构、员工构成、生产的产品、自然地理位置、环境气候条件等。

3)建设项目简介。建设项目简介包括建设项目选址、总图及平面布置、生产规模、工艺流程、主要设备、主要原材料、中间体、产品、技术经济指标、公用工程及辅助设施等。

4)评价范围。一般整个建设项目包括的生产装置、公用工程、辅助设施、物料储运、总图布置、自然条件及周围环境条件等均应在评价范围之内,但有些技术改造项目新老装置交错共存,有些新建项目分期实施,诸如此类建设项目就需要明确评价范围。

(2)生产工艺简介。对生产工艺应简要介绍工艺路线、主要工艺条件、主要生产设备等。

(3)主要危险、有害因素分析。在分析了建设项目资料和对同类生产厂家进行了初步调研的基础上,在建设项目建成投产之后,对生产过程中所用原、辅材料和中间产品的数量、危险、有害性及其储运,还有生产工艺、设备、公用工程、辅助工程、地理环境条件等方面的危险、有害因素逐一进行分析,确定主要危险、有害因素的种类、产生原因、存在部位及可能产生的后果,以便确定评价对象和选用合适的评价方法。

(4)评价方法的选择和评价单元的划分。根据建设项目主要危险、有害因素的种类和特征,选用评价方法。不同的危险、有害因素,选用不同的方法。对重要的危险、有害因素,必要时可选用两种(或多种)评价方法进行评价,相互补充、验证,以提高评价结果的可靠性。在选用评价方法的同时,应明确所要评价的对象和进行评价的单元。

(5)定性定量安全评价。定性定量安全评价是预评价报告书的核心章节,运用所选取的评价方法,对危险、有害因素进行定性、定量的评价计算和论述。根据建设项目的具体情况,对主要危险因素采用相应的评价方法进行评价。对危险性大且容易造成群体伤亡事故的危险因素可选用两种或几种评价方法进行评价,以相互验证和补充,并且要对所得到的评价结果进行科学的分析。

(6)安全对策措施及建议。由于安全方面的对策措施对建设项目的设计、施工和今后的安全生产及管理具有指导作用,所以备受建设、设计单位的重视,这是预评价报告书中的一个重要章节。提出的安全对策措施针对性要强,要具体、合理、可行。一般情况下应从下列几个方面分别列出可行性研究报告中已提出的和建议补充的安全对策措施。

1)总图布置和建筑方面的安全对策措施。

2)工艺设备、装置方面的安全对策措施。

3)工程设计方面的安全对策措施。

4)管理方面的安全对策措施。

5)应采用的其他综合措施。

6)列出建设项目必须遵守的国家和地方安全方面的法规、法令、标准、规范和规程。

(7)评价结论。评价结论应包括以下几个方面:

1) 简要列出对主要危险、有害因素评价(计算)的结果;

2) 明确指出本建设项目今后生产过程中应重点防范的重大危险因素;

3) 指出建设单位应重视的重要安全卫生技术措施和管理措施,以确保今后的安全生产。

7.4.5　安全预评价报告载体

安全预评价报告一般采用纸质载体。为适应信息处理需要,安全预评价报告可辅助采用电子载体形式。

7.5　安全验收评价报告编制

安全验收评价是在建设项目竣工后正式生产运行前或工业园区建设完成后,通过检查建设项目安全设施与主体工程同时设计、同时施工、同时投入生产和使用的情况或工业园区内的安全设施、设备、装置投入生产和使用的情况,检查安全生产管理措施到位情况,检查安全生产规章制度健全情况,检查事故应急救援预案建立情况,审查确定建设项目、工业园区建设满足安全生产法律法规、标准、规范要求的符合性,从整体上确定建设项目、工业园区的运行状况和安全管理情况,做出安全验收评价结论的活动。安全验收评价是运用系统安全工程的原理和方法,在项目建成试生产正常运行后,在正式投产前进行的一种检查性安全评价。其目的是验证系统安全,为安全验收提供依据。它是对系统存在的危险和有害因素进行定性和定量评价,判断系统的安全程度和配套安全设施的有效性,从而得出评价结论并提出补救或补偿的安全对策措施,以促进项目实现系统安全。

7.5.1　安全验收评价报告格式

安全验收评价报告一般按下面的格式编写:

(1) 封面。封面上应有委托单位名称、评价项目名称、标题、评价报告(安全验收评价报告)名称、安全评价机构名称、安全验收评价机构资质证书编号和评价报告完成时间。

(2) 安全评价资质证书影印件。

(3) 著录项。著录项包括:安全评价机构法人代表、审核定稿人、课题组长等主要责任者姓名,评价人员、各类技术专家以及其他有关责任者名单,评价机构印章及报告完成日期等。评价人员和技术专家均要手写签名。

(4) 前言。

(5) 目录。

(6) 正文。

(7) 附件。附件包括:

1) 数据表格、平面图、流程图、控制图等安全评价过程中制作的图表文件;

2) 建设项目存在问题与改进意见汇总表及反馈结果;

3) 评价过程中专家提出的意见及建设单位证明材料。

(8) 附录。附录包括:

1) 与建设项目有关的批复文件(影印件);

2) 建设单位提供的原始资料目录;

3) 与建设项目相关的数据资料目录;

4) 安全验收评价委托书;

5) 安全验收评价承诺书;

6）相关审批文件。

7.5.2 安全验收评价报告编制要点

（1）安全验收评价报告的要求。安全验收评价报告是安全验收评价工作过程形成的成果，其内容应能反映安全验收评价工作两方面的任务：一是为企业服务，帮助企业查出安全隐患，落实整改措施以达到安全要求；二是为政府安全生产监督管理机构服务，提供建设项目通过安全验收的证据。

（2）安全验收评价报告编制要求。安全验收评价报告的编制要求全面、概括地反映验收评价的全部工作。安全验收评价报告应文字简洁、准确，可采用图表和照片，以使评价过程和结论清楚、明确，利于阅读和审查。符合性评价的数据、资料和预测性计算过程等可以编入附录。安全验收评价报告应根据评价对象的特点及要求，选择下列全部内容进行编制。

（3）安全验收评价报告涉及内容。由于安全验收评价的特殊性，其报告主要涉及以下几方面的内容：

1）初步设计中提出的安全设（措）施，是否已按设计要求与主体工程同时建成并投入使用。

2）建设项目中的特种设备，是否经具有法定资格的单位检验合格，并取得安全使用证书（或检验合格证书）。

3）工作环境、劳动条件等，经测试是否符合国家有关规定。

4）建设项目中的安全设（措）施，经现场检查是否符合国家有关安全规定或标准。

5）是否建立了安全生产管理机构，是否建立、健全了安全生产规章制度和安全操作规程，是否配备了必要的检测仪器、设备，是否组织进行劳动安全卫生培训教育及特种作业人员培训、考核及取证情况。

6）是否制定了事故预防和应急救援预案。

7.5.3 安全验收评价报告的主要内容

安全验收评价报告的主要内容包括：危险、有害因素的辨识与分析；符合性评价和危险危害程度的评价；安全对策措施建议；安全验收评价结论等。

安全验收评价主要从以下方面进行评价：评价对象前期（安全预评价、可行性研究报告、初步设计中安全卫生专篇等）对安全生产保障等内容的实施情况和相关对策实施建议的落实情况；评价对象的安全对策实施的具体设计、安装施工情况有效保障程度；评价对象的安全对策措施在试投产中的合理有效性和安全措施的实际运行情况；评价对象的安全管理制度和事故应急预案的建立与实际开展和演练有效性。

安全验收评价报告的主要内容包括以下几个方面：

（1）概述。内容包括：

1）安全验收评价依据；

2）建设单位简介；

3）建设项目概况；

4）生产工艺；

5）主要安全卫生设施和技术措施；

6）建设单位安全生产管理机构及管理制度。

（2）主要危险、有害因素识别。内容包括：

1）主要危险、有害因素及相关作业场所分析；

2) 列出建设项目所涉及的危险、有害因素并指出存在的部位。

(3) 总体布局及常规防护设施措施评价。内容包括：

1) 总平面布置；

2) 厂区道路安全；

3) 常规防护设施和措施；

4) 评价结果。

(4) 易燃易爆场所评价。内容包括：

1) 爆炸危险区域划分符合性检查；

2) 可燃气体泄漏检测报警仪的布防安装检查；

3) 防爆电气设备安装认可；

4) 消防检查(主要检查是否有消防部门的意见)；

5) 评价结果。

(5) 有害因素安全控制措施评价。内容包括：

1) 防急性中毒、窒息措施；

2) 防止粉尘爆炸措施；

3) 高、低温作业安全防护措施；

4) 其他有害因素控制措施；

5) 评价结果。

(6) 特种设备监督检验记录评价。内容包括：

1) 压力容器与锅炉(包括压力管道)；

2) 起重机械与电梯；

3) 厂内机动车辆；

4) 其他危险性较大的设备；

5) 评价结果。

(7) 强制检测设备设施情况检查。内容包括：

1) 安全阀；

2) 压力表；

3) 可燃、有毒气体泄漏检测报警仪及变送器；

4) 其他强制检测设备设施情况；

5) 检查结果。

(8) 电气设备安全评价。内容包括：

1) 变电所；

2) 配电室；

3) 防雷、防静电系统；

4) 其他电气安全检查；

5) 评价结果。

(9) 机械伤害防护设施评价。内容包括：

1) 夹击伤害；

2) 碰撞伤害；

3) 剪切伤害；

4) 卷入与绞碾伤害；

5）割刺伤害；

6）其他机械伤害；

7）评价结果。

（10）工艺设施安全联锁有效性评价。内容包括：

1）工艺设施安全联锁设计；

2）工艺设施安全联锁相关硬件设施；

3）开车前工艺设施安全联锁有效性验证记录；

4）评价结果。

（11）安全管理评价。内容包括：

1）安全管理组织机构；

2）安全管理制度；

3）事故应急救援预案；

4）特种作业人员培训；

5）日常安全管理；

6）评价结果。

（12）安全验收评价结论。在对现场评价结果分析归纳和整合基础上，作出安全验收评价结论。

1）建设项目安全状况综合评述；

2）归纳、整合各部分评价结果提出存在问题及改进建议；

3）建设项目安全验收总体评价结论。

（13）安全验收评价报告附件。内容包括：

1）数据表格、平面图、流程图、控制图等安全评价过程中制作的图表文件；

2）建设项目存在问题与改进建议汇总表及反馈结果；

3）评价过程中专家意见及建设单位证明材料。

（14）安全验收评价报告附录。内容包括：

1）与建设项目有关的批复文件（影印件）；

2）建设单位提供的原始资料目录；

3）与建设项目相关数据资料目录。

7.5.4 安全验收评价报告载体

安全验收评价报告的载体一般采用文本形式，为适应信息处理、交流和资料存档的需要，报告可采用多媒体电子载体。电子版本中能容纳大量评价现场的照片、录音、录像，可增强安全验收评价工作的可追溯性。

7.6 安全现状评价报告编制

安全现状评价是在系统生命周期内的生产运行期，通过对生产经营单位的生产设施、设备、装置实际运行状况及管理状况的调查、分析，运用安全系统工程的方法，进行危险、有害因素的识别及其危险度的评价，查找该系统生产运行中存在的事故隐患并判定其危险程度，提出合理可行的安全对策措施及建议，使系统在生产运行期内的安全风险控制在安全、合理的程度内。

安全现状评价目的是针对生产经营单位（某一个生产经营单位总体或局部的生产经营活动）的安全现状进行的安全评价，通过评价查找其存在的危险、有害因素并确定危险程度，提出合理可行的安全对策措施及建议。

7.6.1　安全现状评价报告格式

（1）封面。封面上应有(建设项目)安全现状评价报告书名称、现状评价单位全称、完成评价报告书的日期(年、月)和现状评价报告书的编号(与大纲的编号相同)。

（2）评价机构资质证书影印件。

（3）著录项。著录项包括：安全评价机构法人代表、审核定稿人、课题组长等主要责任者姓名,评价人员、各类技术专家以及其他有关责任者名单,评价机构印章及报告完成日期。评价人员和技术专家均要手写签名。

（4）目录。

（5）编制说明。

（6）前言。

（7）正文。

（8）附件及附录。

7.6.2　安全现状评价报告编制要点

（1）安全现状评价报告的要求。安全现状评价报告的内容要详尽、具体,特别是对危险、有害因素的分析要准确,提出的事故隐患整改计划科学、合理、可行和有效。安全现状评价要由懂工艺和操作、仪表电气、消防以及安全工程的专家共同参与完成,评价组成员的专业能力应涵盖评价范围所涉及的专业内容。

安全现状评价报告应内容全面、重点突出、条理清楚、数据完整、取值合理、评价结论客观公正。

（2）安全现状评价报告涉及内容。主要有：

1）收集评价所需的信息资料,采用恰当的方法进行危险、有害因素识别;

2）对于可能造成重大后果的事故隐患,采用科学合理的安全评价方法建立相应的数学模型进行事故模拟,预测极端情况下事故的影响范围、最大损失以及发生事故的可能性或概率,给出量化的安全状态参数值;

3）对发现的事故隐患,根据量化的安全状态参数值,进行整改优先度排序;

4）提出安全对策措施与建议。

生产经营单位应将安全现状评价的结果纳入生产经营单位事故隐患整改计划和安全管理制度,并按计划加以实施和检查。

7.6.3　安全现状评价报告的主要内容

安全现状评价报告的内容一般包括：

（1）前言。前言包括：项目单位简介,评价项目的委托方及评价要求和评价目的。

（2）目录。

（3）评价项目概况。评价项目概况应包括：评价项目概况、评价范围、评价依据(包括法规、标准、规范及项目的有关文件)。

（4）评价程序和评价方法。说明针对主要危险、有害因素和生产特点选用的评价程序和评价方法。

（5）危险、有害因素分析。危险、有害因素分析应包括：工艺过程、物料、设备、管道、电气、仪表自动控制系统、水、电、汽、风、消防等公用工程系统、危险物品的储存方式、储存设备、辅助设施、周边防护距离及其他。

（6）定性、定量化评价及计算。通过分析,对上述生产装置和辅助设施所涉及的内容进行危险、有害因素识别后,运用定性、定量的安全评价方法进行定性化和定量化评价,确定危险程度和危险识别以及发生事故的可能性和后果,为提出安全对策措施提供依据。

（7）事故原因分析与重大事故模拟。事故原因分析与重大事故模拟主要包括:重大事故原因分析、重大事故概率分析和重大事故预测、模拟。

（8）对策措施与建议。综合评价结果,提出相应的对策措施与建议,并按照风险程度的高低进行解决方案的排序。

（9）评价结论。明确指出项目安全状态水平,并简要说明。

7.6.4　安全现状评价报告附件

（1）数据表格、平面图、流程图、控制图等安全评价过程中制作的图表文件;
（2）评价方法的确定过程和评价方法介绍;
（3）评价过程中专家意见;
（4）评价机构和生产经营单位交换意见汇总表及反馈结果;
（5）生产经营单位提供的原始数据资料目录及生产经营单位证明材料;
（6）法定的检测检验报告。

7.6.5　安全现状评价报告载体

安全现状评价报告一般采用纸质载体。为适应信息处理需要,安全现状评价报告可辅助采用电子载体形式。

习题和思考题

7-1　安全评价报告分为哪几类?
7-2　评价数据采集的原则是什么?
7-3　安全评价的数据有几类?
7-4　数据加工基本形式有哪些?
7-5　安全对策措施的基本要求有哪些?
7-6　安全管理措施的定义是什么?
7-7　安全管理对策措施的内容有哪些?
7-8　编制安全评价结论的一般工作步骤有哪些?
7-9　安全预评价报告的内容有哪些?
7-10　安全验收评价报告的内容有哪些?
7-11　安全现状评价报告的内容有哪些?

8 安全评价过程控制

8.1 安全评价过程控制概述

8.1.1 安全评价质量概念

安全评价作为一项有目的的行为,必须具备一定的质量水平,才能满足企业安全生产的需求,安全评价质量直接或间接地影响到企业安全生产。所谓安全评价的质量是指安全评价工作的优劣程度,也就是安全评价工作体现客观公正性、合法性、科学性和针对性的程度。

安全评价质量有广义、狭义之分。

狭义的安全评价质量仅指安全评价项目的操作过程和评价结果对安全生产发挥作用的优劣程度。狭义的安全评价质量主要体现安全评价项目执行过程中技术性、规范性的要求,如对法律法规及标准是否清楚;获取的资料是否确凿;评价是否公正;评价方法使用得是否准确;评价单元划分是否合理;措施建议是否可行等。

广义的安全评价质量则以安全评价机构为考察单位,是指安全评价机构全部工作的优劣程度,包括安全评价操作和评价的作用、评价机构内部组织机构、安全评价管理工作对评价过程及评价结果的保障程度以及安全评价的社会效益等。广义的安全评价质量主要体现评价机构在运行中所要达到一定目标的要求,包括评价工作的深度;安全评价机构内部职能部门分工协作;安全评价人员及专家的资格要求和配备;安全评价的信息反馈和综合效益等。

8.1.2 安全评价质量影响因素分析

要进行安全评价质量控制,首先必须分析影响安全评价质量的因素。安全评价人员、安全评价机构、被评价项目、评价程序、评价方法手段等都可能对安全评价质量造成影响。影响安全评价质量的主要因素有:

(1) 安全评价主体。安全评价主体是指承办安全评价项目的安全评价机构及其安全评价人员。首先,作为评价主体的安全评价机构和评价人员在进行评价的过程中是否能保持客观公正的态度,将对评价的结果产生影响。评价人员如带有主观色彩,就可能无法做出全面准确的评价,其评价的结论将不利于委托单位及政府部门做出正确决策。其次,安全评价人员的素质、经验和业务水平也将直接影响安全评价质量。安全科学技术是一门实践性很强的学科,评价人员必须经常深入生产实际,虚心向生产工人、安全技术人员学习、请教,不断丰富实践经验,才能全面了解生产工艺,并且还应不断学习先进的评价方法,提高评价的准确性。如果安全评价人员的业务素质差,未辨识出项目所存在的危险因素,或选用了不恰当的评价方法等都会造成评价失误。再次,安全评价机构内部的质量制度是否规范、健全也是影响安全评价质量的主要因素之一。良好的内部质量制度可以在一定程度上预防和弥补评价人员素质和经验的不足,减少评价人员执业的随意性,可以及时发现与弥补评价人员的失误和疏漏,保证安全评价工作的质量。

(2) 安全评价客体。安全评价客体即指被评价项目及其委托单位(客户单位),被评价项目是否采用新工艺、新设备及特殊物料等都会影响到评价的方案、方法及评价所需的时间等,也必将间接影响安全评价质量。另一方面,委托单位的安全生产工作的水平,其管理人员素质的高低、对评价服务质量的要求以及对评价人员工作的配合程度都会对安全评价质量造成影响。

(3) 安全评价过程。安全评价过程是安全评价报告这一产品的生产环节,其中每一环节工作的质量直接影响安全评价报告的质量。也就是说评价是形成安全评价质量的质量环,类似于一般产品质量的形成过程,安全评价质量环节可分为以下几个阶段:

1) 项目承接阶段。主要是安全评价机构与客户单位相互了解达成协议的过程,在这个过程中,安全评价机构对客户单位的基本安全生产情况进行了解,评估安全评价的风险,分析客户需求,明确安全评价的质量要求。客户单位也应考察安全评价机构的资质、人员构成及业务范围是否能够满足自身的要求,最终双方确定是否合作。

2) 安全评价计划阶段。对整个安全评价工作进行分析并制定合理的评价计划。这一阶段是将安全评价质量要求细化展开,转化为具体工作的实施计划。

3) 安全评价实施阶段。每一项工作都与安全评价质量的形成直接相关,必须严格按照质量要求,采用科学合理的安全评价程序、评价方法和检测手段来进行,最终提出安全评价报告。

4) 安全评价报告评审阶段。安全评价质量最终体现于安全评价报告,因而在这一阶段应对前期工作进行详细复核,聘请行业专家和安全技术专家对报告进行全面的质量评审。

在安全评价全过程中,评价人员在每个质量环节中能否严格遵守科学、公正和合法地评价原则,对安全评价质量优劣起到决定性影响。由于被评价的工程、系统具有不同的特点和安全评价的目的,评价人员必须选择科学、合理及恰当的评价方法才能保证评价的质量。

(4) 环境因素。在不同时期内安全评价工作处于不同的政治环境、法律环境、经济环境、科技文化环境中,它必然面临政治、法律、经济和科技文化等环境因素的影响和制约。

1) 政治环境因素。政治环境因素对安全评价的影响是指在一定时期的社会政治环境下,国家权力机关对其法律地位的确认程度是安全评价工作的基础,也是提高安全评价质量的先决条件,在一定程度上制约着安全评价事业的发展。

2) 法律环境因素。法律环境因素的影响是指在一定时期内国家对安全评价工作的干预指导程度及对安全评价人员权益的保障程度。良好的法律环境将鼓励、支持安全评价人员独立自主地进行评价活动,保护安全评价人员的权益,激发安全评价人员提高安全评价质量的主观能动性。

3) 经济环境因素。经济环境因素的影响是指一定时期社会经济发展水平及其运行机制对于安全评价工作绩效的客观要求。在不同经济发展时期,判定安全评价质量的基本标准是相同的,即安全评价过程是否贯彻独立合法的基本原则、安全评价结论是否客观公正。但不同经济环境下对安全评价质量的具体要求又是不同的,社会越发展,对安全生产的要求越高,则对于安全评价质量的要求也就越高。

4) 科技环境因素。科技环境因素对安全评价的影响是指一定时期的科技发展水平决定的技术手段对于安全评价操作技能和内容的影响。以知识为基础的高新技术产业如信息科学技术、生命科学技术等高速发展,将在评价对象、评价程序、评价方法和检测手段等方面向安全评价工作提出挑战,安全评价人员只有不断地研究安全评价领域出现的新问题、新情况,并积极探索新的安全评价方法和检测手段,才能适应科技的发展需要,从而保证评价的质量。

5) 文化环境因素。文化环境因素是指一定时期人们受教育的程度以及安全评价职业教育的普及程度。文化环境不仅影响安全评价人员的业务能力,而且与人们利用安全评价信息的社会效用正相关,从而客观上构成了提高安全评价质量的必备条件。

安全评价在处于上述政治、法律、经济和科技文化等宏观环境的同时,还处于中观的行业环境和处于微观的评价单位环境中。

随着实践的发展,对安全评价运行规律认识进一步加深,安全评价机构和人员素质也不断提高,在安全评价机构资质审批和日常监督管理过程中,要求评价机构使用先进的管理模式,建立、完善质量管理体系,保证安全评价工作质量。与此同时,安全评价过程控制作为保障安全评价工作质量的重要手段也应运而生。

8.1.3　质量控制过程原则、依据和意义

安全评价过程控制是从安全评价内在规律出发,充分吸收了质量管理体系的精髓,也是安全评价机构在实践中不断探索和创新的结果,是保证安全评价事业健康发展的重要管理手段之一。安全评价过程控制是保证安全评价工作质量的一系列文件。安全评价作为一项有目的的行为,必须具备一定的质量水平,才能满足企业安全生产的需要。

安全评价过程控制按其内容可划分为"硬件管理"和"软件管理"。硬件管理主要指安全评价机构建设的管理,包括安全评价机构内部机构的设置,各职能部门职责的划定、相互间分工协作的关系,安全评价人员及专家的配备等管理。软件管理主要指"硬件"运行中的管理,包括项目单位的选定;合同的签署;安全评价资料的收集;安全评价报告的编写;安全评价报告内部评审;安全评价技术档案的管理;安全评价信息的反馈;安全评价人员的培训等一系列管理活动。

(1) 确立过程控制的原则。确立过程控制的原则是:

1) 质量第一、预防为主;

2) 健全制度、遵章守法;

3) 落实责任、严格把关;

4) 奖优惩劣、有错必纠。

(2) 实施过程控制的保证措施。实施过程控制的保证措施如下:

1) 组织保证。公司设置质量监督部,负责安全评价过程控制的监督、检查、考核及日常管理,并对部门及员工进行检查和考核,对员工遵章守纪情况进行跟踪监督;

2) 技术保证。公司设置总工办,为安全评价提供技术支持,包括技术专家、技术标准、技术审核等;

3) 制度保证。完善过程控制程序文件、岗位责任制度、规章制度,保证各项目、各作业环节有章可循。

安全评价过程控制重在一个"严"字,即:

过程控制文件编制——严谨;

安全评价过程控制——严格;

不合格产品处理——严肃。

(3) 建立过程控制体系的依据。安全评价机构建立过程控制体系的主要依据为:

1) 管理学原理。安全评价过程控制体系以戴明原理、目标原理和现场改善原理为基础,遵循戴明原则 PDCA 管理模式。基于法制化的管理思想:预防为主、领导承诺、持续改进、过程控制,运用了系统论、控制论、信息论的方法。

2) 国家对安全评价机构的监督管理要求。国家对安全评价机构的监督管理是安全评价过程控制体系建立的根本基础和依据。分析国家对安全评价机构监督管理的相关法律法规,主要涉及以下内容:人员基本要求和管理,组织机构及职责,安全评价过程控制程序,相关作业指导书和资料档案管理等。

3) 安全评价机构自身的特点。对于安全评价机构而言,一方面是对机构的管理,另一方面

是保证评价过程的质量。安全评价机构应运用管理学的原理,全过程控制、强调持续改进的PDCA循环原理和目标管理原理,结合自身的特点,建立适合机构自身发展的过程控制体系。

(4) 安全评价质量控制意义。在《中华人民共和国安全生产法》颁布后,安全评价工作得到了迅速的发展,安全评价机构数量也迅速增长。但由于我国的机构改革等一些客观原因,对安全评价的质量管理工作尚不够规范。安全评价是安全生产管理的一个重要组成部分,是预测、预防事故的重要手段。但要使安全评价工作真正发挥作用,必须要有质量的保证,安全评价过程控制就是要使安全评价管理工作规范化,标准化。在安全评价机构中建立一套科学的安全评价过程控制体系指导安全评价工作势在必行。

安全评价机构建立过程控制体系的重要意义,主要体现在以下几方面:

1) 强化安全评价质量管理,提高安全评价工作质量水平,树立为企业安全生产服务的思想;

2) 有利于安全评价规范化、法制化及标准化的建设和安全评价事业的发展;

3) 提高了安全评价的质量就能使安全评价在安全生产工作中发挥更有效的作用,确保人民生命安全、生活安定,具有重要的社会效益;

4) 有利于安全评价机构管理层实施系统和透明的管理,学习运用科学的管理思想和方法;

5) 促进安全评价工作的有序进行,使安全评价人员在评价过程中做到各负其责,提高工作效率;

6) 可加强对安全评价人员的培训,促进其工作交流,持续不断地提高其业务技能和工作水平;

7) 提高安全评价机构的市场信誉,在市场竞争中取胜。

8.2　安全评价过程控制体系的内容

8.2.1　安全评价过程控制方针和目标

(1) 安全评价过程控制方针。安全评价过程控制方针是评价机构安全评价工作的核心,表明了评价机构从事安全评价工作的发展方向和行动纲领。

安全评价机构应有经最高管理者批准的安全评价过程控制方针,以阐明安全评价机构的质量目标和改进安全评价绩效的管理承诺。

1) 方针在内容上应适合安全评价机构安全评价工作的性质和规模,确保其对具体工作的指导作用;应包括对持续改进的承诺;并包括遵守现行的安全评价法律法规和其他要求的承诺。

2) 方针在管理上需经最高管理者批准;确保与员工及其代表进行协商,并鼓励员工积极参与;应文件化,付诸实施,予以保持;应传达到全体员工;可为相关方所获取。

安全评价过程控制方针应定期评审,以适应评价机构不断变化的内外部条件和要求,确保体系的持续适宜性。

(2) 安全评价过程控制目标。评价机构应针对其内部相关职能和层次,建立并保持文件化的安全评价机构过程控制目标。评价机构在确立和评审其过程控制目标时,应考虑法律法规及其他要求;可选安全评价技术方案;财务、运行和经营要求。目标应符合安全评价过程控制方针,并遵循过程控制体系对持续进行的承诺。

8.2.2　机构职责与培训交流

(1) 机构职责。为了做好安全评价工作,必须对安全评价机构相关部门与人员的作用、职责和权限加以界定,使之文件化并予以传达。而且,机构应提供充足的资源,以确保其能够顺利地完成安全评价任务。

　　安全评价机构要求有独立的法人资格，即有明确的法定代表人。评价机构的最高管理者应确定评价机构的过程控制方针，提供实施安全评价方案和活动以及绩效测量和监测工作所需的人力、专项技能与技术、财力资源，并在安全评价活动中起领导作用。评价机构还应明确与评价资质业务范围相适应的技术负责人和安全评价过程控制负责人。

　　明确安全评价机构内部的组织机构及职责是安全评价过程控制体系运行的关键环节。职责不清、权限不明，会造成许多问题。评价机构中只有每一个人按照规定做好自己的本职工作，共同参与安全评价过程控制体系的建设与维护，过程控制体系才能真正实现持续改进和保证安全评价的工作质量。体系的建立、实施和维护均是以评价机构为单位。按职能和层次展开，在体系运行过程中明确各职能部门与层次间的相互关系。规定其作用、职责与权限是体系建立的必要条件，也是体系运行的有力保障。而且组织机构与职责的明确也为培训需求的确定、信息沟通的渠道与方式、文件的编写与管理等若干环节的实施与保持提供基本的框架。

　　（2）培训交流。安全评价人员的水平对安全评价的质量起着至关重要的作用。定期的人员培训非常重要，同时应加强与外部的业务交流。人员培训、业务交流是保持一支高质量的安全评价队伍的必要途径。培训工作要求做到：根据评价人员的作用和职责，确定各类人员所必需的安全评价能力，同时制定并保持确保各类人员具备相应能力的培训计划，而且定期评审培训计划，必要时予以修订，以保证其适宜性和有效性。

　　在制定和保持培训计划或方案时，其内容应重点包括：培训评价机构工作人员的技能与职责、新员工的安全评价知识；还要注意跟随着时间进行针对安全评价的法律、法规、标准和指导性文件的培训；针对中高层管理者的管理责任和管理方法的培训；还有针对分包方、委托方等所需要的培训。

8.2.3　合同评审和评价计划编制

　　合同评审是安全评价工作非常重要的一部分，同时也是财务进行合同监督的重要组成部分。安全评价机构的合同评审要求市场开发人员、安全评价技术负责人等共同参与完成。

　　合同评审应包括以下内容：

　　（1）客户的各项要求是否明确；

　　（2）合同要求与委托书内容是否一致，所有与委托书不一致的要求是否得到解决；

　　（3）安全评价机构能否满足全部要求。

　　在签订了一个评价项目的合同之后，安全评价机构便开始了一次针对某个企业的评价活动，即启动了安全评价质量保证程序，每一次评价活动都将为下一次评价活动提供新的经验、新的技术支持和现场改进的依据。

　　在安全评价项目签订之后，首先要制定安全评价计划，以保证评价项目有效地实施，确保评价项目根据合同规定的进度和质量要求如期完成。

8.2.4　编制安全评价报告

　　编制安全评价报告是安全评价工作的核心问题。安全评价报告编制程序文件是编制各项目安全评价报告的通用程序规范。对于不同的评价项目编制安全评价报告的具体操作的指导属于作业指导书的内容，应根据评价对象的不同编制安全评价作业指导书。

　　（1）报告编制中可能出现的问题。在编制安全评价报告过程中可能存在如下问题：

　　1）不符合。包括：

① 格式不符合。安全评价报告的封面、盖章、签字和附录等在各安全评价导则中都有很明确的规定且各导则有着不同的要求。应该严格按照不同导则的要求完成规定项目,评价机构不能自己另创一套。但某些评价机构的报告中不管是安全预评价,危险化学品经营单位安全评价,还是危险化学品生产企业安全现状评价,其封面、盖章、签字、附录等一律按《安全预评价导则》的规定格式定稿,这样做显然不符合其他评价导则的规定与要求。

② 内容顺序不符合。在各评价导则中对于报告的内容顺序,有着明确的规定。其规定的顺序是科学合理的,不仅便于编制与审核,也不易导致漏评,但统计中有些报告不按规定顺序编排,前后顺序颠倒。如在"危险化学品生产企业安全评价"报告中,常有将"对可能发生的危险化学品事故的后果预测"写在"危险、有害因素分析"之前。

③ 打印、排版和装订不符合。安全评价各导则对安全评价报告的打印排版和装订工作均作了非常明确的要求。但统计报告中常常出现页码前后颠倒,标题编号错误,字号大小不符合相关规范,错字、别字较多,单位(外文)符号不规范和表格错位等现象。

2) 不深刻。包括:

① 对相关法律、法规和标准使用范围理解不深刻。安全评价是关系到被评价项目能否符合国家规定的相关标准以及其生产活动过程能否保障劳动者身体健康与生命安全的关键性工作,因此,要做好这项工作,必须以被评价项目的具体情况为基础,以国家相关安全生产的法律法规及相关标准为依据。这就要求在进行安全评价时,必须深入理解引用的法律、法规和标准有关条款的真正含义,否则,将会导致错误的评价结论。在有的安全评价报告中,不能结合实际情况,生搬硬套标准条文,甚至对安全生产的法律、法规及标准引用不足。

② 对安全评价的要求与评价方法的选取原则理解不深刻。进行安全评价时,首先是针对被评价项目的实际情况和特征,搜集有关资料,对系统进行全面分析;其次是对众多的危险、有害因素及单元进行筛选,针对主要的危险、有害因素及重要单元进行重点评价。由于各类评价方法都有特定的适用范围与使用条件,因此要有针对性地选用评价方法。这就对从业人员的专业素质提出了较高要求。但在当前的评价机构中,很多从业人员并不具有安全工程或相关专业背景。因此某些评价机构编制的报告常常是"一个模板",常出现漏评和系统相关评价系数选取失当等现象。

③ 对评价导则中的"提出科学、合理、可行的安全对策"理解不深刻。安全评价通则中的"提出科学、合理、可行的安全对策"并不是说提出的安全对策措施越安全越先进就越好,而是要从实际的经济、技术条件出发,提出有针对性的、操作性强的、合理可行的安全对策措施及建议,使企业的安全生产条件达到国家规定的相关标准。在有的评价报告中过高地强调安全性,忽略了经济合理性。如某报告不管企业危险性大小,是否涉及火灾、爆炸区域,建议企业的电力系统一律采用 TN-S 系统和防火阻燃电缆(线)。企业照此整改,运行成本将大大增加,从实际考虑也确实没有必要。现在的安全评价工作主要还处于国家法律、法规与标准的符合性审核阶段,当前的技术手段还不能精确地进行事故发生概率预测和事故后果模拟实现。

3) 评价结论不明确。安全评价报告作为企业领取安全生产(或经营)许可证的必要条件,其评价结论将直接关系到生产能不能顺利进行。在评价时,从业人员必须以国家和劳动者的总体利益为重,坚持科学公正的原则,依据有关法律、法规及标准,结合经济技术的合理可行性提出有针对性的整改建议。

整改建议和评价结论不能含糊其辞、模棱两可。如在《危险化学品经营单位安全评价导则(试行)》中规定,评价结论分为下列三种:符合安全要求;基本符合安全要求;未能符合安全要求。而统计报告中的很大一部分结论为"在满足报告中提出的安全对策措施后,能够达到 a

级"，这等于没有下评价结论。

（2）改进评价报告编写问题的措施。对于以上编制评价报告中常出现的问题，可采取以下措施进行改进。

1）进行安全知识的系统培训，提高从业人员专业素质。安全评价是一个专业性很强的工作。例如，在危险化学品生产企业中，压力管道、储罐、反应器众多，工艺流程复杂，要想全面地找出其危险源并对其危险性做出分析评价，化工专业知识及系统安全工程专业知识都必不可少，对评价人员的素质要求很高。但在目前的评价机构中，很多人员并不具有相关专业背景，人员素质良莠不齐。

某行业的专业知识不能全部代替相关的安全知识，由于被评价对象的复杂性，情况各不相同，涉及的专业知识也非常广泛，每个人都很难做到精通，甚至很大一部分都不熟悉，因此系统学习安全科学知识是提高专业素质和业务能力的必由之路。

2）提高行业准入门槛，建立稳定的评价队伍。针对安全评价的专业性质，国家已实施了安全评价师制度。但由于安全工程专业的新兴性与安全评价工作的初级性，很多从业人员都是通过非正常程序进入这个行业的。对此，建议相关机构提高进入安全评价行业的门槛，取消当前流行的评价师挂靠制度，以此建立一支高素质、懂专业、相对稳定的评价队伍。

3）认真研究安全评价导则，严格执行"导则"的规定。安全评价导则是针对某项评价活动的一个规范性文件，对评价内容、评价方法等众多的细节问题均做出了详细的说明，是保证安全评价质量与安全评价报告规范的基础。因此，在评价与报告的编制过程中，要认真研究相关导则的内容，严格执行导则规范、要求，以确保评价的科学合理性。报告的规范化并不等于说报告应成为"八股文"，其中很多内容需要评价人员根据实际情况和相关专业知识，对被评价对象进行有针对性的危险性分析，据实得出自己的结论。总的说来，格式要固定，内容要各异。

4）加强从业人员道德修养，增强责任感，严把质量关。安全评价是关系到被评价项目能否符合国家规定的安全标准，能否保障劳动者身体健康与生命安全的关键性工作。关系到企业能否顺利进行生产活动的工作，因此这个过程涉及一部分人的个人利益。如果评价人员不能严格要求自己，很容易出具虚假或不符合实际情况的报告。因此要求广大从业人员应加强自身道德修养，以对生命负责的态度投入工作，增强责任感，严把质量关。认真作好每一份安全评价报告。

8.2.5　安全评价报告审核

报告审核的重点是评价依据资料的完整性，危险、有害因素识别的充分性，评价单元划分的合理性，评价方法的适用性，对策措施的针对性和评价结论的正确性等。包括内部审核、技术负责人审核、过程负责人审核。

（1）内部审核。安全评价报告内部评审是保证安全评价报告质量的一个重要环节。在适当的时候，应有计划地对安全评价报告进行内部评审。内部审核是由安全评价机构内非项目组成员进行的审核。安全评价报告内部评审的主要内容应包括：报告的格式是否符合要求；报告的文字是否准确；报告的依据是否充分、有效；报告中危险源辨识是否全面；报告的评价方法的选择是否适当；报告的对策措施是否切实可行；报告的结论是否准确等。安全评价机构应确定安全评价报告内部评审的时机和选取的准则，将内部评审工作细致化和规范化，使内部评审真正发挥质量监督的作用。

（2）技术负责人审核。技术负责人审核是在评价报告内部审核完成后，由技术负责人重点对现场收集的有关资料是否齐全、有效和危险、有害因素识别的充分性，评价方法的合理性，对策措施的针对性，结论的正确性及格式、文字等内容进行的审核。

（3）过程控制负责人审核。过程控制负责人审核是在内部审核和技术负责人审核完成后，由过程控制负责人重点对评价项目整个过程是否符合过程控制文件要求而进行的审核。主要包括：是否进行了风险分析，是否编制了项目实施计划，是否进行了报告审核，记录是否完整，是否满足过程控制要求等内容。

8.2.6　跟踪服务、改进和档案管理

（1）跟踪服务。规定跟踪服务的基本要求，对跟踪服务各环节实施控制，妥善解决客户提出的问题，提高服务质量，密切与客户的关系，保证为客户提供满意服务。在合同规定的项目全部完成之后，对于评价机构而言，还应进行跟踪服务，对评价报告中提出的对策措施与建议的实施情况进行跟踪，考察其适用性及有效性，及时为其调整安全措施。

跟踪服务的主要方法有：

1）在完成一项安全评价后，向客户发出"评价调查表"，并将结果进行相应的处理。

2）在评价项目结束后，一定期限内，与客户沟通，了解客户的需求，并帮助其解决问题。

3）积极处理客户提出的意见和建议，并在最短的时间内进行处理，并及时反馈。

（2）持续改进。从效率、技术、质量、服务、价格等方面出发，安全评价人员应根据一定的资料和数据确定自己应该持续改进的项目。确定适当的持续改进项目，拟订持续改进计划，明确长期或短期计划完成的时间，明确需得到的资源支持，必要时在持续改进计划中可说明所采用的持续改进技术。正在持续改进的项目要按照计划对其进行讨论确认。确认的内容主要有：

1）各持续改进项目的现行运作情况；

2）各持续改进项目的持续改进效果；

3）上次讨论的改进问题点纠正及实施确认；

4）根据各持续改进项目的现行运作情况提出新的改善要求。

（3）档案管理。评价项目完成后，应对评价项目涉及的所有文件进行归档，做好档案管理工作。并在此基础上生成数据库，设专人管理，以便资料查询，保证安全评价的质量。数据库在为评价项目提供支持的同时，新的评价项目反过来又不断充实数据库的内容。

8.2.7　纠正、预防措施

（1）纠正、预防措施的含义。纠正措施是指为消除已有不合格或其他不期望情况产生的原因，并防止再次发生所采取的措施。预防措施是指为消除潜在的不合格或其他不期望情况产生的原因，并防止再次发生所采取的措施。

纠正预防措施、投诉申诉是对过程控制运行情况的监督。

对发生偏离方针、目标的情况应及时加以纠正，预防不合格事件的再次发生。纠正预防措施能帮助评价机构防止问题的重复发生。评价机构应建立并保持投诉申诉处理程序，用来规定有关的职责和权限，以满足以下要求：调查和处理事故和不符合事件；制定措施纠正和预防由事故和不符合事件产生的影响；采取纠正和预防措施并予以完成；确认所采取的纠正和预防措施的有效性。

（2）纠正、预防措施的策划与启动。内容包括：

1）纠正、预防措施的策划。在策划纠正与预防措施时，应考虑如下因素：

① 国家法律法规、自愿计划和共同协议；

② 评价机构的质量目标、内部审核的结果；

③ 管理评审的结果；

④ 评价机构成员对持续改进的建议；

⑤ 所有新的相关信息；

⑥ 有关安全评价报告质量改进计划的结果。

2) 纠正、预防措施的启动。在安全评价过程中，以下各个情况下都可能发现不合格，均可启动纠正、预防措施：

① 合同评审时；

② 在安全评价实施过程中，评价组长对于组员的评价工作的审核以及技术总监对于评价组工作的审核、审查时；

③ 评价报告完成后，技术总监对于安全评价报告的审查以及政府部门或专家组对于安全评价报告的审核时；

④ 内部质量体系审核时；

⑤ 客户发生质量申诉时；

⑥ 发生质量事故、事件时。

(3) 安全评价不合格项的分类。按照安全评价不合格的严重程度可分为：

1) 严重不合格。包括下列情况：危险、有害因素识别和分析出现重大疏漏；评价方法选择错误；评价结果出现重大错误；安全评价报告在交由政府部门或专家组审核时没有通过；可能导致安全评价质量管理体系出现崩溃时的不合格等。

2) 一般不合格。包括下列情况：危险、有害因素识别和分析出现一般疏忽；评价方法选择不适合；评价结果出现一般性错误；安全评价报告在交由技术总监审核后要作较大修改；没有遵守程序文件造成后果不严重，对体系不会产生严重影响的不合格。

3) 轻微不合格。包括下列情况：危险、有害因素识别和分析出现较小的疏忽；评价方法选择不是十分适合；评价结果出现较小错误；安全评价报告要作较小修改的；偶然没有遵守程序文件造成后果轻微或没有造成后果，对体系不会产生较大影响的不合格。

(4) 纠正措施实施的步骤。评价负责人根据情况指定专人对不合格进行调查分析，必要时可成立小组，要求有关部门人员参与调查分析，发现不合格的潜在原因。责任人需将调查结果记录于"不合格纠正/预防措施报告"中。责任人根据问题的重要性和调查出的实际或潜在的不合格原因以及所承受的风险程度，选择有效的纠正措施与预防措施，并制定出各措施的实施计划。

1) 纠正措施的实施应采取的步骤：

① 评审不合格的严重程度；

② 通过调查分析确定不合格的原因；

③ 研究为防止不合格的再发生应采取的措施；

④ 确定并实施这些措施；

⑤ 跟踪并记录纠正措施的结果；

⑥ 评价纠正措施的有效性。

2) 预防措施的实施应采取的步骤：

① 识别潜在不合格并分析其原因；

② 研究确定预防措施并落实实施；

③ 跟踪并记录效果；

④ 评价预防措施的有效性，做出永久更改或进一步采取措施的决定。

8.2.8 关键过程的控制与文件记录

（1）安全评价关键过程。为了保证安全评价工作顺利进行,确保安全评价工作的质量,应对安全评价的关键过程进行监控,制定相关的程序文件,并在评价过程中严格执行。

安全评价关键过程包括:

1）了解客户需求,评价人员及技术专家的调配;

2）确定评价方案;

3）现场调查;

4）危险、有害因素的识别和分析;

5）评价方法的选择;

6）评价单元的划分;

7）定性定量评价;

8）对策措施和建议;

9）评价报告的编制;

10）评价过程中形成的记录归档。

（2）文件记录。必须建立并规范安全评价机构记录,记录应字迹清楚、标识明确,并可追溯相关的活动和能证明体系对机构运作的符合性。安全评价过程控制体系记录应便于查询,避免损坏、变质或遗失,应规定并记录其保存期限。

文件记录规定,须对各项工作过程中形成的各类记录编目、归档、保存及处理实施控制,以确定记录的完整有效。

安全评价过程控制体系记录的主要内容有:实施安全评价过程控制体系所产生的记录;有关安全评价过程的记录。一般包括:

1）风险分析表;

2）评价工作计划;

3）甲方提供、现场勘查、类比工程资料一览表;

4）安全评价机构安全评价工作业绩表;

5）评价报告初稿审核表;

6）评价报告备案稿审核表;

7）评价报告过程控制完成情况审核表;

8）××××年度安全评价师业绩登记表;

9）××××年度培训计划;

10）培训记录表;

11）临时培训申请表;

12）有效文件清单;

13）文件发放记录;

14）技术资料归档登记表;

15）甲（乙）级安全评价机构发挥技术支持作用情况季度统计报表（××××年第××季度）;

16）甲（乙）级安全评价机构发挥技术支持作用情况年度统计报表（××××年）;

17）顾客满意情况调查表;

18）内审记录表;

19）纠正和预防措施实施表。

8.3　过程控制体系文件的构成及编制

8.3.1　控制体系文件的构成与内容

　　安全评价过程控制体系是安全评价机构为保障安全评价工作的质量而形成的文件化的体系,是安全评价机构实现其质量管理方针、目标和进行科学管理的依据。

　　安全评价过程控制体系文件一般分为三个层次:管理手册(一级)、程序文件(二级)、作业文件(三级),其层次关系和内容如图 8-1 所示。

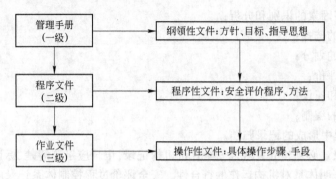

图 8-1　安全评价过程体系文件层次框图

　　(1) 一级文件——管理手册。过程控制管理手册是评价机构根据安全评价过程控制的方针、目标全面地描述安全评价过程控制体系的文件,主要供机构中、高层管理人员和客户以及第三方审核机构时使用。管理手册应表述本机构的安全评价质量保证能力。管理手册涉及以下内容:方针目标、职责权限、人员培训和安全评价过程控制的有关要求;关于程序文件的说明和查询途径;关于手册的评审、修改和控制规定。

　　(2) 二级文件——程序文件。程序文件是机构根据安全评价过程控制体系的要求,为达到既定的安全评价过程控制方针、目标所需要的程序和对策,描述实施安全评价涉及的各个职能部门活动的文件,供各职能部门使用。程序文件处于安全评价过程控制体系文件的第二层,因此,程序文件起到一种承上启下的作用:对上,它是管理手册的展开和具体化,使得管理手册中原则性和纲领性的要求得到展开和落实;对下,它应引出相应的支持性文件,包括作业指导书和记录表格等。

　　(3) 三级文件——作业文件。作业文件是围绕管理手册和程序文件的要求,描述具体的工作岗位和工作现场如何完成某项工作任务的具体做法,是一个详细的操作性工作文件。作业文件是第三层文件,包括作业指导书、记录表格等。作业文件的相关内容如下:

　　1) 作业指导书通常包括三方面内容:干什么、如何干和出了问题怎么办。根据安全评价机构申请的资质类型及业务范围的不同,需要编制的作业指导书种类也有所不同。按评价类型的不同,作业指导书分为安全预评价作业指导书、安全验收评价作业指导书、安全现状评价作业指导书、专项安全评价作业指导书等。

　　2) 记录是体系文件的组成部分,是安全评价职能活动的反映和载体;是验证安全评价过程控制体系的运行结果是否达到预期目标的主要证据,是过程控制有效性的证明文件,具有可追溯性;为采取预防和纠正措施提供依据。在编写程序文件和作业文件的同时,应分别制定与各程序相适应的记录表格,附在程序文件和作业文件的后面。

　　需要指出的是:安全评价过程控制体系文件应相互协调一致。各评价机构可以根据自身的规模大小和实际情况来划分体系文件的层次等级。

8.3.2 控制体系文件的编制

8.3.2.1 管理手册的编写

安全评价过程控制管理手册的编写要有系统性,避免面面俱到、冗长重复。管理手册不可能像具体工作标准或管理制度那样详尽,对各重要环节和控制要求只需概括地做出原则规定。在编写时,要求文字准确、语言精练、结构严谨,还要通俗易懂,以便评价机构全体员工能理解和掌握。

(1)管理手册编写的一般性原则。包括:

1)指令性原则。安全评价过程控制管理手册应由机构最高管理者批准签发。手册的各项规定是机构全体员工(包括最高管理者)都必须遵守的内部法规,它能够保证安全评价过程控制体系管理的连续性和有效性。因此,手册各项规定具有指令性。

2)目的性原则。手册应围绕质量方针、目标,对为实现安全评价质量方针、目标所要开展的各项活动做出规定。

3)符合性原则。手册应符合国家有关法规、条例、标准,同时还要与外部环境条件相适应。

4)系统性原则。手册所阐述的安全评价质量保障体系,应当具有整体性和层次性。手册应就安全评价全过程中影响安全评价的技术、管理和人员等各环节进行控制。手册所阐述的安全评价过程控制体系,应当结构合理、接口明确、层次清楚,各项活动有序而且连续,要从整体出发,对安全评价机构运行的重要环节进行阐述,做出明确规定。

5)协调性原则。手册中各项规定之间、手册与机构其他安全评价文件之间,必须协调一致。首先,手册中各项规定要协调;其次,手册与机构其他文件(管理程序、标准、制度)之间要协调。无论是在手册编写阶段,还是在体系运行阶段,都应该及时记录、处理手册中的规定与目前管理制度中不一致的部分。

6)可行性原则。手册中的规定,应从机构运行的实际情况出发,能够做到或经过努力可以达到。某些规定,尽管内容先进,如果组织不具备实施条件,可暂不列入手册中。

7)先进性原则。手册的各项规定,应当在总结机构安全评价管理实践经验的基础上,尽可能采用国内外的先进标准、技术和方法,加以科学化、规范化。

8)可检查性原则。手册的各项规定不但要明确,而且要有定量的考核要求,便于实施监督和审核,使编写出来的手册有可检查性。也只有具有可检查性与可考核的手册,方能真正被认真实施。手册内容要简练,重点要突出。

(2)管理手册编写程序。手册应当按照评价机构安全评价工作分析的结果,对体系的构成,涉及的内容及其相互之间的联系做出系统、明确和原则的规定。

管理手册编写程序包括:

1)确定安全评价过程控制管理手册要求和目标;

2)收集与分析资料;

3)分解与确定职能、职责、权限;

4)确定管理手册结构;

5)落实编写人员和制定编写工作计划;

6)审查和修订管理手册。

(3)管理手册的内容。安全评价过程控制管理手册一般应包括如下内容:

1)安全评价过程控制方针目标;

2)组织结构及安全评价管理工作的职责和权限;

3）描述安全评价机构运行中涉及的重要环节；

4）安全评价过程控制管理手册的审批、管理和修改的规定。

8.3.2.2　程序文件的编写

程序是为实施某项活动而规定的方法，安全评价过程控制体系程序文件是指为进行某项活动所规定的途径。由于程序文件是管理手册的支持性文件，是手册中原则性要求的进一步展开和落实，因此，编制程序文件必须以安全评价管理手册为依据，符合安全评价管理手册的有关规定和要求，并从评价机构的实际出发，进行系统编制。

（1）程序文件的编写要求。包括：

1）程序文件至少应包括体系重要控制环节的程序。

2）每一个程序文件在逻辑上都应是独立的，程序文件的数量、内容和格式由机构自行确定。程序文件一般不涉及纯技术的细节，细节通常在工作指令或指导书中规定。

3）程序文件应结合评价机构的业务范围和实际情况具体阐述。

4）程序文件应有可操作性和可检查性。

（2）程序文件编写的内容。机构程序文件的多少，每个程序的详略、篇幅和内容，在满足安全评价过程控制的前提下，应做到越少越好。每个程序之间应有必要的衔接，但要避免相同的内容在不同的程序之间重复。

在编写程序文件时，应明确每个环节包括的内容，规定由谁干，干什么，干到什么程度，达到什么要求，如何控制，形成什么样的记录和报告等；同时，应针对可能出现的问题，采取相应的预防措施以及一旦发生问题应采取的纠正措施。

程序文件的结构和格式由机构自行确定，文件编排应与安全评价过程控制管理手册和作业指导书以及机构的其他文件形成一个完整的整体。

（3）程序文件编写工作流程。程序文件编写的工作流程如下：

1）成立编写小组，落实人员和责任；

2）收集和分析现行的过程控制体系文件和相关资料；

3）依据管理手册，分解确定程序文件清单；

4）划分任务，组织有关人员结合机构的实际情况编写；

5）反复讨论修改、经审批后发布；

6）随着运行，时时监督；

7）定期评价与完善。

8.3.2.3　作业文件的编写

作业文件是程序文件的支持性文件。为了使各项活动具有可操作性，一个程序文件可能涉及几个作业文件。能在程序文件中交代清楚的活动，不用再编制作业文件。作业文件应与程序文件相对应，是对程序文件的补充和细化。评价机构现行的许多制度、规定、办法等文件，很多具有与作业文件相同的功能。在编写作业文件时，可按作业文件的格式和要求进行改写。评价机构在建立评价过程控制体系过程中，应将国家颁布的各种评价导则、细则的要求与安全评价工作密切结合，编制具有指导意义的安全评价作业指导书。作业文件编写过程与程序文件编写相类似，这里就不再重复了。

8.3.2.4　记录的编写

（1）记录具有的功能。记录是为已完成的活动或达到的结果提供客观证据的文件，它是重要的信息资料，为证实可追溯性以及采取预防措施和纠正措施提供依据。安全评价机构所产生的记录覆盖过程控制的各个环节。

记录具有的功能如下：

1）是安全评价过程控制体系文件的组成部分，是安全评价职能活动的反映和载体。

2）是验证评价过程控制体系运行结果是否达到预期目标的主要证据，具有可追溯性。记录可以是书面形式，也可以是其他形式，如电子格式等。

3）安全评价质量管理记录为采取预防和纠正措施提供了依据。记录的设计应与编制程序文件和作业文件同步进行，应使记录与程序文件和作业文件协调一致、接口清楚。

（2）记录编写的要求。根据管理手册和程序文件的要求，应对安全评价过程控制所需记录进行统一规划，同时对表格的标记、编目、表式、表名、审批程序等做出统一规定。记录可附在程序文件和作业文件的后面。将所有的记录表格统一编号，汇编成册发布执行。必要时，对某些较复杂的记录表格要规定填写说明。

记录编制要求如下：

1）应建立并保持有关评价过程控制记录的标识、收集、编目、查阅、归档、储存、保管、收集和处理的文件化程序。

2）记录应在适宜的环境中储存，以减少编制或损坏并防止丢失，且便于查询。

3）应明确记录所采用的方式。

4）按规定表格填写或输入记录，做到记录内容准确、真实。

5）应根据需要规定记录的保存期限。一般应遵循的原则是，需要永久保存的记录应整理成档案，长期保管。

6）应规定对过期或作废记录的处理方法。

（3）记录的内容。记录的内容一般应包括以下几个方面：

1）记录名称。简短反映记录的对象。

2）记录编码。编码是每种记录的识别标记，每种记录只有一个编码。

3）记录顺序号。顺序号是某种记录中每张记录的识别标记，如记录为成册票据，印有流水序号，可视为记录顺序号。

4）记录内容。按记录对象要求，确定编写内容。

5）记录人员。记录填写人、审批人等。

6）记录时间。按活动时间填写，一般应写清年、月、日。

7）记录单位名称；

8）保存期限和保存部门。

8.4 安全评价过程控制体系

安全评价控制体系通常包括建立、运行和持续改进。

8.4.1 控制体系的建立

（1）影响体系建立的因素和原则。安全评价过程控制体系是依据管理学原理、国家对评价机构的监督管理要求及评价机构自身的特点三方面因素而建立的。

就管理学原理而言，安全评价过程控制体系是遵循 PDCA 管理模式，包括预防为主、领导承诺、持续改进、过程控制四个环节。体系的建立还要考虑安全评价机构的行政管理部门的要求（国家主要从人员管理、机构管理、质量控制和内部管理制度这四方面对安全评价机构提出要求）。安全评价机构在考虑上述两个因素的基础上，还应详细分析机构自身的特点，建立适合自己的安全评价过程控制体系。

安全评价机构建立质量保证体系应遵循以下原则：

1) 决策者必须重视。任何管理模式的成功建立,任何管理方法的有效实施,任何改革措施的真正落实都离不开决策者的重视,尤其是最高管理者的重视和支持。这种重视和支持必须是决策者主观意思的反应,也就是完全的自觉行动。"重视"就是在充分明白和理解在市场经济和竞争的大环境之下,质量管理的重要性和迫切性,重视安全评价过程控制体系的实质内容的确定和实施,而不是仅停留在文件上。

2) 全体员工必须参与。任何具体工作的落实,都需要通过各级人员的积极参与来实现。从安全评价过程控制体系的建立、运行到持续改进,都需要各级员工的积极参与,包括:提供安全评价项目策划的依据;收集资料;总结过去的经验教训;提出合理化建议;参与规章制度的策划;体系实施并检验其适宜性和有效性;提出持续改进的建议等等。

3) 技术专家必须把关。安全评价过程控制体系的核心是对安全评价过程的质量控制,整个体系的运行,都是围绕着安全评价工作开展的。在安全评价过程中,从合同评审、现场勘察、资料收集、危险辨识、评价报告的编制直到报告的评审,整个过程都应配备技术专家审查把关,以确保各个环节的质量。通过技术专家的工作,使评价人员的业务水平得以提升,从而不断提高安全评价工作的质量。

(2) 控制体系建立的步骤。安全评价机构建立过程控制体系的基本步骤如下:

1) 建立安全评价过程控制的方针和目标;

2) 确定实现过程控制目标必需的过程和职责;

3) 确定和提供实现过程控制目标必需的资源;

4) 规定测量评价每个过程的有效性和效率的方法;

5) 应用这些测量方法确定每个过程的有效性和效率;

6) 确定防止不合格并消除产生原因的措施。

8.4.2　控制体系的运行

(1) 体系运行。安全评价机构在建立了过程控制体系之后,应使过程控制体系真正运行起来,使质量管理职能得到充分的实施。

实施过程控制体系时成立实施工作小组,对全体员工进行相关的安全评价过程控制体系的基础知识培训,培训工作可以自己进行,也可以外聘咨询人员和管理专家协助进行。通过培训来了解安全评价过程控制体系的基本原理、控制方针和目标、部门责任、操作方法,使得控制体系中的各个环节都有人负责,并且有能力去负责。通过实施各种形式的检查和审核,信息交流,对不符合实际情况的项目,及时纠正、不断调整和完善,逐步形成和保持能够自我发现问题、解决问题、调整管理、持续改进的过程控制体系的运行机制。

(2) 内部审核。评价机构利用内部审核的方法对评价工作进行全面检查和改进,有计划、有系统地定期实施内部审核,以验证自身安全评价的实施和有效性,持续改进管理体系。

1) 制定年度及每次实施的审核计划,报管理者代表审批;

2) 管理者代表任命审核组长,审核组长组织审核员组成审核组,确保审核的独立性;

3) 进行审核准备;

4) 实施现场审核,并记录审核结果,提出审核报告;

5) 将内审报告及不符合项报告及时发至所有部门,逐项采取纠正措施,并跟踪验证实施效果。

检查改进的情况应形成完整的记录,主要包括:年度内审计划;审核检查表;审核报告;审核实施计划;纠正措施计划及验证资料。

(3) 检查结果的改进。内容包括:

1) 需要改进的检查结果。需要改进的检查结果信息来源主要有:

① 安全评价过程中产生的不合格报告;

② 客户的投诉和服务质量信息;

③ 内部审核中发现的不符合报告

④ 管理评审中的不符合报告。

2) 纠正措施的制定。内容包括:

① 对一般不合格,应由评价机构的技术委员会及负责安全评价的有关人员组织讨论分析造成不合格的原因,有针对性地制定纠正措施。如文件修改方面的一般不合格,安全评价中心责成评价人员重新审查;培训及格率低由讲课人员予以补讲或重新培训;发现不合格的,咨询组要对问题进行分析研究,并会同被咨询方提出整改建议。

② 对严重不合格,由技术委员会负责进行调查分析,召集有关部门人员讨论,分析造成不合格的实际原因,制定防止同类事件再发生的纠正措施。

3) 纠正措施的实施。有关部门制定纠正和预防措施,填写有关纠正和预防措施计划和实施情况表,由技术委员会审核,经管理者代表批准,有关部门具体实施。

4) 效果验证。内容包括:

① 各责任部门将纠正措施实施的有效情况报告技术委员会进行验证。

② 技术委员会就所有纠正措施实施情况和效果汇总并向管理者代表汇报。

③ 管理者代表确认所有纠正措施实施效果并向院长汇报。

(4) 预防措施的制定和实施。内容包括:

1) 安全评价机构应按月收集有关咨询质量的记录,按季分析质量信息,发现潜在的不合格,研究其发展趋势,提出预防措施要求及时限,填写纠正和预防措施计划和实施情况表,由技术委员会或技术负责人审核,经管理者代表批准,有关部门具体实施。

2) 各部门按预防措施规定的时限组织实施,技术委员会对实施情况进行监督和检查,并将实施情况和验证情况向管理者代表汇报。

3) 管理者代表确认所有纠正措施实施效果并向安全评价机构法人代表汇报。

8.4.3 持续改进

持续改进是安全评价过程控制体系的一个核心思想,它体现了管理的持续发展的过程。以过程控制为基础的质量管理体系模式如图8-2所示。

持续改进包括:

(1) 分析和评价现状,以便识别改进区域;

(2) 确定改进目标;

(3) 为实现改进目标寻找可能的解决办法;

(4) 评价这些解决办法;

(5) 实施选定的解决办法;

(6) 测量、验证、分析和评价实施的结果以证明这些目标已经实现;

(7) 正式采纳更改;

(8) 必要时,对结果进行评审,以确定进一步的改进机会。

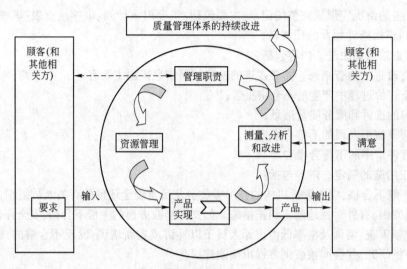

图 8-2　质量管理体系模式

　　持续改进是一个整体和系统的过程,是一个观念转变、思维进化和思想进步的过程。它不同于不符合的纠正、预防,相对于不符合纠正、预防的"点"(某一具体问题)或"面"(举一反三至某一类问题)上的变化,持续改进属于全方位的"形"的变化。因此,持续改进必须经过更长期的过程,需要经过无数次的不符合纠正、预防,从不断的量变逐渐转化为质变,从行为的改善到思维和观念的进步,从管理结果的持续改进到管理能力的持续改进,逐步实现持续改进的飞跃。

习题和思考题

8-1　如何理解安全评价过程控制及其意义?

8-2　安全评价机构建立过程控制体系的主要依据是什么?

8-3　安全评价过程控制体系的主要内容有哪些?

8-4　简述安全评价控制体系建立的步骤。

8-5　说明控制体系文件的层次关系。

9 各类安全评价实战技术

9.1 各类安全评价的联系与区别

9.1.1 各类安全评价的联系

一个系统或工程从孕育到结束,要经历孕育阶段、建设阶段、调试(试运行)阶段、运行阶段、报废阶段。

(1) 孕育阶段。对一个系统或工程进行可行性研究、初步设计、施工图设计可以认为是孕育阶段。

(2) 建设阶段。建设施工的过程可以认为是建设阶段。

(3) 调试阶段。建设项目竣工、投入试生产或试运行属调试阶段。

(4) 运行阶段。试生产正常并正式投产且有一个相当长的稳定生产运行阶段。

(5) 报废阶段。在运行期间设备随时间而老化、安全装置也可能失效,系统或工程也可能会出现问题而需要检修或更换部件,以保证系统或工程的正常生产运行,最后,系统或工程不能再维修或失去修理的价值而进入报废阶段。

目前安全评价的分类就是按照系统或工程的寿命时期进行划分的,安全评价包括安全预评价、安全验收评价、安全现状评价。

安全预评价处在系统或项目孕育阶段的前期,在系统或工程初步设计之前进行,对在其后诞生的系统或工程中可能出现的危险、有害因素及可能出现事故的严重程度进行预测和评价,并提出安全对策措施,指导系统设计,使诞生的系统达到安全要求,这充分体现了预防为主的安全思想。

安全验收评价处在系统或工程调试阶段结束后。经过试生产,充分暴露出系统或工程的建设、安装和调试运行存在的安全问题,查看其是否达到安全预评价时的预期要求,同时对系统或工程是否按工程设计施工,尤其是在安全设施、设备安装方面是否与工程的安全专篇相一致。因为此时正是系统或工程刚刚诞生,进入"系统有效寿命期"而进行安全评价,所以从本质上看,安全验收评价也可以认为是特殊的安全现状评价。但两者之间安全评价的目的、依据、方法、手段不尽相同,应当引起注意。

安全现状评价是在系统或工程诞生后的有效寿命期内进行的,以现行的安全状态和持续改进为目的,也可以为系统或工程的报废为目的进行其安全等级评价,提供决策依据。在现状评价中也包含了一种特殊的评价,称为专项安全评价,可以在系统寿命期内或不一定在系统有效寿命期内进行的安全评价。其目标是多样性的,可以是针对某一项活动或场所,也可以是针对一个特定的行业、产品、生产方式、生产工艺或生产装置等。专项安全评价的手段方法、实施过程与现状评价有相似之处。

各类安全评价之间以及与"三同时"的关系,如图9-1所示。

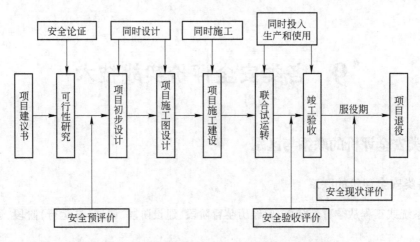

图 9-1　建设项目安全评价与"三同时"的关系

9.1.2　各类安全评价的区别

（1）评价目的不同。安全预评价的目的在于搞清楚系统或工程投产运行后存在的主要危险、有害因素及其产生危险、危害后果的主要条件，对系统或工程投产后运行过程中的固有危险、有害因素进行定性或定量的评价，提出消除预防或减弱系统或工程的危险性、提高系统安全运行等级的对策措施，为系统或工程下一步的劳动安全卫生设计（安全专篇设计）提供依据，以最终实现工程的本质安全化。安全预评价报告可为安全生产综合管理部门实施监督、管理提供依据，同时，预评价的结论可为安全生产综合管理部门审批工程初步设计文件提供依据。

安全验收评价的目的在于建设项目竣工后正式生产运行前，通过检查建设项目安全设施与主体工程同时设计、同时施工、同时投入生产和使用的情况，特别是安全设施、设备、装置投入生产和使用的情况，检查安全生产管理措施到位情况、安全生产规章制度健全情况、事故应急救援预案建立情况，审查确定建设项目是否满足安全生产法律法规、标准、规范要求，从整体上确定建设项目的运行状况和安全管理情况，做出相应安全验收评价结论。安全验收评价是建设项目竣工验收必须的前提条件，安全验收评价报告将作为建设项目竣工验收的必须审核的重要文件。

安全评价都是贯彻"安全第一、预防为主"方针，预评价是为建设项目初步设计提供科学依据，以利于提高建设项目本质安全程度；验收评价为建设项目安全验收提供科学依据，对未达到安全目标的系统或单元提出安全补偿及补救措施，以利于提高建设项目本质安全程度，满足安全生产要求。也就是通过检查建设项目在系统上配套安全设施的状况（完备性和运行有效性）来验证系统安全，为安全验收提供依据；安全现状评价目的是针对生产经营单位（某一个生产经营单位总体或局部的生产经营活动）的安全现状进行的安全评价，通过评价查找其存在的危险、有害因素并确定危险程度，提出合理可行的安全对策措施及建议。

（2）评价依据不同。安全评价是政策性很强的一项工作，必须依据我国现行的法律、法规和技术标准，以保障被评价项目的安全运行，保障劳动者在劳动过程中的安全与健康。安全评价涉及的现行主要法规、标准都要严格遵守。根据评价行业的不同，安全预评价、验收评价和现状评价所依据的法律法规也各自不同。不同的评价报告，各自的法律、法规和技术标准的重点也不同。除了依据国家、行业层面的法律法规以外，其中安全预评价还要依据建设项目的可行性报告;安全验收评价还要依据建设项目设计、安全设计专篇、联合试运转的报告;安全现状评价还要依据被评价单位有关安全管理的规定。

（3）评价程序不同。由于安全评价的类型是按照系统或工程的服役阶段而划分的,所以安全评价的程序也有所不同,特别是安全预评价处于系统或工程可行性研究阶段,刚刚完成可行性报告,所以无法进行现场的安全检查。而建设安全验收评价必须在联合试运转之后,有关试运转的检测数据是评价的重要依据,现场检查也是十分重要的环节,对于一切安全设施必须亲眼所见、亲手所测,方可下其结论。安全现状评价中的现场检查阶段更是关键环节,不仅要检测安全设施的有效性,还要注意安全管理运行及控制的有效性,不是简单的制度和作业规程有无的检查。所以,从安全评价程序的定义上各类安全评价似乎相同,但其内涵有着很大的差别,实践中必须严加注意。

（4）评价方法不同。安全评价方法的选择必须与安全评价的类型相适应,主要是围绕着评价的目的而定,更有利于完成安全评价工作,达到预定的目的。值得特别说明的还是安全预评价,其可选择的方法是很有限的,主要是因为系统或工程还处在可行性研究阶段,通常使用的安全评价方法是预先危险性分析,这样可以在项目初步设计以前完成与项目有关的危险辨识、危险性分析以及危险控制,尽可能地将危险避免在项目的设计阶段。对于安全验收评价和现状评价则重点是已经形成的系统或工程是否处在安全状态,所以,评价方法一定要尽可能地选择客观定量的方法,以保证评价结果的客观性。

（5）评价结论不同。安全评价结论是安全评价报告最终环节,十分值得关注。各类安全评价的突出重点各有不同,预评价是要说明从安全角度来看该建设项目是否可行,有什么值得注意的安全问题,在工程设计中如何从技术上解决,而不能将安全问题留到工程建成后以安全管理的方式解决,所以安全预评价是根据建设项目可行性研究报告内容,分析和预测该建设项目可能存在的危险、有害因素的种类和程度,提出合理可行的安全对策措施及建议。安全验收评价主要是对"三同时"以及安全设施运行的可靠性做出结论。也就是说安全验收评价结论主要包括:工程建设项目前期（安全预评价、可行性研究报告、初步设计中安全卫生专篇等）对安全生产保障等内容的实施情况和相关对策措施建议的落实情况;建设工程有关安全对策措施的具体设计、安装施工情况等有效性的保障程度;建设工程的安全对策措施在试投产中实际运行的有效性;建设工程的安全管理制度和事故应急预案的建立与实际开展和演练的有效性。安全现状评价的结论更关注的是系统或工程的运行现状是否安全可靠,所以安全现状评价是根据国家有关的法律、法规规定或者生产经营单位的要求进行的,应对生产经营单位生产设施、设备、装置、储存、运输及安全管理等方面进行全面、综合的安全评价,并得出相应的评价结论。

9.2 安全预评价实战技术

9.2.1 安全预评价的内涵

安全预评价是根据建设项目可行性研究报告的内容,分析和预测该建设项目可能存在的危险、有害因素的种类和程度,提出合理可行的安全对策措施及建议。

安全预评价实际上就是在项目建设前应用安全系统工程的原理和方法对系统（工程、项目）中存在的危险性、有害因素及其危害性进行预测性评价。

安全预评价以拟建建设项目作为研究对象,根据建设项目可行性研究报告提供的生产工艺过程、使用和产出的物质、主要设备和操作条件等,研究系统固有的危险及有害因素,应用安全系统工程的原理和方法,对系统的危险性和危害性进行定性、定量分析,确定系统的危险、有害因素及其危险、有害程度;针对主要危险、有害因素及其可能产生的危险、有害后果,提出消除、预防和降低危险、有害的对策措施;评价采取措施后的系统是否能满足规定的安全要求,从而得出建设项目应如何设计、管理才能达到安全指标要求的结论。

总之,安全预评价的内涵可概括为以下几点:

(1) 安全预评价是一种有目的的行为,它是在研究事故或危险为什么会发生、是怎样发生的和如何防止发生这些问题的基础上,回答建设项目依据设计方案建成后的安全性如何,是否能达到安全标准的要求及如何达到安全标准,安全保障体系的可靠性如何等至关重要的问题。

(2) 安全预评价的核心是对系统存在的危险、有害因素进行定性、定量分析,即针对特定的系统,对发生事故、危害的可能性及其危险、有害的严重程度进行评价。

(3) 用有关标准(安全评价标准)对系统进行衡量、分析,说明系统的安全性。

(4) 安全预评价的最终目的是确定采取哪些优化的技术、管理措施,使各子系统及建设项目整体达到安全标准的要求。

通过安全预评价形成的安全预评价报告,将作为项目报批的文件之一,向政府安全管理部门提供的同时,也提供给建设单位、设计单位、业主,作为项目最终设计的重要依据文件之一。建设单位、设计单位、业主在项目设计阶段、建设阶段和运营时期,必须落实安全预评价所提出的各项措施,切实做到建设项目安全设施的"三同时"。

9.2.2　安全预评价的内容

安全预评价的内容主要包括危险、有害因素辨识、危险程度评价和安全对策措施及建议。危险、有害因素辨识是指找出危险、有害因素并分析其性质和状态的过程。危险程度评价是指评价危险、有害因素导致事故发生的可能性和严重程度,确定承受水平,并按照承受水平提出安全对策措施,使危险降低到可承受的水平的过程。

9.2.3　安全预评价工作程序

安全预评价工作程序一般包括:准备阶段;危险、有害因素辨识与分析;确定安全预评价单元;选择安全预评价方法;定性、定量评价;提出安全对策措施及建议;得出安全预评价结论;编制安全预评价报告。安全预评价工作程序见图9-2。

(1) 准备阶段。准备阶段主要是明确被评价对象和范围,收集国内外相关法律法规、技术标准及建设项目的资料。

(2) 危险、有害因素辨识与分析。根据建设项目周边环境、生产工艺流程及场所的特点,识别和分析其潜在的危险、有害因素。

(3) 确定安全预评价单元。在危险、有害因素识别和分析的基础上,根据评价的需要,将建设项目分成若干个评价单元。

(4) 选择安全预评价方法。根据被评价对象的特点,选择科学、合理、适用的定性和定量评价方法。

(5) 定性、定量评价。采用选择的评价方法,对危险、有害因素导致事故发生的可能性和严重程度进行定性、定量评价,以确定事故可能发生的部位、频次、严重程度的等级及相关结果,为制定安全对策措施提供科学依据。

(6) 提出安全对策措施及建议。根据定性、定量评价结果,提出消除或减弱危险、有害因素的技术和管理对策措施及建议。

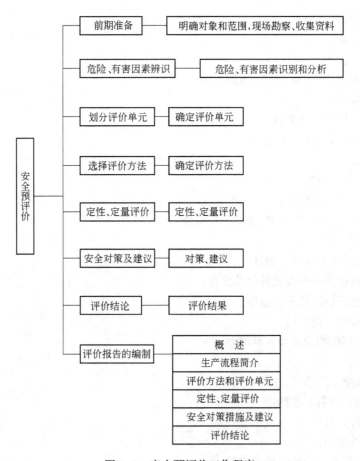

图 9-2 安全预评价工作程序

（7）得出安全预评价结论。简要列出主要危险、有害因素评价结果，指出建设项目应重点防范的重大危险、有害因素，明确应重视的重要安全对策措施；给出建设项目的安全生产状况是否符合国家有关法律、法规、技术标准规定的结论。

（8）编制安全预评价报告。

9.3 火力发电建设项目预评价实例解析

9.3.1 火力发电建设项目预评价工作步骤

火力发电建设项目安全预评价工作步骤为：前期准备；辨识与分析危险、有害因素；划分评价单元；选择评价方法；定性、定量评价；提出安全对策措施及建议；做出评价结论；编制安全预评价报告等。

9.3.1.1 前期准备

前期准备内容包括：明确评价对象和评价范围；组建评价组；收集国内外相关法律、法规、规章、标准、规范；收集并分析评价对象的基础资料、类比火电厂工程资料、相关事故案例；对评价对象进行现场勘查；对类比工程进行实地调查等。

火力发电建设项目安全预评价应获取的参考资料如下：

(1) 综合性资料。包括：

1) 建设单位概况；

2) 项目概况；

3) 相关自然条件(气象、水文、地质等)；

4) 地理位置图；

5) 与周边环境关系位置图；

6) 总平面(陆域、水域)布置图；

7) 工艺流程图。

(2) 设立依据。包括：

1) 项目可行性研究报告；

2) 项目申请书、项目建议书、立项批准文件；

3) 其他有关资料。

(3) 项目工程技术文件。包括：

1) 工程可行性研究报告或替代性文件；

2) 安全设施、设备、装置及措施；

3) 其他相关的工程资料。

(4) 安全管理机构设置及人员配置。

(5) 安全投入。

(6) 相关安全生产法律、法规及标准。

(7) 相关类比资料。包括：

1) 类比工程资料；

2) 相关事故案例。

(8) 其他可用于安全预评价的资料。

9.3.1.2　辨识与分析危险、有害因素

分析评价对象的安全特点；辨识和分析评价对象可能存在的各种危险、有害因素及其分布；分析危险、有害因素发生作用的途径及机理；辨识重大危险源和/或重大危险作业场所。

9.3.1.3　划分评价单元

充分考虑评价对象的安全特点，以便于实施评价为原则，可按照评价对象的组成和评价范围、工艺流程、危险、有害因素类别划分评价单元。

9.3.1.4　选择评价方法

根据评价的目的、要求和评价对象的特点，选择科学、合理、适用的定性、定量评价方法。

对于不同评价单元，可根据评价的需要和单元特征选择不同的评价方法。

9.3.1.5　定性、定量评价

依据有关法律、法规、规章、标准、规范，并参照类比工程的实际状况，从火力发电建设项目的厂址、总平面及主要建筑物单元、燃煤储运设备及其系统单元、燃油储运设备及其系统单元、制粉设备及其系统单元、锅炉设备及其系统单元、电气设备及其系统单元、热控设备及其系统单元、化学设备及其系统单元、制氢设备及其系统单元、水工设备及其系统单元、除灰渣和干灰场设备及其系统单元、脱硫设备及其系统单元、特种设备单元、公用单元、作业环境单元等方面，对评价对象的建设方案进行安全符合性评价。采用选定的评价方法对危险、有害因素导致事故发生或造成危害的可能性和严重程度进行评价。

9.3.1.6 提出安全对策措施及建议

为了保障评价对象建成后的安全运营,根据评价结果,提出改进和完善评价对象建设方案的安全技术对策措施、预防和控制事故风险与危险、有害因素危害的对策措施以及安全管理对策措施。

9.3.1.7 评价结论

指出评价对象潜在危险、有害因素,给出评价对象在评价时的条件下与国家及行业有关法律、法规、规章、标准、规范的符合性结论,给出危险、有害因素引发各类事故发生的可能性及严重程度的预测性结论,明确评价对象建成后能否安全运行的结论。

9.3.2 火力发电建设项目预评价报告编写

(1)总体要求。安全预评价报告是安全预评价工作过程的具体体现,是评价对象在建设过程中的安全技术性指导文件。安全预评价报告的文字应简洁、准确,可同时采用图表和照片,以使评价过程和结论清楚、明确,便于阅读和审查。

(2)安全预评价报告基本内容。包括:

1)前言。介绍火力发电建设项目的概况、建设的目的、安全预评价的必要性、评价工作概况。

2)编制说明。结合评价对象的特点,阐述编制火力发电建设项目安全预评价的目的,列出有关法律、法规、规章、标准、规范等和评价对象被批准施行的相关文件、建设项目资料等评价依据,确定评价范围,给出评价程序。

火力发电建设项目的评价范围一般包括:火力发电建设项目发电厂厂内的设施;火力发电建设项目发电厂厂外各种专用的管道(沟)、储灰场、水井、泵站、冷却水塔、油库、堤坝、铁路、道路、桥梁、码头燃料装卸设施、避雷装置、消防设施及其有关辅助设施;火力发电建设项目设计报告所涉及的有关辅助设施。对于改建、扩建工程沿用原工程的部分设施(即共用设施部分),也应纳入评价范围。

3)建设项目概况。介绍建设单位概况、工程基本情况、地理位置及厂址条件(含交通运输情况)、工程概况介绍(含厂区总体规划及总平面布置、生产过程、水电气及燃料来源、主要生产设备及其技术条件、主要生产系统介绍)、生产组织和定员、主要经济技术指标等内容。

4)危险、有害因素辨识与分析。根据《生产安全事故报告和调查处理条例》、《职业安全卫生术语》、《生产过程危险和危害因素分类与代码》、《企业伤亡事故分类》、《职业病范围和职业病患者处理办法的规定》、《电力生产事故调查暂行规定》、《防止电力生产重大事故的二十五项重点要求》等国家及电力行业标准,结合火力发电建设工程特点和具体情况,从项目规划与工程选址、总平面布置、道路及运输、建(构)筑物、电能生产过程、生产设备与装置、作业环境和安全管理措施等方面进行危险、有害因素的辨识与分析,确定危险、有害因素发生作用的途径及其变化规律。

从厂址的工程地质、地形地貌、水文、气象、雷电、暴雨、洪水、地震条件、周围环境条件(水资源、运输设施、人口分布、输电效应、生态影响、资源保证、经济因素、社会因素、环境因素)、交通运输条件、自然灾害、消防支持等方面进行分析和辨识。

从功能分区、建筑物防火间距和安全间距、风向、建筑物朝向、危险有害物质设施、动力设施(氧气站、乙炔气站、压缩空气站、锅炉房、液化石油气站等)、道路、储运设施等方面进行分析和辨识。

从运输、装卸、消防、疏散、人流、物流、平面交叉运输和竖向交叉运输等方面进行分析和辨识。

从厂房的火灾危险性分类、耐火等级、结构、层数、占地面积、防火间距、安全疏散等方面进行分析和辨识。

从库房储存物品的火灾危险性分类、耐火等级、结构、层数、占地面积、防火间距、安全疏散等方面进行分析和辨识。

从电能生产过程中进行分析和辨识，以总平面布置为龙头，以工艺流程中各系统为主线，对生产过程中可能发生的危险和人身伤害事故进行分析。具体分析内容如下：原材料、中间体、副产品、产品，油品的危险性应考虑易燃性、易爆性、易积聚静电荷性、易受热膨胀性、易蒸发、易扩散和易流淌性及毒性；生产环境（色彩、温度、压力、照明、粉尘、有毒有害物质、易燃易爆位置、噪声、振动、电磁辐射等），注意辨识存在毒物、噪声、振动、高温、低温、辐射、粉尘及其他有害因素的作业部位；机器设备的种类、数量、状态及故障率；生产过程；人机情况；防护情况；标志及报警系统，对易发生故障和危险性较大的地方，对是否设置了醒目的安全色、安全标志和声、光警示装置等进行分析。

从生产设备与装置等方面进行分析和辨识：对于工艺设备可从高温、低温、高压、腐蚀、振动、关键部位的备用设备、控制、操作、检修和故障、失误时的紧急异常情况等进行辨识；对机械设备可从运动零部件和工件、操作条件、检修作业、误运转和误操作等方面进行辨识；对电气设备可从触电、断电、火灾、爆炸、误运转和误操作、静电、雷电等方面进行辨识；还应注意辨识高处作业设备、特殊单体设备（如锅炉房、乙炔站、氧气站）等的危险、有害因素。

从防火、防爆方面进行分析和辨识：建筑物及电气设备的防火、防爆设计标准；消防设施；警报系统；应急措施等。

从人的不安全行为方面进行分析和辨识：组织管理人员行为；操作人员的可靠性；作业人员的心理状态及行为；遵章守纪情况；人员素质等。

从安全管理方面进行分析和辨识：主要从安全生产管理组织机构及其效能、安全生产管理制度、事故应急救援预案、特种作业人员培训、日常安全管理等方面进行辨识。

重大危险源分析、辨识：根据《危险化学品重大危险源》（GB18218—2009）和国家安全生产监督管理局《关于开展重大危险源监督管理工作的指导意见》（安监协调字〔2004〕56号）的规定，火电建设项目安全预评价有关重大危险源一般可能包括有：油库、制氢站、锅炉、压力容器、可燃气体、有毒危险品等。结合火电建设工程重大危险源的特点和类比工程事故案例，复核、确定火力发电建设项目重大危险源（可能造成重大事故）等级，对该重大危险源进行登记、申报、监测、评估并建立应急救援预案，定期进行应急预案演练。要求项目法人按照相关法律及法规要求，必须逐级上报至地级市人民政府安全生产监督管理部门备案。

5）评价单元划分和评价方法选择。阐述划分评价单元的原则、分析过程，划分评价单元。列出选定的评价方法，并做简单介绍，阐述选定此评价方法的原因。

6）定性、定量评价。根据评价对象的特点、评价单元的划分和选定的评价方法，结合类比工程状况，进行定性、定量评价。

火力发电建设项目安全预评价中，一般划分的评价单元如下：

项目规划、厂址及总平面布置单元；主要建（构）筑物单元；燃煤储运设备及其系统单元；燃油储运设备及其系统单元；制粉设备及其系统单元；锅炉设备及其系统单元；汽轮机设备及其系统单元；发电机、电气设备及其系统单元；热工自动化设备及其系统单元；化学水处理设备及其系统单元；制氢设备及其系统单元；水工设备及其系统单元；除灰、渣设备及其系统单元；储灰场单元；脱硫设备及其系统单元；脱硝设备及其系统单元；特种设备单元；交通运输单元；作业环境（粉尘、毒物、噪声、高温和电磁辐射）单元；法律、法规符合性与安全生产管理评价单元。

火力发电建设项目的安全预评价方法如下：项目规划、厂址及总平面布置、主要建（构）筑物单元采用安全检查表法；主要生产过程设备及其系统单元采用预先危险性分析法；作业环境（生产作业场所有害因素或职业危害）单元采用类比法；油库、制氢站、主变压器火灾爆炸、液氨泄漏、爆炸等采用事故后果数学模型分析与风险评价进行复核；其余单元可采用预先危险性分析法或因果（鱼刺）图分析法。

详细列出定性、定量评价过程，给出评价结果，并对得出的评价结果进行分析和小结。

7）安全对策措施与建议。工程设计中已提出的安全对策措施包括防火、防爆安全对策措施；防尘、防毒、防化学伤害安全对策措施；防噪声、防振动安全对策措施；防电伤、防机械伤害及其他伤害安全对策措施；防暑、防寒、防潮安全对策措施。

根据火力发电建设工程危险、有害因素分析、评价的结果，提出对现阶段设计方案中有关安全设计方面需要完善的对策措施，建议补充完善的安全对策措施包括厂址、总图布置和建（构）筑物方面的安全措施；工艺、设备和装置方面的安全措施；从组织机构设置、人员管理、物料管理、应急救援管理等方面提出的安全管理建议；从保证工程安全运行的需要提出应采取的其他综合措施。

重大危险源监管措施与应急救援预案方面等。

8）预评价结论。火力发电建设项目安全预评价结论应简要列出评价对象的危险、有害因素评价结果，指出评价对象应重点防范的重大危险、有害因素，给出评价对象的定性与定量评价结论，明确应重视的安全对策措施建议，给出评价对象从安全生产角度是否符合国家有关安全生产的法律、法规、规章、标准、规范的要求，明确评价对象潜在的危险、有害因素在采取安全对策措施后，能否得到控制，明确指出评价对象能否满足整体安全要求。

9.3.3　火力发电建设项目预评价报告格式

火力发电建设项目安全预评价报告的格式应符合《安全评价通则》（AQ8001—2007）中规定的要求。

9.4　非煤矿山建设项目预评价实例解析

9.4.1　非煤矿山建设项目预评价的内容

（1）分析非煤矿山建设项目的规模、范围、厂址及其周边情况；

（2）根据可行性研究报告、委托方概况等数据资料，定性、定量分析和预测建设项目投入生产后可能存在的危险、有害因素的种类和程度，预测发生重大事故的危险度；

（3）分析并明确安全设施、设备在生产和使用中的作用和要求，提出合理可行的安全对策措施及建议。

9.4.2　非煤矿山建设项目预评价工作步骤

非煤矿山安全预评价工作步骤一般包括：前期准备，危险、有害因素识别与分析，划分评价单元，选择评价方法，进行定性、定量评价，提出安全对策措施及建议，做出安全评价结论，编制安全评价报告等。

9.4.2.1　前期准备

前期准备内容包括：明确评价对象和范围，收集国内外相关法律、法规、技术标准及与评价对象相关的非煤矿山行业数据资料；组建评价组；编制安全评价工作计划；进行非煤矿山现场调查，初步了解矿山建设项目或矿山状况。

　　（1）初次洽谈。委托方介绍单位概况、产品规模、建设内容和地点、工艺流程、总投资、评价进度要求、工程进展情况等；受托方介绍单位和人员资质，评价工作所需时间，要求提供的资料等。

　　（2）签订保密协议。双方有了初步意向后，根据委托方要求签订保密协议，受托方承担技术和资料保密义务，委托方提供非煤矿山资料。

　　（3）投标。受托方编写标书参加投标，标书除委托方规定要求外，一般包括评价单位资质情况、评价组人员、计划工作进度、报价等内容。

　　（4）签订合同。评价合同主要包括服务内容和要求、履行期限和方式、委托方提供资料和工作条件、验收和评价方法、服务费用及支付方式等。

　　（5）非煤矿山建设项目安全预评价所需资料。包括：

　　1）建设项目概况；

　　2）建设项目设计依据；

　　3）建设项目可行性研究报告；

　　4）生产系统及辅助系统说明；

　　5）危险、有害因素分析所需的有关水文地质及气象资料；

　　6）安全评价所需的其他资料和数据。

　　（6）组建评价组。依据项目评价的对象及范围、评价涉及的专业技术要求、时间要求，为保证评价报告质量，合理选配评价人员和技术专家组建项目评价组。评价人员具备熟悉评价对象的专业技术知识；安全知识基础深厚，能熟练运用安全系统工程评价方法；具有一定实践经验，且掌握了以往事故案例；知识面较宽，具有一定的评价报告书编撰能力。

　　评价组内人员按照专业需求、技术水平及工作经验等特点进行合理分工。必要时，评价机构可与受托方分别指派一名项目协调人员，负责项目进行过程中双方信息资料的交流与文件管理。

9.4.2.2　危险、有害因素识别与分析

　　根据非煤矿山的生产条件、周边环境及水文地质条件的特点，识别和分析生产过程中危险、有害因素。

9.4.2.3　划分评价单元

　　根据评价工作需要，按生产工艺功能、生产设备、设备相对空间位置和危险、有害因素类别及事故范围划分单元。评价单元应相对独立，具有明显的特征界限，便于进行危险、有害因素识别分析和危险度评价。

9.4.2.4　选择评价方法

　　根据非煤矿山的特点及评价单元的特征，选择科学、合理、适用的定性、定量评价方法。

9.4.2.5　定性、定量评价

　　运用所选择的评价方法，对可能导致非煤矿山重大事故的危险、有害因素进行定性、定量评价，给出引起非煤矿山重大事故发生的致因因素、影响因素和事故严重程度，为制定安全对策措施提供科学依据。

9.4.2.6　提出安全对策措施及建议

　　根据定性、定量评价的结果以及不符合安全生产法律、法规和技术标准的工艺、场所、设施和设备等，提出安全改进措施及建议；对那些可能导致重大事故发生或容易导致事故发生的危险、有害因素提出安全技术措施、安全管理措施及建议。为建设项目的初步设计和安全专篇设计提出依据。

9.4.2.7 做出安全评价结论

简要地列出对主要危险、有害因素的评价结果,指出应重点防范的重大危险、有害因素,明确重要的安全对策措施,分析归纳和整合评价结果,做出非煤矿山安全总体评价结论。从安全生产角度对建设项目的可行性提出结论。

9.4.2.8 编制安全评价报告

非煤矿山安全评价报告是非煤矿山安全评价过程的记录,应将非煤矿山安全评价的过程、采用的安全评价方法、获得的安全评价结果等写入非煤矿山安全评价报告。

非煤矿山安全评价报告应满足下列要求:

(1) 真实描述非煤矿山安全评价的过程。

(2) 能够反映出参加安全评价的安全评价机构和其他单位、参加安全评价的人员、安全评价报告完成的时间。

(3) 简要描述非煤矿山建设项目可行性研究报告内容。

(4) 阐明安全对策措施及安全评价结果。

非煤矿山安全评价报告是整个评价工作综合成果的体现,评价人员要认真编写,评价组长综合、协调好各部分内容,编写好的报告要根据质量手册的要求和程序进行质量审定,评价报告完成审定修改后打印装订。

9.4.3 非煤矿山建设项目预评价报告编制

非煤矿山建设项目预评价报告依据《非煤矿山安全评价导则》进行编写。在非煤矿山评价报告的编写过程中,如遇非煤矿山建设项目的基本内容发生变化,应在非煤矿山评价报告中反映出来,如评价方法和评价单元需要作变更或作部分调整,在非煤矿山评价报告中应说明理由。

(1) 安全评价报告的总体要求。非煤矿山安全评价报告应内容全面、条理清楚、数据完整,能够全面、概括地反映非煤矿山评价的全部工作。查出的问题准确,提出的对策措施具体可行。评价报告的文字简洁、准确,可同时采用图表和照片,以使评价过程和结论清楚、明确,利于阅读和审查。符合性评价的数据、资料和预测性计算过程可以编入附录。

(2) 非煤矿山安全预评价报告的主要内容。非煤矿山评价报告的主要内容包括安全评价依据,被评价单位基本情况,主要危险、有害因素识别,评价单元的划分与评价方法选择,定量、定性安全评价,提出安全对策措施建议,做出评价结论等。

1) 安全评价依据。安全评价依据包括:有关的法律、法规及技术标准,建设项目可行性研究报告等建设项目相关文件以及非煤矿山安全评价参考的其他资料。

2) 被评价单位基本情况。内容包括非煤矿山选址、总图及平面布置、水文情况、地质条件;规划的生产规模、工艺流程、主要使用设备经济技术指标等。

3) 主要危险、有害因素识别。内容包括根据特点,识别和分析其主要的危险、有害因素。列出辨识与分析危险、有害因素的依据,阐述辨识与分析非煤矿山周边环境、生产工艺流程或场所的危险、有害因素及其过程。

4) 评价单元的划分与评价方法选择。阐述划分评价单元的原则、分析过程,将评价对象划分成若干个评价单元。各评价单元应相对独立,便于进行危险、有害因素识别和危险度评价,且具有明显的特征界限。根据评价的目的、要求和评价对象的特点、工艺、功能或活动分布,选择科学、合理、适用的定性、定量评价方法。对不同的评价单元,可根据评价的需要和单元特征选择不同的评价方法。

5) 定性、定量安全评价。详细列出定性、定量评价过程。明确重大危险源的分布、监控情况以及预防事故扩大的应急预案内容。给出相关的评价结果,并对得出的评价结果进行分析。

6) 提出安全对策措施及建议。列出安全对策措施建议的依据、原则、内容。对那些可能导致重大事故发生或容易导致事故发生的危险、有害因素提出安全技术措施及建议。

7) 做出评价结论。安全预评价结论应简要地列出主要危险、有害因素的评价结果,指出非煤矿山应重点防范的重大危险、有害因素,明确应重视的安全对策措施建议,明确评价对象潜在的危险、有害因素在采取安全对策措施后,能否得到控制以及受控的程度如何。给出非煤矿山建设项目从安全生产角度是否符合国家有关法律、法规、标准、规章、规范的要求。

9.4.4 非煤矿山建设项目预评价报告格式

(1) 封面。封面第一、二行文字内容是建设单位或非煤矿山企业名称;封面第三行文字内容是项目名称;封面第四行文字内容是报告名称,为"安全评价报告";封面最后两行分别是评价机构名称和安全评价资质证书编号。

(2) 评价机构安全评价资质证书副本影印件。

(3) 著录项。"评价机构法人代表,课题组主要人员和审核人"等著录项一般分两张布置,第一张署明评价机构的法人代表(以评价机构营业执照为准)、审核定稿人(应为评价机构技术负责人)、课题组长(应为评价课题组负责人)等主要责任者姓名,下方为报告编制完成的日期及评价机构(以安全评价资质证书为准)公章用章区;第二张则为评价人员(以安全评价人员资格证书为准并署明注册号)、各类技术专家(应为评价机构专家库内人员)以及其他有关责任者名单。评价人员和技术专家均要手写签名。

(4) 目录。

(5) 编制说明。

(6) 前言。

(7) 正文。

(8) 附件。

9.5 安全验收评价实战技术

9.5.1 安全验收评价概述

9.5.1.1 安全验收评价的内涵

安全验收评价是在建设项目竣工验收之前、试生产运行正常后,通过对建设项目的设施、设备、装置的实际运行状况及管理状况的安全评价,查找该建设项目投产后存在的危险、有害因素,确定其程度,提出合理可行的安全对策措施及建议。

安全验收评价的目的是:贯彻"安全第一,预防为主"的方针,为建设项目的安全验收提供科学依据,对未达到安全目标的系统或单元提出安全补偿及补救措施,以利于提高建设项目本质安全程度,满足安全生产的要求,也就是通过检查建设项目系统上的配套安全设施的状况(完备性和运行有效性)来验证系统安全,为安全验收提供依据。

安全验收评价是为安全验收进行的技术准备。在安全验收评价中要查看安全预评价提出的安全措施在设计中是否得到落实、初步设计中的各项安全设施是否在项目建设中得到落实,还要查看施工过程中的安全监理记录,安全设施调试、运行和检测情况以及隐蔽工程等的安全设施落实情况。最终形成的安全验收评价报告,将作为建设单位向政府安全生产监督管理机构申请建设项目安全验收审批的依据。另外,通过安全验收还可检查生产经营单位的安全生产保障、安全管理制度,确认《安全生产法》的落实。

安全验收评价的意义在于:它能为安全验收把关,确保建设项目正式投产之后,系统能够安全运行;保障作业人员在生产过程中的安全和健康。此外,安全验收评价还可以作为今后企业持续改进、提高安全生产水平的基准。

9.5.1.2　安全验收评价的特点

安全验收评价的特点有两个:一是评价符合性,依据法律、法规、标准,评价系统整体在安全上的符合性;二是评价有效性,通过检测、检验数据和统计分析,评价系统中安全设施的有效性。

安全验收是安全“三同时”的最后一关,安全验收评价工作要突出四个方面:

(1)安全“三同时”过程的完整性评价。检查安全“三同时”过程的完整性,就是检查建设项目在程序上、内容上是否按“三同时”的要求进行。避免在项目设计施工阶段不考虑安全配套设施,仅以安全验收评价报告提出的整改意见事后再补安全设施。安全验收评价的改进对策只是补救措施,不能替代安全设施与项目同时设计的作用。对安全验收评价来说,首先进行“三同时”程序性的检查,随后明确安全责任。

(2)安全设施的符合性评价。建设项目安全“三同时”的各过程都是环环相扣的。安全设施落实情况的调查要从“同时设计”、“同时施工”、“同时投入生产和使用”三个方面展开,依据工程及安全专篇的设计,落实建筑单位是否按其设计进行施工,即解决安全设施“有没有”的问题,然后以此调查结果形成证据性文件。

(3)安全设施的有效性评价。对安全设施有效性进行评价是安全验收评价的核心。安全设施有效性评价主要包括两个方面:一是依据国家有关安全生产的法律、法规和相关标准,用相应的评价方法,定性评价安全、卫生设施与系统是否匹配,即解决安全设施“对不对”的问题;二是依据国家有关安全生产的法律、法规和相关标准,用检测、检验及资料统计等手段,定量评价安全设施是否能达到保障系统(单元)安全的效果,对于危险性较大的设备或特种设备需要进行安全强制检验的,必须提供强制检验证明,以此解决安全设施“好不好”的问题。

(4)安全管理机构设置的真实性评价。建设项目安全验收评价还应对安全管理机构、人员配置、持证上岗、安全生产规章制度的情况进行检查和评价。检查和评价的内容包括:

1)安全生产管理机构设置、安全生产管理人员配备和持证上岗状况。

2)安全生产规章制度(安全管理制度、安全生产责任制和安全操作规程)的制定。

3)事故上报制度及事故应急救援预案的建立。

4)重大危险源登记建档进行定期检测、评估、监控。

5)对从业人员进行安全生产教育和培训的检查。

9.5.1.3　安全验收评价计划书

安全验收评价计划书是正式开展安全验收评价前,由安全评价机构向被评价企业交代的技术文件,其中包括安全评价机构资质证书、安全验收评价原则、安全验收评价依据、评价内容、评价方法、评价程序、检查方式、需要企业送达并解释资料清单的内容、需要企业配合事项及评价日程安排,使企业预先了解安全验收评价的全过程,以便有计划地开展评价工作。

(1)编制安全验收评价计划书的要求。安全验收评价计划书应在安全验收评价工作前期准备阶段进行了工况调查的基础上编制;安全验收评价计划要求目的明确,对危险、有害因素分析准确,评价重点单元划分恰当,安全验收评价方法的选择科学、合理、有针对性。

(2)安全验收评价计划书的基本内容。包括:

1)安全验收评价的主要依据。安全验收评价的主要依据有适用于安全验收评价的法律、法规、相关安全标准及设计规范、建设项目初步设计和变更设计、安全预评价报告及批复文件等。

2) 建设项目概况。建设项目概况包括建设项目地址、总图及平面布置、生产规模、主要工艺流程、主要设备、主要原材料及其消耗量、经济技术指标、公用工程及辅助设施、建设项目开工日期及竣工日期、试运行情况等。

3) 主要危险、有害因素及相关作业场所分析。这些分析包括参考安全预评价报告,根据项目建成后周边环境、生产工艺流程或场所特点,列出危险及有害因素,并指出危险及有害因素存在的部位。

4) 安全验收评价重点的确定。围绕建设项目的危险、有害因素,按照科学性、针对性和可操作性的原则,确定安全验收评价的重点。

5) 安全验收评价方法的选择。依据建设项目实际情况选择安全验收评价方法,通常选择安全检查表法。有重大设计变更、前期未进行安全预评价的建设项目或在评价机构认为有必要的情况下,可选择其他评价方法,或选择多种评价方法。

6) 编制的安全检查表。安全验收评价需要编制的安全检查表(定性型、定量型、否决型、权值评分型等),一般分为以下几种安全检查表:建设项目周边环境、建(构)筑及场地布置、工艺及设备安全检查表、安全工程设计、安全生产管理、其他综合性措施安全检查表。

7) 安全验收评价工作安排。安全验收评价计划应对安全验收评价工作做出初步安排,包括安全验收评价工作进度、现场检查抽查比例、进入现场的安全防护措施等。

9.5.2　安全验收评价的内容

安全验收评价的内容是检查建设项目中的安全设施是否已与主体工程同时设计、同时施工、同时投入生产和使用;评价建设项目及与之配套的安全设施是否符合国家有关安全生产的法律、法规和技术标准。安全验收评价工作主要内容有三个方面:

(1) 从安全管理角度检查和评价生产经营单位在建设项目中对《中华人民共和国安全生产法》的执行情况。

(2) 从安全技术角度检查建设项目中的安全设施是否已与主体工程同时设计、同时施工、同时投入生产和使用;检查和评价建设项目(系统)及与之配套的安全设施是否符合国家有关安全生产的法律、法规和标准。

(3) 从整体上评价建设项目的运行状况和安全管理是否正常、安全、可靠。

9.5.3　安全验收评价工作程序

根据安全验收评价工作的要求制定安全验收评价工作程序。安全验收评价工作程序一般包括:前期准备、编制安全验收评价计划、安全验收评价现场检查、编制安全验收评价报告、安全验收评价报告评审。

9.5.3.1　前期准备

前期准备工作主要包括:明确评价对象和范围;进行现场调查;收集国内外相关法律、法规、技术标准及建设项目的有关资料;建设项目证明文件核查;建设项目实际工况调查;资料收集及核查。

(1) 明确评价对象和范围。确定安全验收评价范围可界定评价责任范围,特别是增建、扩建及技术改造项目,与原建项目相连难以区别,这时可依据初步设计、投资或与企业协商划分,并写入工作合同。

(2) 建设项目证明文件核查。建设项目证明文件与核查主要是考察建设项目是否具备申请安全验收评价的条件,其中最重要的是进行安全"三同时"程序完整性的检查,可以通过核查安全"三同时"过程的证据来完成。

"三同时"程序完整性证明资料一般包括：

1) 建设项目批准(批复)文件；

2) 安全预评价报告及评审意见；

3) 初步设计及审批文件；

4) 试生产调试记录和安全自查报告(或记录)；

5) 安全"三同时"过程中其他证据文件。

(3) 建设项目实际工况调查。在完成上述相关证明文件收集工作的同时,还要对工程项目建设的实际工况进行调查。工况调查主要是了解建设项目的基本情况、项目规模以及建设单位有关自述问题等。

1) 基本情况。包括:企业全称、注册地址、项目地址、建设项目名称、设计单位、安全预评价机构、施工及安装单位、项目性质、项目总投资额、产品方案、主要供需方、技术保密要求等。

2) 项目规模。包括:自然条件、项目占地面积、建(构)筑面积、生产规模、单体布局、生产组织结构、工艺流程、主要原(材)料耗量、产品规模、物料的储运等。

3) 企业自述问题。包括:项目中未进行初步设计的单体、项目建成后与初步设计不一致的单体、施工中变更的设计、企业对试生产中已发现的安全及工艺问题是否提出了整改方案等。

(4) 资料收集及核查。在熟悉企业情况的基础上,对企业提供的文件资料进行详细核查,对项目资料缺项提出增补资料的要求,对未完成专项检测、检验或取证的单位提出补测或补证的要求,将各种资料汇总成图表形式。

需要核查的资料根据项目实际情况决定,一般包括以下内容:

1) 相关法规和标准。相关法规和标准包括建设项目涉及的法律、法规、规章及规范性文件,项目所涉及的国内外标准(国标、行标、地标、企业标准)、规范(建设及设计规范)。

2) 项目的基本资料。主要包括项目平面、工艺流程、初步设计(变更设计)、安全预评价报告、各级政府批准(批复)文件。若实际施工与初步设计不一致,还应提供"设计变更文件"或批准文件、项目平面布置简图、工艺流程简图、防爆区域划分图、项目配套安全设施投资表等。

3) 企业编写的资料。主要包括项目危险源布控图、应急救援预案及人员疏散图、安全管理机构及安全管理网络图、安全管理制度、安全责任制、岗位(设备)安全操作规程等。

4) 专项检测、检验或取证资料。主要包括特种设备取证资料汇总、避雷设施检测报告、防爆电气设备检验报告、可燃(或有毒)气体浓度检测报警仪检验报告、生产环境及劳动条件检测报告、专职安全员证、特种作业人员取证汇总资料等。

9.5.3.2 编制安全验收评价计划

编制安全验收评价计划是在前期准备工作的基础上,分析项目建成后存在的危险、有害因素的分布与控制情况,依据有关安全生产的法律、法规和技术标准,确定安全验收评价的重点和要求,依据项目实际情况选择验收评价方法,测算安全验收评价进度。评价机构根据建设项目安全验收评价实际运作情况,自主决定编制安全验收评价计划书。

编制安全验收评价计划要做好以下几方面的工作:

(1) 主要危险、有害因素分析。包括:

1) 项目所在地周边环境和自然条件的危险、有害因素分析。

2) 项目边界内平面布局及物流路线等的危险、有害因素分析。

3) 工艺条件、工艺过程、工艺布置、主要设备设施等方面的危险、有害因素分析。

4) 原辅材料、中间产品、产品、副产品、溶剂、催化剂等物质的危险、有害因素分析。

5）辨识是否有重大危险源,是否有需监控的化学危险品。

（2）确定安全验收评价单元和评价重点。按安全系统工程的原理,考虑各方面的综合或联合作用,将安全验收评价的总目标,分解为相关的评价单元,主要包括:

1）管理单元。包括安全管理组织机构设置、管理体系、管理制度、应急救援预案、安全责任制、作业规程、持证上岗等。

2）设备与设施单元。包括生产设备、安全装置、防护设施、特种设备、安全监测监控系统、避雷设施、消防工程及器材等。

3）物料与材料单元。包括危险化学品、包装材料、加工材料、辅助材料等。

4）方法与工艺单元。包括生产工艺、作业方法、物流路线、储存养护等。

5）作业环境与场所单元。包括周边环境、建筑物、生产场所、防爆区域、个人安全防护等。

根据危险、有害因素的分布与控制情况,按危险的严重程度进行分解,确定安全验收评价的重点。安全验收评价的重点一般有:易燃、易爆、急性中毒、特种设备、安全附件、电气安全、机械伤害、安全联锁等。

（3）选择安全验收评价方法。选择安全验收评价方法主要考虑评价结果是否能达到安全验收评价所要求的目的,还要考虑进行评价所需的信息资料是否能收集齐全。可用于安全验收评价的方法很多,但就其实用性来说,目前进行安全验收评价经常选用"安全检查表"法,以法规、标准为依据,检查建设项目系统整体的符合性和配套安全设施的有效性。对比较复杂的系统可以采用顺向追踪方法检查分析,运用"事件树分析"方法评价,或者采用逆向追溯方法检查分析,运用"故障树分析"方法评价。特别值得注意的是,如果已有公开的行业安全评价方法必须采用。

（4）预算安全验收评价进度。安全验收评价工作的进度需要体现在计划之中,其安排应能保证安全验收评价工作有效、科学地实施,特别注意与建设单位建立联系,说明需要企业配合的工作,充分发挥建设单位与评价机构两方面的积极性,在协商基础之上确定评价的工作进度。

9.5.3.3　安全验收评价的现场检查

安全验收评价现场检查是按照安全验收评价计划,对安全生产条件与状况独立进行验收评价的现场检查和评价。评价机构对现场检查及评价中发现的隐患或尚存在的问题,应提出改进措施及建议。

（1）制定安全检查表。安全检查表是前期准备工作策划性的成果,是安全验收评价人员进行工作的工具。编制安全检查表的作用是在检查前可使检查内容比较周密和完整,既可保持现场检查时的连续性和节奏性,又可减少评价人员的随意性;可提高现场检查的工作效率,并留下检查的原始证据。编制安全检查表时要解决两个问题,即"查什么"和"怎么查"问题。

安全验收评价需要编制的安全检查表包括:

1）安全生产监督管理机构有关批复中提出的整改意见落实情况检查表;

2）安全预评价报告中提出的安全技术和管理对策措施落实情况检查表;

3）初步设计（包括变更设计）中提出的安全对策措施落实情况检查表;

4）相关评价单元检查表,例如人力与管理、人机功效、设备与设施、物质与材料、方法与工艺、环境与场所等;

5）事故预防及应急救援预案方面的检查表;

6）其他综合性措施的安全检查表。

（2）现场检查方式选择。检查方式应进行合理选择。具体检查方式有按部门检查、按过程检查、顺向追踪、逆向追溯等,各有利弊,工作中可以根据实际情况灵活应用。

1）按部门检查也称按"块"检查,是以企业部门(车间)为中心进行检查的方式。

2）按过程检查也称按"条"检查,是以受检项目为中心进行检查的方式。

3）顺向追踪也称"归纳"式检查,是从"可能发生的危险"顺向检查其安全和管理措施的方式。逆向追溯也称"演绎"式检查,是从"可能发生的危险"逆向检查其安全和管理措施的方式。

(3)数据收集方法的确定。数据收集的方法一般有问、听、看、测、记,它们不是独立的而是连贯的、有序的,对每项检查内容都可以用一遍或多遍。

1）问。以检查计划和检查表为主线,逐项询问,可作适当延伸。

2）听。认真听取企业有关人员对检查项目的介绍,当介绍偏离主题时可作适当引导。

3）看。定性检查,在问、听的基础上,进行现场观察、核实。

4）测。定量检查,可用测量、现场检测、采样分析等手段获取数据。

5）记。对检查获得的信息或证据,可用文字、复印、照片、录音、录像等方法记录。

检查的内容在前期准备阶段制定的安全检查表中规定,检查过程中也可按实际工况进行调整。

9.5.3.4　定性、定量评价

通过现场检查、检测、检验及访问,得到大量数据资料,首先将数据资料分类汇总,再对数据进行处理,保证其真实性、有效性和代表性。采用数据统计方法将数据整理成可以与相关标准比对的格式,考察各相关系统的符合性和安全设施的有效性,列出不符合项,按不符合项的性质和数量得出评价结论并采取相应措施。

9.5.3.5　安全对策措施

对通过检查、检测、检验得到的不符合项进行分析,对照相关法规和标准,提出技术及管理方面的安全对策措施。

安全对策措施分类:

(1)"否决项"不符合时,提出必须整改的意见。

(2)"非否决项"不符合时,提出要求改进的意见。

(3)"适宜项"符合时,提出持续改进建议。

9.5.3.6　编制安全验收评价报告

编制安全验收评价报告是根据前期准备、制定评价计划、现场检查及评价三个阶段的工作成果,对照相关法律、法规、技术标准,编制安全验收评价报告。

9.5.3.7　安全验收评价报告评审

安全验收评价报告评审是建设单位按国家有关规定,将安全验收评价报告报送专家评审组进行技术评审,并由专家评审组提出书面评审意见。评价机构根据专家评审组的评审意见,修改、完善安全验收评价报告。

9.6　煤矿建设项目验收评价实例解析

下面以井工开采煤矿的验收评价为例,翔实介绍验收评价的全过程。通过本实例的学习,可以深入了解煤矿安全验收评价的细节及操作过程,总结和回顾前面所学的知识,迅速走向实战阶段。

9.6.1　煤矿建设项目验收评价的内容

(1)检查各类安全生产相关资质(资格)、证件、数据资料的系统性和充分性,说明是否满足安全生产法律、法规和技术标准的要求；

（2）评价安全设施与有关规定、标准、规程的符合性及其确保安全生产的可行性、可靠性；

（3）评价安全管理模式、制度的系统性和科学性，明确安全生产责任制、安全管理机构及安全管理人员、安全生产制度等安全管理相关内容是否满足安全生产法律、法规和技术标准的要求及其落实执行情况；

（4）通过对煤矿的系统、开采方式、生产场所及其设施、设备的实际情况、管理状况的调查分析，查找该煤矿投产后危险、有害因素，确定其危险度；

（5）评价生产系统和辅助系统，明确是否形成了煤矿安全生产系统，提出合理可行的安全对策措施及建议。

对于一矿多井的企业，应先分别对各个自然井按上述要求进行安全验收评价，然后再根据所属自然井的安全验收评价结果对全矿进行安全验收评价。

9.6.2　煤矿建设项目验收评价工作步骤

9.6.2.1　前期准备

明确评价对象和范围，进行煤矿建设项目现场调查，初步了解煤矿建设项目状况，收集国内外相关法律、法规、技术标准与评价对象相关的煤矿行业数据资料。

井工煤矿建设项目安全验收评价需要建设单位提供的参考资料如下：

（1）煤矿概况。包括：

1）企业基本情况，包括隶属关系、职工人数、所在地区及其交通情况等；

2）企业生产、经营活动合法证明材料，包括：企业法人证明、矿山企业生产营业执照、矿产资源开采许可证等。

（2）矿井设计依据。包括：

1）矿井设计依据的批准文件；

2）矿井设计依据的地质勘探报告书；

3）矿井设计依据的其他有关矿山安全基础资料。

（3）矿井设计文件。包括：

1）矿井详细的设计文件；

2）开采水平、采区、采掘工作面设计文件；

3）生产系统及辅助系统设计文件；

4）下列反映矿井实际情况的图纸：矿井地质和水文对照图；井上、下对照图；巷道布置图；采掘工程平面图；通风系统图；井下运输系统图；安全监控装备布置图；排水、防尘、防火注浆、压风、充填、抽放瓦斯等管路系统图；井下通信系统图；井上、下配电系统图；井下电气设备布置图；井下避灾路线图。

（4）生产系统及辅助系统说明。包括：

1）矿井实际生产能力、开拓方式、开采水平等；

2）开采水平、采区、采掘工作面生产及安全情况的说明；

3）生产系统和辅助系统生产及安全情况的说明。

（5）危险、有害因素分析所需资料。包括：

1）地质构造资料；

2）工程地质及对开采不利的岩石力学条件；

3）水文地质及水文资料；

4）内因火灾倾向性资料；

5）冲击地压资料；

6）矿井热害资料；

7）有毒有害物质组分、放射性物质含量、辐射类型及强度等；

8）地震资料；

9）气象条件；

10）生产过程有害因素资料（主要生产环节或者生产工艺的危害因素分析）；

11）附属生产单位或附属设施危险、有害因素资料；

12）矿体四邻情况和废弃巷道情况；

13）矿体开采的特殊危险、有害因素的说明。

（6）安全技术与安全管理措施资料。包括：

1）矿体开采可能冒落区地面范围资料；

2）矿井、水平、采区的安全出口布置、开采顺序、采矿方法、采空区处理方法和预防冒顶、片帮的措施；

3）保障矿井通风系统安全可靠的措施；

4）预防冲击地压（岩爆）的安全措施；

5）防治瓦斯、煤尘爆炸的安全措施；

6）防治煤与瓦斯突出的安全措施；

7）防治自燃发火的安全措施；

8）防治矿井火灾的安全措施；

9）防治地面洪水的安全措施；

10）防治井下突水、涌水的安全措施；

11）提升、运输及机械设备防护装置及安全运行保障措施；

12）供电系统安全保障措施；

13）爆破安全措施；

14）爆破器材加工、储存安全措施；

15）矿井气候调节措施；

16）防噪声、振动安全措施；

17）矿山安全监测设备、仪器仪表资料；

18）井口保健站、井下急救站；

19）安全标志及其使用情况资料；

20）安全生产责任制；

21）安全生产管理规章制度；

22）安全操作规程；

23）其他安全管理和安全技术措施。

（7）安全机构设置及人员配置。包括：

1）安全管理、通风防尘、灾害监测机构及人员配置；

2）工业卫生、救护和医疗急救组织及人员配置；

3）安全教育、培训情况；

4）工种及其设计定员。

（8）安全专项投资及其使用情况。

(9) 安全检验、检测和测定的数据资料。包括：

1) 特种设备检验合格证；

2) 特殊工种培训、考核记录及其上岗证；

3) 主要通风机检验、监测及运行情况的记录和数据；

4) 矿井通风测定数据；

5) 矿井瓦斯测定数据；

6) 矿井涌水量记录；

7) 矿井自然发火区记录及其自燃情况的数据；

8) 各类事故情况的记录；

9) 职工健康监护的数据；

10) 其他安全检验、检测和测定的数据资料。

(10) 安全评价所需的其他资料和数据。

9.6.2.2　危险、有害因素识别与分析

根据煤矿的开拓工艺、开采方式、生产系统和辅助系统、周边环境及水文地质条件等特点，识别和分析生产过程中的危险、有害因素。

9.6.2.3　划分评价单元

对于生产系统复杂的煤矿建设项目，为了安全评价的需要，可以按安全生产系统、开采水平、生产工艺功能、生产场所、危险与有害因素类别等划分评价单元。评价单元应相对独立，便于进行危险、有害因素识别和危险度评价，且具有明显的特征界限。

可按井工煤矿生产系统与辅助系统划分评价单元，包括：

(1) 开采系统；

(2) 通风系统；

(3) 瓦斯、煤尘爆炸防治系统；

(4) 煤与瓦斯突出防治系统；

(5) 防灭火系统；

(6) 防治水系统；

(7) 监测系统；

(8) 爆破器材储存、运输系统；

(9) 运输、提升系统；

(10) 压气及其输送系统；

(11) 电气系统；

(12) 救护系统；

(13) 安全管理系统；

(14) 卫生、保健与健康监护系统。

9.6.2.4　现场安全调查

在煤矿建设项目的安全验收评价中，通过现场安全调查应明确：

(1) 安全管理机制、安全管理制度等是否适合安全生产，形成了适应煤矿生产特点的安全管理模式；

(2) 安全管理制度、安全投入、安全管理机构及其人员配置是否满足安全生产法律、法规的要求；

(3)生产系统、辅助系统及其工艺、设施和设备等是否满足安全生产法律、法规及技术标准的要求；

(4)可能引发火灾、瓦斯与煤尘爆炸、煤与瓦斯突出、水害、片帮冒顶等灾害、机械伤害、电气伤害及其他危险、有害因素是否得到了有效的控制；

(5)明确通风、排水、供电、提升运输、应急救援、通信、监测、抽放、综合防突等系统及其他辅助系统是否完善并可靠；

(6)说明各安全生产系统、开采方法及开采工艺等是否合理；

(7)明确采空区、废弃巷道(或边坡)是否进行了管理，并得到了有效控制；

(8)不符合安全生产法律、法规或不适应煤矿安全生产的事故隐患有哪些。

9.6.2.5 定性、定量评价

选择科学、合理、适用的定性、定量评价方法，对可能引发事故的危险、有害因素进行定性、定量评价，给出引发事故发生的致因因素、影响因素及其危险度，为制定安全对策措施提供科学依据。

9.6.2.6 提出安全对策措施及建议

根据现场安全检查和定性、定量评价的结果，对那些违反安全生产法律、法规和技术标准或不适合本煤矿的行为、制度、安全管理机构设置和安全管理人员配置以及不符合安全生产法律、法规和技术标准的工艺、场所、设施和设备等，提出安全改进措施及建议；对那些可能导致重大事故发生或容易导致事故发生的危险、有害因素提出安全技术措施、安全管理措施及建议。

9.6.2.7 做出安全评价结论

对于煤矿建设项目安全验收评价应做出开拓方式、开采方法、生产工艺与系统、辅助系统、安全管理以及安全设施的设计、施工、生产和使用等是否满足有关安全生产法律、法规和技术标准要求的结论，需要重点说明安全设施与主体工程是否做到了"三同时"。

9.6.2.8 编制安全评价报告

煤矿安全评价报告是煤矿安全评价过程的记录，应将安全评价对象、安全评价过程、采用的安全评价方法、获得的安全评价结果、提出的安全对策措施及建议等写入安全评价报告。

评价机构组织专家进行技术评审，并由专家评审组提出书面评审意见，根据评审意见，修改、完善评价报告。

9.6.3 煤矿建设项目验收评价报告编写

9.6.3.1 煤矿建设项目安全验收评价报告的编写要求

煤矿安全验收评价报告应满足下列要求：

(1)真实描述煤矿安全评价的过程；

(2)能够反映出参加安全验收评价的安全评价机构和参与安全验收评价的人员、安全验收评价报告完成的时间；

(3)简要描述煤矿生产及管理状况；

(4)说明安全对策措施及安全评价结果。

9.6.3.2 煤矿建设项目安全验收评价报告的主要内容

(1)概述。包括：

1)安全评价对象及范围；

2）安全评价依据；

3）建设项目；

4）煤矿概况；

5）煤矿生产概况。

（2）危险、有害因素识别与分析。包括：

1）危险、有害因素识别的方法和过程；

2）主要危险、有害因素的危险性分析；

3）主要危险、有害因素的存在场所；

4）事故隐患及其存在场所。

（3）安全管理评价。包括：

1）安全管理模式、制度的建立及其执行情况分析；

2）安全管理体系适应性评价方法和过程；

3）安全管理体系适应性评价结果及分析。

（4）安全设施"三同时"评价。包括：

1）安全设施"三同时"情况说明与分析；

2）安全设施确保安全生产可行性评价。

（5）安全生产合法性评价。包括：

1）安全设施、设备等检测检验合法性评价；

2）安全管理机构、人员的合法性评价；

3）安全生产体系的合法性评价。

（6）生产系统与辅助系统评价。包括：

1）系统（系统 A、系统 B、系统 C……）安全评价方法、过程及结果；

2）矿井（或采场）综合安全评价方法、过程及结果。

（7）定性、定量评价。对重大危险、有害因素（重大危险、有害因素 A、B、C……）的危险度评价。

（8）安全措施及建议。包括：

1）针对事故整改措施的建议；

2）安全管理措施及建议；

3）安全技术措施及建议。

（9）安全评价结论。

（10）安全验收评价报告评审。评价机构要组织专家进行技术评审，并由专家评审组提出书面评审意见，根据评审意见，修改、完善评价报告。

9.6.4　煤矿建设项目验收评价报告格式及载体

（1）煤矿验收评价报告格式。煤矿验收评价报告格式如下：

1）封面；

2）评价机构安全评价资格证书副本复印件；

3）著录项；

4）前言；

5）目录；

6）正文；

7) 附件;

8) 附录。

(2) 煤矿验收评价报告的载体。安全验收评价报告一般采用纸质载体。为适应信息处理需要,安全评价报告可辅助采用电子载体形式。

9.7 房屋和土木工程建设项目安全验收评价

9.7.1 房屋和土木工程建设项目验收评价的内容

(1) 评价房屋和土木工程建设项目安全管理模式对确保安全生产的适应性,明确安全生产责任制、安全管理机构及安全管理人员、安全生产制度等安全管理相关内容是否满足安全生产法律、法规和技术标准的要求及其落实执行情况,说明现行企业安全管理模式是否满足安全生产的要求;

(2) 评价房屋和土木工程建设项目安全保障体系的系统性、充分性和有效性,明确其是否满足房屋工程建筑实现安全施工的要求;

(3) 评价各生产系统和辅助系统及其工艺、场所、设施、设备是否满足安全生产法律、法规和技术标准的要求;

(4) 识别房屋和土木工程建设项目中的危险、有害因素,确定其危险度。

9.7.2 房屋和土木工程建设项目验收评价工作步骤

房屋和土木工程建设项目安全验收评价工作步骤为:前期准备;辨识与分析危险、有害因素;划分评价单元;选择评价方法;对房屋和土木工程建设项目进行安全符合性评价;对房屋和土木工程建设项目经营单位的安全管理状况进行评价;提出安全隐患整改措施;做出安全验收评价结论;编制安全验收评价报告等。

9.7.2.1 前期准备

(1) 明确评价对象和评价范围。

(2) 组建评价组。

(3) 收集国内相关法律、法规、规章、标准、规范以及国内外有关技术资料。

(4) 实地调查收集房屋和土木工程建设项目基础资料,主要包括房屋和土木工程建设项目立项批准文件、安全预评价报告及批复文件、房屋和土木工程建设项目初步设计和变更设计、现场勘察及检测、查验特种设备使用、特种作业、从业许可证明,查验施工图、交工报告、工程监理和质量检验报告,各种安全设备设施检验检测报告、事故应急预案及演练记录、安全管理制度台账、各级各类从业人员安全培训落实情况等。

房屋和土木工程建设项目安全验收评价参考资料如下:

1) 项目立项及设计批复文件;

2) 安全预评价报告、评审意见及其批复文件;

3) 项目初步设计说明书;

4) 工程位置图;

5) 工程平面布置图(竣工图);

6) 交通组织流程图;

7) 施工许可证;

8) 设计重大变更说明;

9) 设备安装专项验收意见；

10) 特种设备质量监督检验证书；

11) 强制检验设备设施的检验报告；

12) 消防验收意见书；

13) 防雷检测报告；

14) 工程试运行记录；

15) 供配电系统试运行试验记录；

16) 作业人员个体防护用品配置清单；

17) 使用单位由工商管理部门核发的营业执照；

18) 使用单位安全生产管理机构设置情况；

19) 使用单位主要负责人、管理和操作人员安全培训合格及特种作业人员培训证书；

20) 使用单位安全生产管理制度；

21) 使用单位各种事故应急救援预案。

(5) 现场勘察及检测，准确记录结果。

9.7.2.2　危险、有害因素辨识

依据安全预评价报告，根据房屋和土木工程建设项目建成后周边环境、平面布置、仓储工艺流程、场所特点或功能分布等，分析并列出危险、有害因素存在的部位。

9.7.2.3　划分评价单元

划分评价单元应符合科学、合理的原则，应能够保证安全验收评价的顺利实施。

9.7.2.4　选择评价方法

依据房屋和土木工程建设项目的实际情况选择适用的安全验收评价方法。

9.7.2.5　房屋和土木工程建设项目安全符合性评价

以现场检查实际情况，检测检验的数据，工程施工及竣工资料、图纸，各类特种设备、安全设备检测检验报告，工程设施的质量检验报告等为基础，依据有关法律、法规、规章、标准、规范，对房屋和土木工程建设项目安全符合性进行评价。

9.7.2.6　房屋和土木工程建设项目经营单位安全管理状况评价

以有关法律、法规、规章、标准、规范为依据，对房屋和土木工程建设项目使用单位，从企业资质、安全生产管理机构设置、人员配备、安全生产管理制度建立健全、应急救援预案制定及其演习演练、日常安全生产管理等方面进行评价。

9.7.2.7　安全隐患整改措施

汇总安全隐患，提出整改措施。

9.7.2.8　评价结论

房屋和土木工程建设项目的安全验收评价结论主要应包括：符合性评价的综合结果，房屋和土木工程建设项目运行后存在的危险、有害因素，明确给出房屋和土木工程建设项目是否具备安全验收的条件。

9.7.3　房屋和土木工程建设项目验收评价报告编写

(1) 房屋和土木工程建设项目安全验收评价报告的总体要求。安全验收评价报告应全面、概括地反映验收评价的全部工作。安全验收评价报告应文字简洁、准确，可采用图表和照片，以使评价过程和结论清楚、明确，利于阅读和审查。符合性评价的数据、资料和预测性计算过程等

可以编入附录。

（2）房屋和土木工程建设项目安全验收评价报告的基本内容。安全验收评价报告应根据评价对象的特点及要求，选择下列全部或部分内容进行编制。

1）阐述进行安全验收评价的目的和意义。

2）评价依据。列出有关的法律、法规、规章、标准、规范；评价对象的初步设计、变更设计文件等工程技术文件及其安全预评价报告；特种设备使用、强制检定设备使用、特种作业、从业许可等证明文件。

3）评价范围及评价工作步骤。

4）房屋和土木工程建设项目概况。概述房屋和土木工程建设项目地理位置、周边环境、自然条件、房屋和土木工程建设项目使用单位情况、建设规模、总平面布置、配套设备设施以及房屋和土木工程建设项目试运行安全状况等。

5）危险、有害因素辨识与分析。对房屋和土木工程建设项目存在的危险、有害因素进行简要的分析，识别危险、有害因素存在的部位或场所，对房屋和土木工程建设项目是否存在重大危险源和/或重大危险作业场所进行辨识。

6）评价单元划分。

7）评价方法选择及简介。

8）房屋和土木工程建设项目安全符合性评价。房屋和土木工程建设项目安全符合性评价应根据评价对象的特点及要求，可选择下列全部或部分内容进行编制。

① 安全预评价与初步设计所提安全对策落实以及"三同时"工作执行情况。

② 总平面布局及常规防护设施措施。

③ 配套设备安全设施。

④ 消防验收情况。查验房屋和土木工程建设项目是否通过消防验收，并对房屋和土木工程建设项目周边消防救援力量情况进行分析。

⑤ 有害因素（粉尘、毒物、噪声、高温、低温等）控制措施。

⑥ 特种设备法定检验情况。

⑦ 强制检验设备的法定检验情况。

⑧ 劳动防护用品的配备及其检修、维护和法定检验、检测。

⑨ 电气设备设施（变配电设施、用电设备、照明设施、防雷设施等）。

⑩ 人身伤害事故防护措施。

9）安全生产管理状况。包括：

① 资质条件的查验。

② 安全生产管理机构设置及人员配备。

③ 安全管理制度。

④ 事故应急救援预案。

⑤ 从业人员安全培训状况（法定、内外部培训）。

⑥ 日常安全管理状况。

10）安全隐患整改措施。对房屋和土木工程建设项目存在的安全隐患进行汇总，依据有关法律、法规、规章、标准、规范，明确整改措施，并提出改进的安全措施及建议。

11）评价结论。列出房屋和土木工程建设项目使用后存在的危险、有害因素，归纳安全符合性评价的结果，明确房屋和土木工程建设项目是否具备安全验收的条件。

9.7.4 房屋和土木工程建设项目验收评价报告格式

安全验收评价报告的格式应符合《安全评价通则》的规定要求。

9.8 安全现状评价实战技术

9.8.1 安全现状评价概述

安全现状评价是针对系统、工程(某一个生产经营单位的总体或局部生产经营活动)的安全现状进行的评价。通过安全现状评价查找其存在的危险、有害因素,确定其程度,提出合理可行的安全对策措施及建议。

这种对在用生产装置、设备、设施、储存、运输及安全管理状况进行的现状评价,是根据政府有关法规的规定或生产经营单位安全管理的要求进行的,主要涉及事宜有:全面收集评价所需的信息资料,采用合适的系统安全分析方法进行危险因素识别,给出量化的安全状态参数值;对于可能造成重大后果的事故隐患,采用相应的评价数学模型,进行事故模拟,预测极端情况下的影响范围,分析事故的最大损失以及发生事故的概率;对发现的事故隐患,分别提出治理措施,并按危险程度的大小及整改的优先度进行排序;提出整改措施与建议。

9.8.2 安全现状评价的内容

安全现状评价是根据国家有关的法律、法规规定或者生产经营单位的要求进行的,应对生产经营单位的生产设施、设备、装置、储存、运输及安全管理等方面进行全面、综合的安全评价,主要包括以下几点内容。

(1) 收集评价所需的信息资料,采用恰当的方法进行危险、有害因素识别。

(2) 对于可能造成重大后果的事故隐患,采用科学合理的安全评价方法建立相应的数学模型进行事故模拟,预测极端情况下事故的影响范围、造成的最大损失以及发生事故的可能性或概率,给出量化的安全状态参数值。

(3) 对发现的事故隐患,根据量化的安全状态参数值,按照整改优先度进行排序。

(4) 提出安全对策措施与建议。

生产经营单位应将安全现状评价的结果纳入生产经营单位事故隐患整改计划和安全管理制度中,并按计划实施和检查。

9.8.3 安全现状评价工作程序

安全现状评价工作程序一般包括:前期准备,危险、有害因素和事故隐患的辨识,定性和定量评价,安全管理现状评价,提出安全对策措施及建议,得出评价结论,完成安全现状评价报告。安全现状评价工作程序如图9-3所示。

9.8.3.1 前期准备

明确评价的范围,收集所需的各种资料,重点收集与现实运行状况有关的各种资料与数据,包括涉及生产运行、设备管理、安全、职业危害、消防、技术检测等方面内容的资料与数据。评价机构依据生产经营单位提供的资料,按照确定的评价范围进行评价。

安全现状评价所需的主要资料可以从工艺、物料、生产经营单位周边环境、设备、管道、电气和仪表自动控制系统、公用工程系统、事故应急救援预案、规章制度和企业标准以及相关的检测和检验报告等方面进行收集。

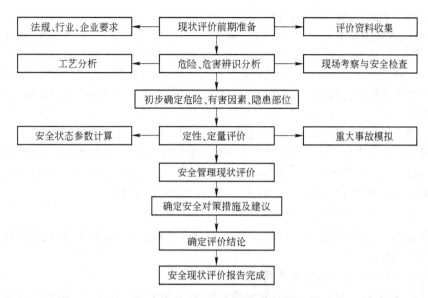

图 9-3 安全现状评价工作程序图

(1) 工艺。主要包括工艺规程和操作规程、工艺流程图、工艺操作步骤或单元操作过程(包括从原料的储存、加料的准备到产品产出及储存的整个过程的操作说明)、工艺变更说明等。

(2) 物料。包括主要物料及其用量,基本控制原料说明,原材料、中间体、产品、副产品和废物的安全卫生及环保数据,规定的极限值和(或)允许的极限值。

(3) 生产经营单位周边环境。包括区域图和厂区平面布置图、气象数据、人口分布数据、场地水文地质等资料。

(4) 设备。包括建筑和设备平面布置图、设备明细表、设备材质说明、大机组监控系统以及设备厂家提供的图纸。

(5) 管道。包括管道说明书、配管图和管道检测相关数据报告。

(6) 电气和仪表自动控制系统。包括生产单元的电力分级图、电力分布图、仪表布置及逻辑图、控制及报警系统说明书、计算机控制系统软硬件设计、仪表明细表。

(7) 公用工程系统。包括公用设施说明书、消防布置图及消防设施配备和设计应急能力说明、系统可靠性设计、通风可靠性设计、安全系统设计资料以及通信系统资料。

(8) 事故应急救援预案。包括事故应急救援预案、事故应急救援预案演练计划及演练记录。

(9) 规章制度和企业标准。包括内部规章、制度、检查表和企业标准,有关行业安全生产经验,维修操作规程,已有的安全研究、事故统计和事故报告。

(10) 相关的检测和检验报告。

9.8.3.2 危险、有害因素和事故隐患的辨识

针对评价对象的生产运行情况及工艺、设备的特点,采用科学、合理的评价方法,进行危险、有害因素识别和危险性分析,确定主要危险部位、物料的主要危险特性、有无重大危险源以及可能导致重大事故的缺陷和隐患。

9.8.3.3 定性和定量评价

根据生产经营单位的特点,确定评价的模式及采用的评价方法。对系统生命周期内的生产运行阶段,应尽可能采用定量化的安全评价方法。有时也采取定性与定量相结合的综合性评价

模式,进行科学、全面、系统的分析评价。

通过定性、定量的安全评价,重点对工艺流程、工艺参数、控制方式、操作条件、物料种类与理化特性、工艺布置、总图、公用工程等内容,运用选定的分析方法,逐一分析存在的危险、有害因素和事故隐患。通过危险度与危险指数的量化分析与评价计算,确定事故隐患存在的部位,预测事故可能产生的严重后果,同时进行风险排序。结合现场调查结果以及同类事故案例,分析其发生的原因和概率。运用相应的数学模型进行重大事故模拟,确定灾害性事故的破坏程度和严重后果。为制定相应的事故隐患整改计划、安全管理制度和事故应急救援预案提供数据。

安全现状评价通常采用的定性评价方法有预先危险性分析、安全检查表法、故障类型和影响分析、故障假设分析、故障树分析、危险与可操作性研究、风险矩阵法等,通常采用的定量评价方法有道化学火灾,爆炸危险指数法、ICI 蒙德法、事故后果灾害评价等。

9.8.3.4　安全管理现状评价

安全管理现状评价包括安全管理制度评价、事故应急救援预案的评价、事故应急救援预案的修改及演练计划等。

9.8.3.5　提出安全对策措施及建议

综合评价结果,提出相应的安全对策措施及建议,并按照安全风险程度的高低对解决方案进行排序,列出存在的事故隐患及其整改紧迫程度。针对事故隐患提出改进措施及提高安全状态水平的建议。

9.8.3.6　得出评价结论

根据评价结果,明确指出生产经营单位当前的安全生产状态水平,提出提高安全程度的意见。

9.8.3.7　完成安全现状评价报告

评价单位按安全现状评价报告的内容和格式要求完成评价报告。生产经营单位应当依据安全评价报告编制事故隐患整改方案并制定实施计划。

9.9　危险化学品生产现状评价实例解析

危险化学品生产企业安全现状评价报告,应由评价机构具备安全评价师资质的评价人员和技术专家编写与修改,按照《技术服务合同》确定的内容开展评价工作。

评价人员除具备安全评价知识技能外,还应具有与危险化学品生产企业相应的工艺技术水平与丰富的生产运行、操作、管理经验。

评价单位和评价人员收集的资料应全面、真实、客观、具体,在资料准备工作中应取得企业的积极配合与理解。

9.9.1　危险化学品生产企业现状评价的内容

(1) 危险、有害因素;
(2) 生产装置、设施的企业外部周边情况;
(3) 生产装置、设施所在地的自然条件;
(4) 生产过程中固有的危险、有害程度;
(5) 安全生产条件。

9.9.2　危险化学品生产企业现状评价工作步骤

危险化学品生产企业安全现状评价工作步骤一般包括:前期准备;危险、有害因素辨识与分析;确定安全评价采用的安全评价方法;定性、定量分析安全评价内容;与被评价单位交换意见;整理、归纳安全评价结果;编制安全评价报告。

9.9.2.1　前期准备

明确评价对象和范围,收集国内外相关法律、法规、技术标准及与评价对象相关的行业数据资料;组建评价组;编制安全评价工作计划;进行现场调查,初步了解危险化学品生产企业的实际状况。

(1) 安全现状评价应获取的参考资料如下:

1) 被评价单位概况。包括:

① 基本情况。

② 危险化学品生产工艺、装置、储存设施等基本情况。

2) 被评价单位外部资料。包括:

① 所在地的自然条件资料。

② 周边道路交通和交通管制示意图。

③ 周边的重要场所、区域,基础设施,单位分布情况。

④ 被评价单位周边 24 小时人口居住和活动分布情况。

3) 安全生产管理资料。包括:

① 岗位设置及责任制文件。

② 企业管理机构设置及职责文件。

③ 安全生产管理制度。

④ 企业操作规程。

⑤ 安全生产管理机构和专职安全生产管理人员的设置和配备文件。

⑥ 安全生产管理档案、记录。

⑦ 事故应急救援工作情况。应急救援组织或应急救援人员的设置或配备的文件;危险化学品事故应急救援预案;其他生产安全事故应急救援预案;重大危险源应急预案;应急预案演练记录。

⑧ 事故管理情况。年内发生的事故调查处理情况报告;对发生事故接受教训情况。

4) 从业人员资料。包括:

① 主要负责人培训考核情况表及证书。

② 安全管理人员培训考核情况表及证书。

③ 特种作业人员培训考核情况表及证书。

④ 其他从业人员培训考核情况表。

5) 设备、设施资料。包括:

① 生产系统。主要设备、设施清单;设备、设施运行记录;设备、设施变更情况;设备、设施维护、保养、检修记录。

② 辅助系统。包括储存设施清单、储存设施运行记录、储存设施变更情况及储存设施维护、保养、检修记录。

③ 公用工程(水、电、气、风等)。包括公用工程清单,公用工程运行记录,公用工程变更情况,公用工程维护、保养、检修记录。

④ 通信、报警装置、设施。包括通信、报警装置、设施清单,通信、报警装置、设施运行记录,通信、报警装置、设施变更情况,通信、报警装置及设施维护、保养、检修记录。

⑤ 消防系统,包括消防设施清单、消防设施配置图、消防设施运行记录、消防设施维护、保

养、检修记录。

6) 工艺技术资料。包括：

① 平面布置图。

② 工艺流程图。

③ 工艺规程。

④ 1 年内的生产运行记录。

⑤ 工艺变更情况。

7) 物料资料。包括：

① 生产原料、辅助材料，产品、中间产品、副产品，生产过程中产物，废物的物理性质、化学性质和危险性资料。

② 生产原料、辅助材料，产品、中间产品、副产品，生产过程中产物，废物的数量。

③ 生产原料、辅助材料、中间产物、产品、副产品、废物的分布情况。

④ 生产原料、辅助材料的变更情况。

8) 厂房等建筑工程资料。包括：

① 厂房等建筑工程清单。

② 进行消防设计的建筑工程的公安消防机构消防验收文件。

9) 作业场所资料。包括：

① 作业场所清单。

② 作业场所的检验检测报告。

③ 职业危害防治措施清单。

④ 从业人员劳动防护用品配备和维护、保养情况。

⑤ 有害因素检验检测资料(有毒、粉尘、噪声、高低温、射线等)。

10) 安全设施管理资料。包括：

① 安全设施清单。

② 安全设施的检验检测报告。

③ 安全设施维护、保养情况。

11) 重大危险源管理资料。包括：

① 重大危险源清单。

② 重大危险源检测、评估报告。

③ 重大危险源的监控措施情况。

12) 事故应急救援管理资料。包括：

① 器材、设备配备清单。

② 应急救援器材、设备维护、保养、检修记录。

③ 医疗救护情况。

(2) 危险化学品生产企业安全现状评价依据的主要法律、法规和标准

《中华人民共和国安全生产法》(2002 年国家主席令第 70 号)

《危险化学品安全管理条例》(国务院令第 344 号)

《安全评价机构管理规定》(国家安全生产监督管理总局第 22 号令)

《危险化学品生产企业安全生产许可证实施办法》(国家安全生产监督管理局、国家煤矿安全监察局令第 10 号)

《安全评价通则》(AQ8001—2007)

《危险化学品生产企业安全评价导则(试行)》(安监管危化字[2004]127号)

(3)组建评价组。依据项目评价的对象及范围、评价涉及的专业技术要求、时间要求,为保证评价报告质量,合理选配评价人员和技术专家组建项目评价组。评价组内人员按照专业需求、技术水平及工作经验等特点进行合理分工。

9.9.2.2 危险、有害因素识别与分析

根据现场危险化学品生产工艺、生产装置、设施的实际情况,辨识危险、有害因素,确定危险目标和重大危险源,分析危险、有害因素在生产过程中可能导致产生安全事故的原因。

9.9.2.3 确定安全评价采用的安全评价方法

(1)划分评价单元。根据被评价单位的实际情况和安全评价的需要,按照以下原则划分安全评价单元:

1)以危险、有害因素的类别为主划分。

2)以装置、设施和工艺流程的特征划分。

3)可以将安全管理、外部周边情况分别划分为一个评价单元。

(2)选择评价方法。评价组根据危险化学品生产企业的特点,选择科学、合理、适用的定性、定量评价方法。

1)安全生产条件的安全评价,以安全检查表的方法为主,其他方法为辅。

2)其他方面的安全评价,根据危险化学品生产的实际情况,可选择国际、国内通行的安全评价方法。

3)针对生产特点,结合国内外评价方法,选择定性和定量相结合的评价模式和评价方法。

9.9.2.4 定性、定量分析安全评价内容

(1)危险、有害因素的识别。包括:

1)分析危险、有害因素。

2)对危险、有害因素进行分类。

(2)分析生产装置、设施的生产单位外部周边情况和所在地自然条件。包括:

1)分析生产装置、设施的危险、有害因素对生产单位周边社区的影响。

2)分析生产单位周边社区对生产装置、设施的影响。

3)分析自然条件对生产装置、设施的影响。

(3)安全生产条件的分析。安全生产条件的分析内容如下:

1)管理层。包括:

①分析安全生产责任制情况。

②安全生产管理制度及其持续改进情况。

③分析安全技术规程和作业安全规程及其持续改进情况。

④分析安全生产管理机构的设置和专职安全生产管理人员的配备情况。

⑤分析主要负责人、分管负责人和安全管理人员安全生产知识和管理能力。

⑥分析其他管理人员的安全生产意识。

⑦分析安全生产投入情况。

⑧分析对从业人员的培训情况。

⑨分析安全生产的监督检查情况。

⑩分析事故应急救援预案和调查处理情况。

2)生产层。包括:

① 外部条件。包括分析危险化学品生产是否符合国家和省、自治区、直辖市的规划和布局；分析生产装置、设施是否在市规划的专门用于危险化学品生产、储存的区域内；危险化学品的生产装置和储存危险化学品数量构成重大危险源的储存设施，与生产单位周边社区距离是否符合有关法律、法规、规章和标准的规定。

② 内部安全生产条件。包括分析安全生产责任制的落实情况；分析安全生产管理制度的执行情况；分析岗位操作安全规程（安全操作法）和作业安全规程的执行情况；分析从业人员安全生产培训、继续培训和考核情况以及安全操作能力、水平；分析设备、设施及其变更设备、设施的检修、维护和法定检验、检测情况及其变更设备、设施的配套措施；分析生产工艺及其变更情况；分析生产原料、辅助材料及其变更原料、辅助材料的情况；分析作业场所及其变更情况和法定监测、监控情况；分析职业危害防护设施的设置及其变更设施的检修、维护和法定检验、检测情况；分析从业人员劳动防护用品的配备及其检修、维护和法定检验、检测情况；分析重大危险源的辨识和已确定的重大危险源检测、评估和监控情况；分析事故应急救援情况。

（4）固有危险程度。包括：

① 根据已确定的危险、有害因素，分析、确定生产装置、设施的固有危险程度。

② 根据已确定的危险、有害因素，辨识、确定危险目标和重大危险源。

（5）预测可能发生的危险化学品事故后果。根据对危险、有害因素分析的结果，预测可能发生的危险化学品事故的后果。

9.9.2.5　与被评价单位交换意见

针对安全评价现场检查及调查中发现的问题，提出对主要危险因素、重大危险因素的安全防护措施及建议，与被评价单位沟通，交换意见，目的是为了对重大危险、有害因素实施有效的控制措施，使风险降低到可承受的范围之内。

9.9.2.6　整理、归纳安全评价结论

（1）符合《危险化学品生产企业安全生产许可证实施办法》规定的各项安全生产条件。

（2）不符合《危险化学品生产企业安全生产许可证实施办法》规定的各项安全生产条件及其依据的具体条款。

（3）存在的事故隐患、隐患的风险程度（按高、中、低分类）和紧迫程度。

（4）危险化学品事故的预测结果（最坏、一般）。

（5）做出综合性安全评价结论。

9.9.2.7　编制安全评价报告

危险化学品生产企业安全评价报告是危险化学品生产企业安全评价过程的记录，应将安全评价对象、安全评价过程、采用的安全评价方法、获得的安全评价结果、提出的安全对策措施及建议等写入安全评价报告。

危险化学品生产企业安全评价报告应满足下列要求：

（1）真实描述危险化学品生产企业安全评价的过程。

（2）能够反映出参加安全评价的安全评价机构和其他单位、参加安全评价的人员、安全评价报告完成的时间。

（3）简要描述危险化学品生产企业生产工艺、生产装置、设施及管理状况的实际情况。

（4）阐明安全对策措施及安全评价结果。

危险化学品生产企业安全评价报告是整个评价工作综合成果的体现，评价人员要认真编写，评价组长综合、协调好各部分内容；编写好的报告要根据质量手册的要求和程序进行质量审定修

改后打印装订。

9.9.3 危险化学品生产企业现状评价报告编写

危险化学品生产企业安全现状评价报告依据《危险化学品生产企业安全评价导则(试行)》进行编写。

(1) 安全评价报告的总体要求。危险化学品生产企业安全现状评价报告应全面、概括地反映安全评价的全部工作。评价报告应文字简洁、准确,可同时采用图表和照片,以使评价过程和结论清楚、明确,利于阅读和审查。

(2) 安全评价报告内容。包括:

1) 编制说明。包括:

① 安全评价的对象及范围;

② 评价的目的与程序;

③ 安全评价的依据。

2) 被评价单位概况。包括:

① 被评价单位基本情况;

② 被评价单位危险化学品生产工艺、装置、储存设施等基本情况;

③ 安全管理概况;

④ 事故预防及应急救援措施。

3) 危险、有害因素辨识与分析。包括:

① 物质的危险、有害因素分析;

② 自然条件的危险、有害因素分析;

③ 生产过程主要危险、有害因素分析;

④ 易致毒化学品分析;

⑤ 危险工艺分析;

⑥ 重大危险源分析;

⑦ 危险、有害因素分布。

4) 选择评价方法与划分评价单元。包括:

① 根据评价目的、生产工艺的特点及工艺过程中存在的主要危险、有害因素等选择评价方法。

② 划分评价单元是为实现安全评价的目的,便于安全评价工作的顺利进行,有利于提高评价工作的科学性、针对性。常用划分评价单元的原则和方法:以危险、有害因素的类别为主划分评价单元;将具有共性危险因素的场所和装置划分为一个单元;按工艺条件划分评价单元;按储存、处理危险物品的潜在化学能、毒性和危险物品的数量划分评价单元。

5) 定性、定量分析安全评价内容的结果。包括:

① 安全管理单元评价;

② 选址及总布置单元评价;

③ 生产系统按划分的单元评价;

④ 公用及辅助系统单元评价;

⑤ 对可能发生的危险化学品事故的预测后果。

6) 安全对策措施与建议。包括:

① 对存在问题的对策措施与建议;

② 安全技术措施与建议；

③ 安全生产管理措施与建议。

7）安全评价结论。简要地列出对主要危险、有害因素的评价结果，指出应重点防范的重大危险、有害因素，明确重要的安全对策措施，做出安全评价结论。

9.9.4　危险化学品生产企业现状评价报告附件

（1）危险、有害因素分析过程；

（2）定性、定量分析过程；

（3）对可能发生的危险化学品事故后果的预测过程；

（4）平面布置图、流程简图、防爆区域划分图以及安全评价过程制作的图表；

（5）安全评价方法的确定说明和安全评价方法简介；

（6）被评价单位提供的原始资料目录；

（7）法定检测、检验情况的汇总表。

9.9.5　危险化学品生产企业现状评价报告格式

（1）评价报告格式的基本要求。包括：

1）封面（参见《危险化学品生产企业安全评价导则（试行）》式样 1）；

2）封二（参见《危险化学品生产企业安全评价导则（试行）》式样 2）；

3）安全评价工作人员组成（参见《危险化学品生产企业安全评价导则（试行）》式样 3）；

4）安全评价机构资质证书复印件；

5）编制说明；

6）目次；

7）非常用的术语、符号和代号说明；

8）正文；

9）附件。

（2）规格。安全评价报告采用 A4 幅面，左侧装订。

9.10　煤矿安全现状评价实例解析

9.10.1　煤矿安全现状评价的内容

（1）评价煤矿安全管理模式对确保安全生产的适应性，明确安全生产责任制、安全管理机构及安全管理人员、安全生产制度等安全管理相关内容是否满足安全生产法律、法规和技术标准的要求及其落实执行情况，说明现行企业安全管理模式是否满足安全生产的要求；

（2）评价煤矿安全生产保障体系的系统性、充分性和有效性，明确其是否满足煤矿实现安全生产的要求；

（3）评价各生产系统和辅助系统及其工艺、场所、设施、设备是否满足安全生产法律、法规和技术标准的要求；

（4）识别煤矿生产中的危险、有害因素，确定其危险度；

（5）评价生产系统和辅助系统，明确是否形成了煤矿安全生产系统，对可能的危险、有害因素，提出合理可行的安全对策措施及建议。

对于一矿多井的企业，应先分别对各个自然井按上述要求进行安全现状评价，然后再根据所属自然井的安全评价结果对全矿井进行安全现状评价。

9.10.2 煤矿安全现状评价工作步骤

煤矿安全现状评价工作步骤一般包括:前期准备;危险、有害因素识别与分析;划分评价单元;现场安全调查;定性、定量评价;提出安全对策措施及建议;做出安全评价结论;编制安全评价报告;安全评价报告备案等。

9.10.2.1 前期准备

明确评价对象和范围,收集国内外相关法律、法规、技术标准及与评价对象相关的煤矿行业数据资料;组建评价组;编制安全评价工作计划;进行煤矿现场调查,初步了解煤矿状况。

(1)煤矿安全现状评价需要委托方提供的参考资料如下:

1)井工开采煤矿安全现状评价所需资料。包括:

① 煤矿概况;

② 矿井设计依据;

③ 矿井设计文件;

④ 生产系统及辅助系统说明;

⑤ 危险、有害因素分析所需资料;

⑥ 安全技术与安全管理措施资料;

⑦ 安全机构设置及人员配置;

⑧ 安全专项投资及其使用情况;

⑨ 安全检验、检测和测定的数据资料;

⑩ 安全评价所需的其他资料和数据。

2)露天煤矿安全验收和安全现状评价所需资料。包括:

① 煤矿概况;

② 采场设计依据;

③ 采场设计文件;

④ 生产系统及辅助系统说明;

⑤ 危险、有害因素分析所需资料;

⑥ 安全技术与安全管理措施资料;

⑦ 安全机构设置及人员配置;

⑧ 安全专项投资及其使用情况;

⑨ 安全检验、检测和测定的数据资料;

⑩ 安全评价所需的其他资料和数据。

(2)煤矿安全评价工作依据的主要法规和标准。包括:

1)《中华人民共和国安全生产法》(2002年国家主席令第70号)

2)《安全评价机构管理规定》(国家安全生产监督管理总局第22号令)

3)《安全评价通则》(AQ8001—2007)

4)《安全预评价导则》(AQ8002—2007)

5)《安全验收评价导则》(AQ8003—2007)

6)《煤矿安全评价导则》(煤安监技装字[2003]114号)

(3)组建评价组。依据项目评价的对象及范围、评价涉及的专业技术要求、时间要求,为保证评价报告质量,合理选配评价人员和技术专家组建项目评价组。评价组内人员按照专业需求、技术水平及工作经验等特点进行合理分工。

必要时,公司可与受托方分别指派一名项目协调人员,负责项目进行过程中双方信息资料的交流与文件管理。

9.10.2.2　危险、有害因素识别与分析

根据煤矿的开拓工艺、开采方式、生产系统和辅助系统、周边环境及水文地质条件等特点,识别和分析生产过程中的危险、有害因素。

9.10.2.3　划分评价单元

对于生产系统复杂的煤矿建设项目(或煤矿),为了安全评价的需要,可以按安全生产系统、开采水平、生产工艺功能、生产场所、危险与有害因素类别等划分评价单元。评价单元应相对独立,便于进行危险、有害因素识别和危险度评价,且具有明显的特征界限。

9.10.2.4　选择评价方法

根据煤矿的特点,选择科学、合理、适用的定性、定量评价方法。

9.10.2.5　现场安全检查

针对煤矿生产的特点,对照安全生产法律、法规和技术标准的要求,采用安全检查表或其他系统安全评价方法,对煤矿(或选择的类比工程)的各生产系统及其工艺、场所和设施、设备等进行安全检查。

在煤矿安全现状评价中,通过现场安全检查应明确:

(1)安全管理机制、安全管理制度等是否适合安全生产,形成了适应煤矿生产特点的安全管理模式;

(2)安全管理制度、安全投入、安全管理机构及其人员配置是否满足安全生产法律、法规的要求;

(3)生产系统、辅助系统及其工艺、设施和设备等是否满足安全生产法律、法规及技术标准的要求;

(4)可能引起火灾、瓦斯与煤尘爆炸、煤与瓦斯突出、水害、片帮冒顶等灾害、机械伤害、电气伤害及其他危险、有害因素是否得到了有效控制;

(5)明确通风、排水、供电、提升运输、应急救援、通信、监测、抽放、综合防突等系统及其他辅助系统是否完善并可靠;

(6)说明各安全生产系统、开采方法及开采工艺等是否合理;

(7)明确采空区、废弃巷道(或边坡)是否都进行了管理,并得到了有效控制;

(8)不满足安全生产法律、法规或不适应煤矿安全生产的事故隐患有哪些。

9.10.2.6　定性、定量评价

根据选择的评价方法,对可能引发事故的危险、有害因素进行定性、定量评价,给出引起事故发生的致因因素、影响因素及其危险度,为制定安全对策措施提供科学依据。

9.10.2.7　提出安全对策措施及建议

根据现场安全检查和定性、定量评价的结果,对那些违反安全生产法律、法规和技术标准或不适合本煤矿的行为、制度、安全管理机构设置和安全管理人员配置以及不符合安全生产法律、法规和技术标准的工艺、场所、设施和设备等,提出安全改进措施及建议;对那些可能导致重大事故发生或容易导致事故发生的危险、有害因素提出安全技术措施、安全管理措施及建议。

9.10.2.8　做出安全评价结论

简要地列出对主要危险、有害因素的评价结果，指出应重点防范的重大危险、有害因素，明确重要的安全对策措施，综合评价结果，做出安全评价结论。

9.10.2.9　编制安全评价报告

煤矿安全现状评价报告是煤矿安全评价过程的记录，应将安全评价对象、安全评价过程、采用的安全评价方法、获得的安全评价结果、提出的安全对策措施及建议等写入安全评价报告。

煤矿安全评价报告应满足下列要求：

（1）真实描述煤矿安全评价的过程；

（2）能够反映出参加安全评价的安全评价机构和其他单位、参加安全评价的人员、安全评价报告完成的时间；

（3）简要描述煤矿建设项目可行性研究报告内容或煤矿生产及管理状况；

（4）阐明安全对策措施及安全评价结果。

煤矿安全评价报告是整个煤矿评价工作综合成果的体现，评价人员要认真编写，评价组长综合、协调好各部分内容，编写好的报告要根据质量手册的要求和程序进行质量审定，评价报告完成审定修改后打印装订。

9.10.3　煤矿安全现状评价报告编写

煤矿安全评价报告依据《煤矿安全评价导则》进行编写。在煤矿安全评价报告的编写过程中，如遇煤矿建设项目的基本内容发生变化，在评价报告中应反映出来，如评价方法和评价单元需要作变更或作部分调整，在评价报告书中应说明理由。

煤矿安全现状评价报告的总体要求是全面、概括地反映煤矿评价的全部工作。安全评价报告应文字简洁、准确，可同时采用图表和照片，以使评价过程和结论清楚、明确，利于阅读和审查。符合性评价的数据、资料和预测性计算过程可以编入附录。

煤矿评价报告的主要内容包括安全评价对象及范围、安全评价依据、被评价单位基本情况、主要危险、有害因素识别、评价单元的划分与评价方法选择、定量和定性安全评价、提出安全对策措施及建议、做出安全评价结论等。

（1）被评价单位基本情况。内容包括煤矿选址、总图及平面布置、生产规模、工艺流程、主要设备、主要原材料、中间体、产品、经济技术指标、公用工程及辅助设施等。煤矿的生产工艺，在评价过程中可根据煤矿的补充材料及调研中收集到的材料作修改和补充。在调研中收集到的相关事故案例、不安全状况等也在本节中作简要叙述。

（2）主要危险、有害因素识别。内容包括列出辨识与分析危险、有害因素的依据，阐述辨识与分析危险、有害因素的过程。根据煤矿周边环境、生产工艺流程或场所的特点，通过对其主要危险、有害因素的识别与分析，列出建设项目所涉及的危险、有害因素并指出存在的部位，明确在安全运行中实际存在和潜在的危险、有害因素。

（3）评价单元的划分与评价方法选择。阐述划分评价单元的原则、分析过程，根据评价的需要，在对危险、有害因素识别和分析的基础上，以自然条件、基本工艺条件、危险和有害因素分布及状况便于实施评价为原则，划分成若干个评价单元，实践中基本上可以按照井工煤矿生产系统和辅助系统来划分。各评价单元应相对独立，便于进行危险、有害因素识别和危险度评价，且具有明显的特征界限。

列出选定的评价方法，阐述所选定评价方法的原因，并做简单介绍。根据评价的目的、要求和评价对象的特点、工艺、功能或活动分布，选择科学、合理、适用的定性、定量评价方法。对不同的评价单元,可根据评价的需要和单元特征选择不同的评价方法。

(4)定性、定量评价。定性、定量安全评价是评价报告的核心章节,分别运用所选取的评价方法,对相应的危险、有害因素进行定性、定量的评价计算和论述。根据煤矿的具体情况,对主要危险、有害因素分别采用相应评价方法进行评价,对危险性大且容易造成重大伤亡事故的危险、有害因素,也可选用两种或几种评价方法进行评价,以相互验证和补充。

对于一些新工艺、新技术,应选用适当的评价方法,并在评价中注意具体情况具体分析,合理选取评价方法中规定的指标、系数取值。

本部分内容较多,可编写在一个章节内,也可分为两个或多个章节编写,根据评价对象的具体情况而定。

(5)提出安全对策措施及建议。根据现场安全检查和定性、定量评价的结果,对那些违反安全生产法律、法规和技术标准或不适合本煤矿安全生产的行为、制度、安全管理机构设置和安全管理人员配置以及不符合安全生产法律、法规和技术标准的工艺、场所、设施和设备等,提出安全改进措施及建议;对那些可能导致重大事故发生或容易导致事故发生的危险、有害因素提出安全技术措施、安全管理措施及建议。

(6)做出评价结论。简要地列出主要危险、有害因素的评价结果,指出应重点防范的重大危险、有害因素,明确重要的安全对策措施;综合各单元评价结果,做出安全评价结论。

对于煤矿安全现状评价,还应做出开拓方式、开采方法、生产工艺与系统、辅助系统、安全管理等是否满足有关安全生产法律、法规和技术标准要求以及安全管理模式是否适应安全生产要求的结论。

9.10.4　煤矿安全现状评价报告的重点

(1)在概述中,注意包括安全评价对象及范围;安全评价依据;煤矿概况;煤矿生产概况。

(2)在危险、有害因素识别与分析中,注意包括危险、有害因素识别的方法和过程;主要危险、有害因素的危险性分析;主要危险、有害因素的存在场所;事故隐患及其存在场所。

(3)在安全管理评价中,注意包括安全管理模式、制度的建立及其执行情况分析;安全管理体系适应性评价方法和过程;安全管理体系适应性评价结果及分析。

(4)在生产系统与辅助系统评价中,注意包括按煤矿的生产系统与辅助系统划分评价单元,选择评价方法;煤矿各生产系统与辅助系统安全评价方法、过程及结果;矿井(或采场)综合安全评价方法、过程及结果。

(5)在定性、定量评价中,注意包括运用选取的定性、定量评价方法;对重大危险、有害因素的危险度进行评价计算和论述。

(6)在煤矿事故统计分析中,注意包括同类矿山事故统计分析;被评价煤矿生产事故统计分析;被评价煤矿生产事故的致因因素、影响因素及其事故危险度评价。

(7)在安全措施及建议中,注意包括设计选择安全设施的要求及其说明;设计中应注意的重大安全问题;安全技术措施及建议。

(8)在安全评价结论中,注意包括煤矿现有的技术措施及安全管理能否保障安全生产的需要,是否有进一步提高安全的需要。

9.10.5　煤矿安全现状评价报告格式

(1)评价报告的基本格式要求。包括:

1)封面;

2）安全评价资质证书影印件；

3）著录项；

4）前言；

5）目录；

6）正文；

7）附件；

8）附录。

（2）规格。安全评价报告应采用 A4 幅面，左侧装订。

（3）封面格式。包括：

1）封面的内容应包括：委托单位名称；评价项目名称；标题；评价机构名称；安全评价机构资质证书编号；评价报告完成时间。

2）标题。标题应统一写为"安全××评价报告"，其中××应根据评价项目的类别填写为：预、验收或现状。

3）封面样张与著录项格式。封面样张与著录项格式按《安全评价通则》（AQ8001—2007）要求执行。

习题和思考题

9-1 论述各类安全评价与"三同时"的关系。

9-2 阐述安全预评价和安全验收评价的区别。

9-3 比较安全现状评价与安全验收评价的异同。

9-4 简述安全预评价的工作步骤。

9-5 简述安全验收评价的工作步骤。

9-6 简述安全现状评价的工作步骤。

参 考 文 献

[1] 国家安全生产监督管理总局. 安全评价[M]. 北京:煤炭工业出版社,2005.

[2] 金龙哲,宋存义. 安全科学原理[M]. 北京:化学工业出版社,2004.

[3] 刘铁民,张兴凯,刘功智. 安全评价方法应用指南[M]. 北京:化学工业出版社,2005.

[4] 张乃禄,刘灿. 安全评价技术[M]. 西安:西安电子科技大学出版社,2007.

[5] 王起全,徐德蜀. 安全评价操作实务[M]. 北京:气象出版社,2009.

[6] 魏新利,李惠萍,王自建. 工业生产过程安全评价[M]. 北京:化学工业出版社,2004.

[7] 李美庆. 安全评价员实用手册[M]. 北京:化学工业出版社,2007.

[8] 刘诗飞,詹予忠. 重大危险源辨识及危害后果分析[M],北京:化学工业版社,2004.

[9] 王显政. 完善我国安全生产监督管理体系研究[M]. 北京:煤炭工业出版社,2005.

[10] 吴宗之,刘茂. 重大事故应急救援系统及预案导论[M]. 北京:冶金工业出版社,2003.

[11] 陈红卫,等. 职业危害与职业健康安全管理[M]. 北京:化学工业出版社,2005.

[12] 隋鹏程,陈宝智. 安全原理与事故预测. 北京:冶金工业出版社,2005.

[13] 蒋成军,郭振龙. 工业装置安全卫生预评价方法[M]. 北京:化学工业出版社,2004.

[14] 吴宗之. 高进东,张兴凯. 工业危险辨识与评价[M]. 北京:气象出版社,2000.

[15] 中国安全生产科学研究院. 中国职业安全卫生概况[M]. 北京:中国劳动和社会保障出版社,2005.

[16] 吴宗之,高进东,魏利军. 危险评价方法及其应用[M]. 北京:冶金工业出版社,2001.

[17] 廖学品. 化工过程危险性分析[M]. 北京:化学工业出版社,2003.

[18] 吴宗之,高进东. 重大危险源辨识与控制[M]. 北京:冶金工业出版社,2001.

[19] 彭力,李发新. 危险辨识与风险评价技术[M]. 北京:石油工业出版社,2001.

[20] 徐德蜀,王起全. 健康、安全、环境管理体系[M]. 北京:化学工业出版社,2006.

[21] 胡二邦. 环境风险评价实用技术和方法[M]. 北京:中国环境科学出版社,2000.

[22] 陈宝智. 危险源辨识、控制与评价[M]. 成都:四川科技大学出版社,1996.

[23] 顾祥柏. 石油化工安全分析方法及应用[M]. 北京:化学工业出版社,2001.

冶金工业出版社部分图书推荐

书　名	作　者	定价(元)
中国冶金百科全书·安全环保卷	本书编委会	120.00
采矿手册(第6卷)矿山通风与安全	本书编委会	109.00
我国金属矿山安全与环境科技发展前瞻研究	古德生	45.00
矿山安全工程(国规教材)	陈宝智	30.00
系统安全评价与预测(本科教材)	陈宝智	20.00
安全系统工程(本科教材)	谢振华	26.00
安全学原理(本科教材)	金龙哲	27.00
防火与防爆工程(本科教材)	解立峰	38.00
燃烧与爆炸学(本科教材)	张英华	30.00
土木工程安全管理教程(本科教材)	李慧民	33.00
土木工程安全检测与鉴定(本科教材)	李慧民	31.00
土木工程安全生产与事故案例分析(本科教材)	李慧民	30.00
职业健康与安全工程(本科教材)	张顺堂	36.00
网络信息安全技术基础与应用(本科教材)	庞淑英	21.00
安全工程实践教学综合实验指导书(本科教材)	张敬东	38.00
火灾爆炸理论与预防控制技术(本科教材)	王信群	26.00
化工安全(本科教材)	邵　辉	35.00
安全管理基本理论与技术	常占利	46.00
突发事件应急能力评价——以城市地铁为对象	黄典剑	38.00
矿山企业安全管理	刘志伟	25.00
煤矿安全技术与管理	郭国政	29.00
建筑施工企业安全评价操作实务	张　超	56.00
煤炭行业职业危害分析与控制技术	李　斌	45.00
新世纪企业安全执法创新模式与支撑理论	赵千里	55.00
现代矿山企业安全控制创新理论与支撑体系	赵千里	75.00
重大危险源辨识与控制	吴宗之	35.00
危险评价方法及其应用	吴宗之	47.00
重大事故应急救援系统及预案导论	吴宗之	38.00
起重机司机安全操作技术	张应立	70.00
爆破安全技术知识问答	顾毅成	29.00
爆破安全技术	王玉杰	25.00
安全生产行政处罚实录	张利民	46.00
安全生产行政执法	姜　威	35.00
安全管理技术	袁昌明	46.00
矿山安全与防灾(高职高专教材)	王洪胜	27.00
煤矿钻探工艺与安全(高职高专教材)	姚向荣	43.00